21 世纪高校教材

线性代数习题课教程

（第二版）

主　编　蒋家尚

苏州大学出版社

图书在版编目(CIP)数据

线性代数习题课教程/蒋家尚主编. —2 版. —苏州:苏州大学出版社,2018.8(2024.8 重印)
21 世纪高校教材
ISBN 978-7-5672-2521-3

Ⅰ.①线… Ⅱ.①蒋… Ⅲ.①线性代数－高等学校－教学参考资料 Ⅳ.①O151.2

中国版本图书馆 CIP 数据核字(2018)第 159450 号

线性代数习题课教程(第二版)
蒋家尚　主编
责任编辑　征　慧

苏州大学出版社出版发行
(地址:苏州市十梓街 1 号　邮编:215006)
广东虎彩云印刷有限公司印装
(地址:东莞市虎门镇黄村社区厚虎路20号C幢一楼　邮编:523898)

开本 787mm×960mm　1/16　印张 9.75　字数 173 千
2018 年 8 月第 2 版　2024 年 8 月第 4 次印刷
ISBN 978-7-5672-2521-3　定价:24.00 元

苏州大学版图书若有印装错误,本社负责调换
苏州大学出版社营销部　电话:0512-67481020
苏州大学出版社网址　http://www.sudapress.com

《线性代数习题课教程》编委会

前　言

线性代数是理工科大学生必修的数学基础课之一，也是硕士研究生入学考试的一门重要课程。线性代数内容较为抽象，有些习题难度较大，广大读者为了在大学期间学好这门课程，除了教材外，还需要适合自己的学习指导用书，本书的编写就是出于这一目的。本书适用于各类各层次的线性代数学习者，对报考硕士研究生的读者亦有一定的帮助，也可作为教师的教学参考书。

本书每章包括以下五部分内容：

1. 目的要求　按照全国工科院校线性代数课程教学的基本要求，让读者分层次明晰学习线性代数各章内容的目的与要求。

2. 内容提要　包括主要定义、主要定理和主要结论，并给出了编者在线性代数教学中总结出来的一些计算方法和计算公式。

3. 复习提问　提供了教师与学生在习题课上交流的内容，包括对一些概念的理解，对一些较难的计算问题的辨析等。

4. 例题分析　例题中有基本概念讨论题，也有介绍基本方法的计算题或证明题，还有较灵活的综合题，并对所给例题作了深入浅出的分析。

5. 自测练习　分 A、B 两个层次，A 层次的练习题以基本题为主，给出了答案；B 层次的练习题难度大一些，给出了详解。

本书的最后包含十套线性代数模拟试题，且附有答案，便于读者巩固所学内容并找出薄弱环节。

本书的编写得到了江苏科技大学教材委员会的支持和帮助，得到了江苏科技大学理学院全体线性代数任课教师的大力协作，在此一并表示衷心的感谢。

本书中的不足之处敬请广大读者批评指正，不胜感谢。

编　者

2018 年 5 月

目录

Contents

第一章　行列式

一、目的要求 …………………………………………………………… (001)
二、内容提要 …………………………………………………………… (001)
三、复习提问 …………………………………………………………… (003)
四、例题分析 …………………………………………………………… (004)
五、自测练习 …………………………………………………………… (010)

第二章　矩阵及其运算

一、目的要求 …………………………………………………………… (013)
二、内容提要 …………………………………………………………… (013)
三、复习提问 …………………………………………………………… (020)
四、例题分析 …………………………………………………………… (022)
五、自测练习 …………………………………………………………… (028)

第三章　矩阵的初等变换与线性方程组

一、目的要求 …………………………………………………………… (031)
二、内容提要 …………………………………………………………… (031)
三、复习提问 …………………………………………………………… (032)
四、例题分析 …………………………………………………………… (033)
五、自测练习 …………………………………………………………… (038)

第四章 向量组的线性相关性

一、目的要求 …………………………………………………………… (042)
二、内容提要 …………………………………………………………… (042)
三、复习提问 …………………………………………………………… (043)
四、例题分析 …………………………………………………………… (044)
五、自测练习 …………………………………………………………… (050)

第五章 相似矩阵及二次型

一、目的要求 …………………………………………………………… (054)
二、内容提要 …………………………………………………………… (054)
三、复习提问 …………………………………………………………… (057)
四、例题分析 …………………………………………………………… (059)
五、自测练习 …………………………………………………………… (070)

第六章 线性空间与线性变换

一、目的要求 …………………………………………………………… (073)
二、内容提要 …………………………………………………………… (073)
三、复习提问 …………………………………………………………… (075)
四、例题分析 …………………………………………………………… (078)
五、自测练习 …………………………………………………………… (088)

模拟试题一 …………………………………………………………… (092)
模拟试题二 …………………………………………………………… (094)
模拟试题三 …………………………………………………………… (097)
模拟试题四 …………………………………………………………… (099)
模拟试题五 …………………………………………………………… (101)
模拟试题六 …………………………………………………………… (104)
模拟试题七 …………………………………………………………… (106)
模拟试题八 …………………………………………………………… (109)
模拟试题九 …………………………………………………………… (111)
模拟试题十 …………………………………………………………… (113)
参考答案 ……………………………………………………………… (117)

第一章 行列式

一、目的要求

1. 了解 n 阶行列式的定义.

2. 掌握 n 阶行列式的性质.

3. 会应用行列式的性质和行列式按行(或列)展开定理计算行列式.

二、内容提要

1. 排列的概念.

定义 1 由 $1,2,\cdots,n$ 组成的一个有序数组称为一个 n 级排列.

定义 2 在一个排列中,如果一对数的前后位置与大小顺序相反,那么它们就称为一个逆序,一个排列中逆序的总数称为该排列的逆序数.

定义 3 逆序数为偶数的排列称为偶排列;逆序数为奇数的排列称为奇排列.

将一个排列中某两个数的位置互换,而其余的数不动,就得到另一个排列,这样的变换称为一个对换.

2. n 阶行列式的概念.

定义 4 n 阶行列式

$$D=\begin{vmatrix} a_{11} & a_{12} & \cdots & a_{1n} \\ a_{21} & a_{22} & \cdots & a_{2n} \\ \vdots & \vdots & & \vdots \\ a_{n1} & a_{n2} & \cdots & a_{nn} \end{vmatrix} = \sum_{j_1 j_2 \cdots j_n} (-1)^{\tau(j_1 j_2 \cdots j_n)} a_{1j_1} a_{2j_2} \cdots a_{nj_n}.$$

这里 $\sum\limits_{j_1 j_2 \cdots j_n}$ 表示对所有 n 级排列求和.

n 阶行列式中的每一项都是取自不同行不同列的 n 个元素的乘积

$$a_{1j_1}a_{2j_2}\cdots a_{nj_n},$$

这里 $j_1,j_2,\cdots,j_n$ 是 $1,2,\cdots,n$ 的一个排列.

3. n 阶行列式的性质.

性质 1 行列互换,行列式不变.

注 行列式中关于行的性质,对于列也成立.

性质 2 行列式一行的公因子可提出去.

性质 3 行列式如果有一行为零,那么行列式等于零.

性质 4 行列式中如果有两行成比例,那么行列式等于零.

性质 5 行列式中如果某一行是两组数的和,那么该行列式就等于两个行列式的和,这两个行列式除了这一行分别是两组数外,其余的行与原来的行列式的对应行一样,即

$$D=\begin{vmatrix} a_{11} & a_{12} & \cdots & a_{1n} \\ \vdots & \vdots & & \vdots \\ a_{i1}+b_{i1} & a_{i2}+b_{i2} & \cdots & a_{in}+b_{in} \\ \vdots & \vdots & & \vdots \\ a_{n1} & a_{n2} & \cdots & a_{nn} \end{vmatrix}$$

$$=\begin{vmatrix} a_{11} & a_{12} & \cdots & a_{1n} \\ \vdots & \vdots & & \vdots \\ a_{i1} & a_{i2} & \cdots & a_{in} \\ \vdots & \vdots & & \vdots \\ a_{n1} & a_{n2} & \cdots & a_{nn} \end{vmatrix}+\begin{vmatrix} a_{11} & a_{12} & \cdots & a_{1n} \\ \vdots & \vdots & & \vdots \\ b_{i1} & b_{i2} & \cdots & b_{in} \\ \vdots & \vdots & & \vdots \\ a_{n1} & a_{n2} & \cdots & a_{nn} \end{vmatrix}.$$

性质 6 把一行的倍数加到另一行,行列式的值不变.

性质 7 对换行列式中两行的位置,行列式反号.

4. 行列式按行(或列)展开.

定义 5 在行列式

$$\begin{vmatrix} a_{11} & \cdots & a_{1j} & \cdots & a_{1n} \\ \vdots & & \vdots & & \vdots \\ a_{i1} & \cdots & a_{ij} & \cdots & a_{in} \\ \vdots & & \vdots & & \vdots \\ a_{n1} & \cdots & a_{nj} & \cdots & a_{nn} \end{vmatrix}$$

中划去元素 a_{ij} 所在的第 i 行与第 j 列,剩下的 $(n-1)^2$ 个元素按照原来的排法构成一个 $(n-1)$ 阶的行列式,称为元素 a_{ij} 的余子式,记为 M_{ij}.

定义 6 $A_{ij}=(-1)^{i+j}M_{ij}$ 称为元素 a_{ij} 的代数余子式.

定理 1 设 $D=|a_{ij}|_{nn}$, $A_{ij}=(-1)^{i+j}M_{ij}$, 则

$$a_{k1}A_{i1}+a_{k2}A_{i2}+\cdots+a_{kn}A_{in}=\begin{cases}D, & k=i,\\ 0, & k\neq i.\end{cases}$$

5. 一些特殊行列式.

(1) 对角形行列式.

$$\begin{vmatrix}a_{11} & & & \\ & a_{22} & & \\ & & \ddots & \\ & & & a_{nn}\end{vmatrix}=a_{11}a_{22}\cdots a_{nn}.$$

(2) 三角形行列式.

$$\begin{vmatrix}a_{11} & 0 & \cdots & 0\\ a_{21} & a_{22} & \cdots & 0\\ \vdots & \vdots & & \vdots\\ a_{n1} & a_{n2} & \cdots & a_{nn}\end{vmatrix}=a_{11}a_{22}\cdots a_{nn}.$$

(3) 范德蒙(Vandermode)行列式.

$$\begin{vmatrix}1 & 1 & \cdots & 1\\ a_1 & a_2 & \cdots & a_n\\ a_1^2 & a_2^2 & \cdots & a_n^2\\ \vdots & \vdots & & \vdots\\ a_1^{n-1} & a_2^{n-1} & \cdots & a_n^{n-1}\end{vmatrix}=\prod_{1\leqslant i<j\leqslant n}(a_j-a_i).$$

三、复习提问

1. n 阶行列式还有没有其他定义?

答 有,如

$$\begin{vmatrix}a_{11} & a_{12} & \cdots & a_{1n}\\ a_{21} & a_{22} & \cdots & a_{2n}\\ \vdots & \vdots & & \vdots\\ a_{n1} & a_{n2} & \cdots & a_{nn}\end{vmatrix}=\sum_{i_1i_2\cdots i_n}(-1)^{\tau(i_1i_2\cdots i_n)}a_{i_11}a_{i_22}\cdots a_{i_nn}.$$

2. 下面等式对不对?

$$\begin{vmatrix}a+b & c+d\\ e+f & g+h\end{vmatrix}=\begin{vmatrix}a & c\\ e & g\end{vmatrix}+\begin{vmatrix}b & d\\ f & h\end{vmatrix}.$$

答 一般不正确，除非有一些数为 0，正确的应为

$$\begin{vmatrix} a+b & c+d \\ e+f & g+h \end{vmatrix} = \begin{vmatrix} a & c \\ e & g \end{vmatrix} + \begin{vmatrix} a & c \\ f & h \end{vmatrix} + \begin{vmatrix} b & d \\ e & g \end{vmatrix} + \begin{vmatrix} b & d \\ f & h \end{vmatrix}.$$

3. 如何计算 2 阶、3 阶行列式？

答 一般采用定义计算即可.

4. 如何计算高阶($n>3$)的行列式？

答 计算 4 阶及 4 阶以上的行列式，基本思路是：化零、降阶，灵活使用性质和特殊行列式. 一般方法有：

(1) 化成三角形行列式；

(2) 降阶法(按一行或一列展开)；

(3) 递推公式，数学归纳法；

(4) 利用特殊行列式等.

四、例题分析

例题 1 设 $\tau(i_1 i_2 \cdots i_n)=S$，求 $\tau(i_n i_{n-1} \cdots i_2 i_1)$.

解 在 $i_1, i_2, \cdots, i_n$ 这 n 个数中任取 i_k 与 i_m，则它们在且仅在下面两个排列

$$i_1 i_2 \cdots i_n \text{ 与 } i_n i_{n-1} \cdots i_2 i_1$$

之一中构成一个逆序，而 n 个数中任取两个数的取法有 C_n^2 种，所以

$$\tau(i_1 i_2 \cdots i_n)+\tau(i_n i_{n-1} \cdots i_2 i_1)=C_n^2,$$

所以
$$\tau(i_n i_{n-1} \cdots i_2 i_1)=\frac{n(n-1)}{2}-S.$$

例题 2 试证：n 阶行列式中零元素的个数若多于 n^2-n 个，则此行列式等于零.

证 n 阶行列式中共有 n^2 个元素，如果零元素的个数多于 n^2-n 个，则非零元素的个数少于 $n^2-(n^2-n)=n$ 个，故此行列式中至少有一行(或列)的元素全为零，故该行列式等于零.

例题 3 计算

$$D_n=\begin{vmatrix} x_1-m & x_2 & \cdots & x_n \\ x_1 & x_2-m & \cdots & x_n \\ \vdots & \vdots & & \vdots \\ x_1 & x_2 & \cdots & x_n-m \end{vmatrix}.$$

解 将各列加到第 1 列,并提出第 1 列的公因子,得

$$D_n=\Big(\sum_{i=1}^n x_i-m\Big)\begin{vmatrix}1 & x_2 & \cdots & x_n\\ 1 & x_2-m & \cdots & x_n\\ \vdots & \vdots & & \vdots\\ 1 & x_2 & \cdots & x_n-m\end{vmatrix}\quad\begin{pmatrix}\text{第 1 列化零:}\\ \text{各行减去第 1 行}\end{pmatrix}$$

$$=\Big(\sum_{i=1}^n x_i-m\Big)\begin{vmatrix}1 & x_2 & \cdots & x_n\\ 0 & -m & \cdots & 0\\ \vdots & \vdots & & \vdots\\ 0 & 0 & \cdots & -m\end{vmatrix}=(-1)^{n-1}m^{n-1}\Big(\sum_{i=1}^n x_i-m\Big).$$

注 本题采用化成三角形行列式的方法求行列式.

例题 4 计算

$$D_n=\begin{vmatrix}1 & 2 & \cdots & n\\ 2 & 3 & \cdots & n+1\\ \vdots & \vdots & & \vdots\\ n & n+1 & \cdots & 2n-1\end{vmatrix}.$$

解 设 $n\geqslant 2$. 第 n 行开始,逐次将下一行减去上一行,得

$$D_n=\begin{vmatrix}1 & 2 & \cdots & n\\ 1 & 1 & \cdots & 1\\ \vdots & \vdots & & \vdots\\ 1 & 1 & \cdots & 1\end{vmatrix}=\begin{cases}-1, & n=2,\\ 0, & n>2.\end{cases}$$

注 本题采用了消去法变换.

例题 5 计算

$$D_n=\begin{vmatrix}1 & 2 & 3 & \cdots & n\\ x & 1 & 2 & \cdots & n-1\\ x & x & 1 & \cdots & n-2\\ \vdots & \vdots & \vdots & & \vdots\\ x & x & x & \cdots & 1\end{vmatrix}.$$

解 从第 2 行开始,每一行乘(−1)后加到上一行,得

$$D_n=\begin{vmatrix}1-x & 1 & 1 & \cdots & 1 & 1\\ 0 & 1-x & 1 & \cdots & 1 & 1\\ 0 & 0 & 1-x & \cdots & 1 & 1\\ \vdots & \vdots & \vdots & & \vdots & \vdots\\ 0 & 0 & 0 & \cdots & 1-x & 1\\ x & x & x & \cdots & x & 1\end{vmatrix}.$$

从第 $n-1$ 列开始，依次用前一列乘(-1)加到后一列，得

$$D_n=\begin{vmatrix}1-x & x & 0 & \cdots & 0 & 0\\ 0 & 1-x & x & \cdots & 0 & 0\\ 0 & 0 & 1-x & \cdots & 0 & 0\\ \vdots & \vdots & \vdots & & \vdots & \vdots\\ 0 & 0 & 0 & \cdots & 1-x & x\\ x & 0 & 0 & \cdots & 0 & 1-x\end{vmatrix},$$

按第 1 列展开，得

$$D_n=(1-x)\begin{vmatrix}1-x & x & 0 & \cdots & 0\\ 0 & 1-x & x & \cdots & 0\\ \vdots & \vdots & \vdots & & \vdots\\ 0 & 0 & 0 & \cdots & 1-x\end{vmatrix}+$$

$$x\cdot(-1)^{n+1}\begin{vmatrix}x & 0 & 0 & \cdots & 0\\ 1-x & x & 0 & \cdots & 0\\ \vdots & \vdots & \vdots & & \vdots\\ 0 & 0 & 0 & \cdots & x\end{vmatrix}$$

$$=(1-x)^n+(-1)^{n+1}x^n=(-1)^n[(x-1)^n-x^n].$$

注 本题采用了按某一行(或列)展开计算.

例题 6 计算 n 阶行列式

$$D_n=\begin{vmatrix}a+b & b & 0 & \cdots & 0 & 0\\ a & a+b & b & \cdots & 0 & 0\\ 0 & a & a+b & \cdots & 0 & 0\\ \vdots & \vdots & \vdots & & \vdots & \vdots\\ 0 & 0 & 0 & \cdots & a+b & b\\ 0 & 0 & 0 & \cdots & a & a+b\end{vmatrix}.$$

解 按第 1 列展开，得

$$D_n=(a+b)D_{n-1}-a\begin{vmatrix} b & 0 & 0 & \cdots & 0 & 0 \\ a & a+b & b & \cdots & 0 & 0 \\ 0 & a & a+b & \cdots & 0 & 0 \\ \vdots & \vdots & \vdots & & \vdots & \vdots \\ 0 & 0 & 0 & \cdots & a+b & b \\ 0 & 0 & 0 & \cdots & a & a+b \end{vmatrix}$$

$$=(a+b)D_{n-1}-abD_{n-2},$$

从而得递推公式 $D_n-aD_{n-1}=b(D_{n-1}-aD_{n-2})$.

由于 $D_1=a+b,\ D_2=(a+b)^2-ab=a^2+ab+b^2$,

所以 $D_n-aD_{n-1}=b(D_{n-1}-aD_{n-2})=\cdots=b^{n-2}(D_2-aD_1)=b^n$.

于是

$$\begin{aligned} D_n &=aD_{n-1}+b^n=a^2D_{n-2}+ab^{n-1}+b^n=\cdots \\ &=a^{n-1}D_1+a^{n-2}b^2+\cdots+ab^{n-1}+b^n \\ &=a^n+a^{n-1}b+a^{n-2}b^2+\cdots+ab^{n-1}+b^n \\ &=\begin{cases}(n+1)a^n, & a=b, \\ \dfrac{a^{n+1}-b^{n+1}}{a-b}, & a\neq b.\end{cases} \end{aligned}$$

注 本题采用了递推公式计算.

例题 7 计算 n 阶行列式

$$D=\begin{vmatrix} 1+a_1 & 1 & 1 & \cdots & 1 \\ 1 & 1+a_2 & 1 & \cdots & 1 \\ \vdots & \vdots & \vdots & & \vdots \\ 1 & 1 & 1 & \cdots & 1+a_n \end{vmatrix},$$

其中 $a_1a_2\cdots a_n\neq 0$.

解 将 n 阶行列式加边变成 $n+1$ 阶行列式

$$D=\begin{vmatrix} 1 & 1 & 1 & \cdots & 1 \\ 0 & 1+a_1 & 1 & \cdots & 1 \\ 0 & 1 & 1+a_2 & \cdots & 1 \\ \vdots & \vdots & \vdots & & \vdots \\ 0 & 1 & 1 & \cdots & 1+a_n \end{vmatrix},$$

将行列式的第 1 行的(−1)倍加到其余各行，则有

$$D=\begin{vmatrix} 1 & 1 & 1 & \cdots & 1 \\ -1 & a_1 & 0 & \cdots & 0 \\ -1 & 0 & a_2 & \cdots & 0 \\ \vdots & \vdots & \vdots & & \vdots \\ -1 & 0 & 0 & \cdots & a_n \end{vmatrix},$$

再将上面的行列式中第 $i(i=2,\cdots,n+1)$ 列的 $\frac{1}{a_{i-1}}$ 加到第 1 列，则有

$$D=\begin{vmatrix} 1+\sum\limits_{i=1}^{n}\frac{1}{a_i} & 1 & 1 & \cdots & 1 \\ 0 & a_1 & 0 & \cdots & 0 \\ 0 & 0 & a_2 & \cdots & 0 \\ \vdots & \vdots & \vdots & & \vdots \\ 0 & 0 & 0 & \cdots & a_n \end{vmatrix}$$

$$=a_1a_2\cdots a_n\left(1+\sum_{i=1}^{n}\frac{1}{a_i}\right).$$

注 本题采用加边法计算行列式. 所谓加边法，就是在原行列式中增加一行一列，将原来的 n 阶行列式变成 $n+1$ 阶行列式再进行计算.

例题 8 计算

$$D=\begin{vmatrix} 1 & 1 & 2 & 3 \\ 1 & 2-x^2 & 2 & 3 \\ 2 & 3 & 1 & 5 \\ 2 & 3 & 1 & 9-x^2 \end{vmatrix}.$$

解 将 $x=\pm1,\pm2$ 代入，易知 $D(\pm1)=D(\pm2)=0$. 因此 D 含有 4 个线性因子 $(x\pm1),(x\pm2)$；又易知 D 为 4 次多项式，故不妨设

$$D=a(x-1)(x+1)(x-2)(x+2).$$

令 $x=0$ 代入行列式，算得

$$\begin{vmatrix} 1 & 1 & 2 & 3 \\ 1 & 2 & 2 & 3 \\ 2 & 3 & 1 & 5 \\ 2 & 3 & 1 & 9 \end{vmatrix}=\begin{vmatrix} 1 & 1 & 2 & 3 \\ 0 & 1 & 0 & 0 \\ 2 & 3 & 1 & 5 \\ 0 & 0 & 0 & 4 \end{vmatrix}=4\cdot1\cdot\begin{vmatrix} 1 & 2 \\ 2 & 1 \end{vmatrix}=-12,$$

因此 $-12=a\cdot4\Rightarrow a=-3$.

所以 $D=-3(x-1)(x+1)(x-2)(x+2)$.

注 本题为 4 阶行列式，通常可用化零法按第 1 行或第 4 行展开计算，但

用上述方法更加简便.

例题 9 证明:

$$D_n=\begin{vmatrix}2\cos\theta & 1 & 0 & \cdots & 0 & 0\\ 1 & 2\cos\theta & 1 & \cdots & 0 & 0\\ 0 & 1 & 2\cos\theta & \cdots & 0 & 0\\ \vdots & \vdots & \vdots & & \vdots & \vdots\\ 0 & 0 & 0 & \cdots & 2\cos\theta & 1\\ 0 & 0 & 0 & \cdots & 1 & 2\cos\theta\end{vmatrix}=\frac{\sin(n+1)\theta}{\sin\theta}.$$

证 对 n 用数学归纳法证明.

当 $n=1$ 时,$D_1=2\cos\theta=\frac{\sin 2\theta}{\sin\theta}$,即结论成立. 现设 $n=k$ 时结论成立,即 $D_k=\frac{\sin(k+1)\theta}{\sin\theta}$,那么,当 $n=k+1$ 时,将 D_{k+1} 按第 1 行展开,得

$$\begin{aligned}D_{k+1}&=2\cos\theta D_k-D_{k-1}=\frac{2\cos\theta\cdot\sin(k+1)\theta}{\sin\theta}-\frac{\sin k\theta}{\sin\theta}\\&=\frac{2\cos\theta\sin(k+1)\theta-\sin(k+1-1)\theta}{\sin\theta}\\&=\frac{2\cos\theta\sin(k+1)\theta-[\sin(k+1)\theta\cos\theta-\cos(k+1)\theta\sin\theta]}{\sin\theta}\\&=\frac{\cos\theta\sin(k+1)\theta+\sin\theta\cos(k+1)\theta}{\sin\theta}=\frac{\sin(k+2)\theta}{\sin\theta},\end{aligned}$$

因此,当 $n=k+1$ 时结论亦成立.

注 数学归纳法在证明或计算行列式的题目中有广泛的应用.

例题 10 已知 4 阶行列式

$$D=\begin{vmatrix}1 & 1 & 3 & -1\\ 3 & 1 & 8 & 0\\ -2 & 1 & 4 & 3\\ 4 & 1 & 2 & 5\end{vmatrix},$$

求 $A_{14}+A_{24}+A_{34}+A_{44}$ 的值,其中 A_{ij} 为行列式 D 中元素 a_{ij} 的代数余子式.

解 由于 $A_{14}+A_{24}+A_{34}+A_{44}=1\cdot A_{14}+1\cdot A_{24}+1\cdot A_{34}+1\cdot A_{44}$,它是行列式 D 中第 2 列元素与第 4 列对应元素的代数余子式乘积之和,故由展开式定理的推论知

$$A_{14}+A_{24}+A_{34}+A_{44}=0.$$

注 如果直接计算 A_{14},A_{24},A_{34},A_{44} 的值,然后把它们加起来求结果,则计

算量较大，且容易出错.

五、自测练习

A 组

1. 选择 i 与 k，使 9 元排列 $1274i56k9$ 为偶排列.

2. 讨论下面两个行列式的关系：

$$D_1=\begin{vmatrix} a_{11} & \cdots & a_{1n} \\ \vdots & & \vdots \\ a_{n1} & \cdots & a_{nn} \end{vmatrix}, \qquad D_2=\begin{vmatrix} a_{n1} & \cdots & a_{nn} \\ \vdots & & \vdots \\ a_{11} & \cdots & a_{1n} \end{vmatrix}.$$

3. 计算

$$D_n=\begin{vmatrix} a_1 & b_1 & 0 & \cdots & 0 & 0 \\ 0 & a_2 & b_2 & \cdots & 0 & 0 \\ \vdots & \vdots & \vdots & & \vdots & \vdots \\ 0 & 0 & 0 & \cdots & a_{n-1} & b_{n-1} \\ b_n & 0 & 0 & \cdots & 0 & a_n \end{vmatrix}.$$

4. 计算

$$D=\begin{vmatrix} a_1 & 0 & 0 & b_1 \\ 0 & a_2 & b_2 & 0 \\ 0 & b_3 & a_3 & 0 \\ b_4 & 0 & 0 & a_4 \end{vmatrix}.$$

5. 计算

$$D_n=\begin{vmatrix} a_1 & x & x & \cdots & x \\ x & a_2 & x & \cdots & x \\ x & x & a_3 & \cdots & x \\ \vdots & \vdots & \vdots & & \vdots \\ x & x & x & \cdots & a_n \end{vmatrix}.$$

6. 计算 $n+1$ 阶行列式

$$D_{n+1}=\begin{vmatrix} a & -1 & 0 & \cdots & 0 \\ ax & a & -1 & \cdots & 0 \\ ax^2 & ax & a & \cdots & 0 \\ \vdots & \vdots & \vdots & & \vdots \\ ax^n & ax^{n-1} & ax^{n-2} & \cdots & a \end{vmatrix}.$$

7. 证明：

$$D_n=\begin{vmatrix} \cos\alpha & 1 & 0 & \cdots & 0 & 0 \\ 1 & 2\cos\alpha & 1 & \cdots & 0 & 0 \\ 0 & 1 & 2\cos\alpha & \cdots & 0 & 0 \\ \vdots & \vdots & \vdots & & \vdots & \vdots \\ 0 & 0 & 0 & \cdots & 2\cos\alpha & 1 \\ 0 & 0 & 0 & \cdots & 1 & 2\cos\alpha \end{vmatrix}=\cos n\alpha.$$

B 组

1. 计算 4 阶行列式

$$D_4=\begin{vmatrix} 1-a & a & 0 & 0 \\ -1 & 1-a & a & 0 \\ 0 & -1 & 1-a & a \\ 0 & 0 & -1 & 1-a \end{vmatrix}.$$

2. 计算 n 阶行列式

$$D_n=\begin{vmatrix} 1 & 2 & 3 & \cdots & n \\ 2 & 1 & 2 & \cdots & n-1 \\ 3 & 2 & 1 & \cdots & n-2 \\ \vdots & \vdots & \vdots & & \vdots \\ n & n-1 & n-2 & \cdots & 1 \end{vmatrix}.$$

3. 计算 n 阶行列式

$$D_n=\begin{vmatrix} x_1 & a_2 & a_3 & \cdots & a_n \\ a_1 & x_2 & a_3 & \cdots & a_n \\ a_1 & a_2 & x_3 & \cdots & a_n \\ \vdots & \vdots & \vdots & & \vdots \\ a_1 & a_2 & a_3 & \cdots & x_n \end{vmatrix},x_i\neq a_i(i=1,2,\cdots,n).$$

4. 计算 n 阶行列式

$$D_n=\begin{vmatrix} x & a & \cdots & a \\ -a & x & \cdots & a \\ \vdots & \vdots & & \vdots \\ -a & -a & \cdots & x \end{vmatrix}.$$

5. 计算 n 阶行列式

$$D_n=\begin{vmatrix} 2a & a^2 & 0 & \cdots & 0 & 0 \\ 1 & 2a & a^2 & \cdots & 0 & 0 \\ 0 & 1 & 2a & \cdots & 0 & 0 \\ \vdots & \vdots & \vdots & & \vdots & \vdots \\ 0 & 0 & 0 & \cdots & 2a & a^2 \\ 0 & 0 & 0 & \cdots & 1 & 2a \end{vmatrix}.$$

6. 证明：奇数阶反对称行列式等于零(行列式中元素 $a_{ij}=-a_{ji}$ 时，称为反对称行列式).

7. 设 4 阶行列式 $D=\begin{vmatrix} a & b & c & d \\ c & b & d & a \\ d & b & c & a \\ a & b & d & c \end{vmatrix}$，求 $A_{14}+A_{24}+A_{34}+A_{44}$.

8. 设 $f(x)=a_0+a_1x+\cdots+a_nx^n$，试证：如果 $f(x)$ 有 $n+1$ 个不同的根，则 $f(x)$ 是零多项式，即 $f(x)\equiv 0$.

第二章 矩阵及其运算

一、目的要求

1. 理解矩阵的概念，了解单位矩阵、数量矩阵、对角矩阵、三角矩阵的定义及性质，了解对称矩阵、反对称矩阵及正交矩阵的定义和性质.

2. 掌握矩阵的线性运算、乘法、转置以及它们的运算规律，了解方阵的幂与方阵乘积的行列式的性质.

3. 理解逆矩阵的概念，掌握逆矩阵的性质以及矩阵可逆的充分必要条件.

4. 理解伴随矩阵的概念，会用伴随矩阵求逆矩阵.

5. 了解分块矩阵的概念，掌握分块矩阵的运算法则.

6. 会用克拉默(Cramer)法则求解线性方程组.

二、内容提要

1. 矩阵的概念.

定义 1 由 $m\times n$ 个数 $a_{ij}(i=1,2,\cdots,m;j=1,2,\cdots,n)$ 排成的 m 行 n 列的数表

$$\boldsymbol{A}=\begin{bmatrix} a_{11} & a_{12} & \cdots & a_{1n} \\ a_{21} & a_{22} & \cdots & a_{2n} \\ \vdots & \vdots & & \vdots \\ a_{m1} & a_{m2} & \cdots & a_{mn} \end{bmatrix}$$

叫作一个 m 行 n 列的矩阵，简称 $m\times n$ 矩阵. 这 $m\times n$ 个数叫作矩阵的元素，a_{ij} 称为该矩阵的第 i 行第 j 列的元素.

矩阵通常用大写字母 $\boldsymbol{A},\boldsymbol{B},\boldsymbol{C},\cdots$ 来表示. $m\times n$ 矩阵记为 $\boldsymbol{A}=(a_{ij})_{m\times n}$ 或 $\boldsymbol{A}_{m\times n}$，有时简记为 $\boldsymbol{A}=(a_{ij})$ 或 $\boldsymbol{A}$.

当 $m=n$ 时，矩阵 $\boldsymbol{A}=(a_{ij})_{m\times n}$ 称为 n 阶方阵.

只有一行的矩阵称为行矩阵，行矩阵又称为行向量. 只有一列的矩阵称为列矩阵，列矩阵又称为列向量.

2. 矩阵的运算.

(1) 矩阵的加法.

定义 2 设 $\boldsymbol{A}=(a_{ij})_{m\times n},\boldsymbol{B}=(b_{ij})_{m\times n}$,则

$$\boldsymbol{A}+\boldsymbol{B}=(a_{ij}+b_{ij})_{m\times n}.$$

性质 1 矩阵的加法满足下面的运算律:

① 交换律:$\boldsymbol{A}+\boldsymbol{B}=\boldsymbol{B}+\boldsymbol{A}$;

② 结合律:$(\boldsymbol{A}+\boldsymbol{B})+\boldsymbol{C}=\boldsymbol{A}+(\boldsymbol{B}+\boldsymbol{C})$.

(2) 数乘运算.

定义 3 设 k 是一个数,$\boldsymbol{A}=(a_{ij})_{m\times n}$,则

$$k\boldsymbol{A}=(ka_{ij})_{m\times n}.$$

当 $k=-1$ 时,$-\boldsymbol{A}=(-1)\boldsymbol{A}=(-a_{ij})_{m\times n}$称为 $\boldsymbol{A}$ 的负矩阵. 矩阵 $\boldsymbol{A}$ 与 $\boldsymbol{B}$ 的减法定义为

$$\boldsymbol{A}-\boldsymbol{B}=\boldsymbol{A}+(-\boldsymbol{B})=(a_{ij}-b_{ij})_{m\times n}.$$

性质 2 矩阵的加法与数乘运算称为矩阵的线性运算,满足下面的运算律:

① 结合律:$(kl)\boldsymbol{A}=k(l\boldsymbol{A})$;

② 分配律:$k(\boldsymbol{A}+\boldsymbol{B})=k\boldsymbol{A}+k\boldsymbol{B},(k+l)\boldsymbol{A}=k\boldsymbol{A}+l\boldsymbol{A}$.

(3) 矩阵的乘法.

定义 4 设 $\boldsymbol{A}$ 是 $m\times s$ 矩阵,$\boldsymbol{B}$ 是 $s\times n$ 矩阵,即

$$\boldsymbol{A}=\begin{bmatrix}a_{11}&a_{12}&\cdots&a_{1s}\\a_{21}&a_{22}&\cdots&a_{2s}\\\vdots&\vdots&&\vdots\\a_{m1}&a_{m2}&\cdots&a_{ms}\end{bmatrix},\quad \boldsymbol{B}=\begin{bmatrix}b_{11}&b_{12}&\cdots&b_{1n}\\b_{21}&b_{22}&\cdots&b_{2n}\\\vdots&\vdots&&\vdots\\b_{s1}&b_{s2}&\cdots&b_{sn}\end{bmatrix}.$$

规定 $\boldsymbol{A}$ 与 $\boldsymbol{B}$ 的乘积是一个 $m\times n$ 矩阵 $\boldsymbol{C}$,即

$$\boldsymbol{C}=\boldsymbol{AB}=\begin{bmatrix}c_{11}&c_{12}&\cdots&c_{1n}\\c_{21}&c_{22}&\cdots&c_{2n}\\\vdots&\vdots&&\vdots\\c_{m1}&c_{m2}&\cdots&c_{mn}\end{bmatrix}.$$

其中 $c_{ij}=a_{i1}b_{1j}+a_{i2}b_{2j}+\cdots+a_{is}b_{sj}=\sum_{k=1}^{s}a_{ik}b_{kj}\ (i=1,2,\cdots,m;j=1,2,\cdots,n)$.

性质 3 矩阵的乘法满足下列运算律:

① 结合律:$(\boldsymbol{AB})\boldsymbol{C}=\boldsymbol{A}(\boldsymbol{BC})$;

② 左分配律:$\boldsymbol{A}(\boldsymbol{B}+\boldsymbol{C})=\boldsymbol{AB}+\boldsymbol{AC}$,右分配律:$(\boldsymbol{B}+\boldsymbol{C})\boldsymbol{A}=\boldsymbol{BA}+\boldsymbol{CA}$;

③ $k(\boldsymbol{AB})=(k\boldsymbol{A})\boldsymbol{B}=\boldsymbol{A}(k\boldsymbol{B})$.

(4) 矩阵的转置.

定义 5 设矩阵

$$A=\begin{bmatrix} a_{11} & a_{12} & \cdots & a_{1n} \\ a_{21} & a_{22} & \cdots & a_{2n} \\ \vdots & \vdots & & \vdots \\ a_{m1} & a_{m2} & \cdots & a_{mn} \end{bmatrix}.$$

把矩阵 A 的所有行换成相应的列得到的矩阵,称为矩阵 A 的转置矩阵. 记为 A^{T},即

$$A^{\mathrm{T}}=\begin{bmatrix} a_{11} & a_{21} & \cdots & a_{m1} \\ a_{12} & a_{22} & \cdots & a_{m2} \\ \vdots & \vdots & & \vdots \\ a_{1n} & a_{2n} & \cdots & a_{mn} \end{bmatrix}.$$

性质 4 转置矩阵的运算律:

① $(A^{\mathrm{T}})^{\mathrm{T}}=A$;

② $(A+B)^{\mathrm{T}}=A^{\mathrm{T}}+B^{\mathrm{T}}$;

③ $(kA)^{\mathrm{T}}=kA^{\mathrm{T}}$,$k$ 为数;

④ $(AB)^{\mathrm{T}}=B^{\mathrm{T}}A^{\mathrm{T}}$.

(5) 方阵的行列式.

定义 6 n 阶方阵 $A=(a_{ij})$的元素按原来的位置构成的行列式叫作方阵 A 的行列式,记为$|A|$或 $\det(A)$,即

$$|A|=\begin{vmatrix} a_{11} & a_{12} & \cdots & a_{1n} \\ a_{21} & a_{22} & \cdots & a_{2n} \\ \vdots & \vdots & & \vdots \\ a_{n1} & a_{n2} & \cdots & a_{nn} \end{vmatrix}.$$

性质 5 n 阶方阵 A 的行列式的运算律:

① $|A^{\mathrm{T}}|=|A|$;

② $|kA|=k^n|A|$;

③ $|AB|=|A||B|$.

其中 A,B 为 n 阶方阵,k 为数.

(6) 矩阵的共轭.

定义 7 当 $A=(a_{ij})$为复矩阵时,用$\overline{a_{ij}}$表示 a_{ij} 的共轭复数,记 $\overline{A}=(\overline{a_{ij}})$. $\overline{A}$ 称为 A 的共轭矩阵.

性质 6 共轭矩阵的运算规律:

① $\overline{A+B}=\overline{A}+\overline{B}$;

② $\overline{\lambda \boldsymbol{A}}=\bar{\lambda} \cdot \overline{\boldsymbol{A}}$;

③ $\overline{\boldsymbol{A B}}=\overline{\boldsymbol{A}} \cdot \overline{\boldsymbol{B}}$.

其中 $\boldsymbol{A},\boldsymbol{B}$ 为复矩阵,λ 为复数,运算都是可行的.

(7) 矩阵的逆.

定义 8 设 $\boldsymbol{A}$ 为 n 阶方阵,若存在 n 阶方阵 $\boldsymbol{B}$,使得 $\boldsymbol{AB}=\boldsymbol{BA}=\boldsymbol{E}$,则称 $\boldsymbol{B}$ 为 $\boldsymbol{A}$ 的逆矩阵,并称 $\boldsymbol{A}$ 为可逆矩阵,记为 $\boldsymbol{A}^{-1}$.

性质 7 方阵的可逆矩阵的运算律:

① 若 $\boldsymbol{A}$ 可逆,则 $\boldsymbol{A}^{-1}$ 亦可逆,且 $(\boldsymbol{A}^{-1})^{-1}=\boldsymbol{A}$;

② 若 $\boldsymbol{A}$ 可逆,数 $k\neq 0$,则 $k\boldsymbol{A}$ 可逆,且 $(k\boldsymbol{A})^{-1}=\dfrac{1}{k}\boldsymbol{A}^{-1}$;

③ 若 $\boldsymbol{A}$ 可逆,则 $|\boldsymbol{A}^{-1}|=\dfrac{1}{|\boldsymbol{A}|}=|\boldsymbol{A}|^{-1}$;

④ 若 $\boldsymbol{A}$ 可逆,则 $\boldsymbol{A}^{\mathrm{T}}$ 也可逆,且 $(\boldsymbol{A}^{\mathrm{T}})^{-1}=(\boldsymbol{A}^{-1})^{\mathrm{T}}$;

⑤ 设 $\boldsymbol{A},\boldsymbol{B}$ 为 n 阶可逆方阵,则 $\boldsymbol{AB}$ 也可逆,且 $(\boldsymbol{AB})^{-1}=\boldsymbol{B}^{-1}\boldsymbol{A}^{-1}$.

定义 9 设 A_{ij} 是 $\boldsymbol{A}=(a_{ij})_{n\times n}$ 中 a_{ij} 的代数余子式,矩阵

$$\boldsymbol{A}^{*}=\begin{bmatrix} A_{11} & A_{21} & \cdots & A_{n1} \\ A_{12} & A_{22} & \cdots & A_{n2} \\ \vdots & \vdots & & \vdots \\ A_{1n} & A_{2n} & \cdots & A_{nn} \end{bmatrix}$$

称为 $\boldsymbol{A}$ 的伴随矩阵,且 $\boldsymbol{A}^{*}\boldsymbol{A}=\boldsymbol{A}\boldsymbol{A}^{*}=|\boldsymbol{A}|\boldsymbol{E}$.

定理 1 矩阵 $\boldsymbol{A}$ 可逆的充要条件是 $|\boldsymbol{A}|\neq 0$,且 $\boldsymbol{A}^{-1}=\dfrac{\boldsymbol{A}^{*}}{|\boldsymbol{A}|}$.

3. 一些特殊的矩阵

(1) 单位矩阵.

$$\boldsymbol{E}=\begin{bmatrix} 1 & & & \\ & 1 & & \\ & & \ddots & \\ & & & 1 \end{bmatrix}.$$

(2) 对角矩阵.

$$\boldsymbol{\Lambda}=\begin{bmatrix} a_{11} & & & \\ & a_{22} & & \\ & & \ddots & \\ & & & a_{nn} \end{bmatrix}.$$

简记为 $\boldsymbol{A}=\mathrm{diag}(a_1,a_2,\cdots,a_n)$.

(3) 三角矩阵.

① 上三角矩阵.

$$\boldsymbol{A}=\begin{bmatrix} a_{11} & a_{12} & \cdots & a_{1n} \\ 0 & a_{22} & \cdots & a_{2n} \\ \vdots & \vdots & & \vdots \\ 0 & 0 & \cdots & a_{nn} \end{bmatrix}.$$

② 下三角矩阵.

$$\boldsymbol{A}=\begin{bmatrix} a_{11} & 0 & \cdots & 0 \\ a_{21} & a_{22} & \cdots & 0 \\ \vdots & \vdots & & \vdots \\ a_{n1} & a_{n2} & \cdots & a_{nn} \end{bmatrix}.$$

(4) 对称矩阵和反对称矩阵.

设 $\boldsymbol{A}$ 为 n 阶方阵,若 $\boldsymbol{A}^{\mathrm{T}}=\boldsymbol{A}$,则 $\boldsymbol{A}$ 为对称矩阵;若 $\boldsymbol{A}^{\mathrm{T}}=-\boldsymbol{A}$,则 $\boldsymbol{A}$ 为反对称矩阵.

注 ① $\boldsymbol{A}$ 为对称矩阵的充要条件为 $a_{ij}=a_{ji}(i,j=1,2,\cdots,n)$.

② $\boldsymbol{A}$ 为反对称矩阵的充要条件为 $a_{ij}=-a_{ji}(i,j=1,2,\cdots,n)$,且 $i=j$ 时 $a_{ij}=0$,即 $a_{ii}=0(i=1,2,\cdots,n)$.

4. 矩阵的分块.

(1) 分块矩阵的概念.

用一些贯穿于矩阵的纵线和横线将矩阵 $\boldsymbol{A}$ 分成若干块,每小块叫作矩阵 $\boldsymbol{A}$ 的子块(子矩阵),以子块为元素的形式上的矩阵叫作分块矩阵.

(2) 分块矩阵的运算.

① 分块矩阵的加法.

设 $\boldsymbol{A},\boldsymbol{B}$ 为 $m\times n$ 矩阵,用相同方法把 $\boldsymbol{A},\boldsymbol{B}$ 分块为

$$\boldsymbol{A}=\begin{bmatrix} \boldsymbol{A}_{11} & \boldsymbol{A}_{12} & \cdots & \boldsymbol{A}_{1s} \\ \boldsymbol{A}_{21} & \boldsymbol{A}_{22} & \cdots & \boldsymbol{A}_{2s} \\ \vdots & \vdots & & \vdots \\ \boldsymbol{A}_{r1} & \boldsymbol{A}_{r2} & \cdots & \boldsymbol{A}_{rs} \end{bmatrix},\quad \boldsymbol{B}=\begin{bmatrix} \boldsymbol{B}_{11} & \boldsymbol{B}_{12} & \cdots & \boldsymbol{B}_{1s} \\ \boldsymbol{B}_{21} & \boldsymbol{B}_{22} & \cdots & \boldsymbol{B}_{2s} \\ \vdots & \vdots & & \vdots \\ \boldsymbol{B}_{r1} & \boldsymbol{B}_{r2} & \cdots & \boldsymbol{B}_{rs} \end{bmatrix}.$$

其中 $\boldsymbol{A}_{ij}$ 与 $\boldsymbol{B}_{ij}(i=1,2,\cdots,r;j=1,2,\cdots,s)$ 的行数、列数相同,那么

$$\boldsymbol{A}+\boldsymbol{B}=\begin{bmatrix} \boldsymbol{A}_{11}+\boldsymbol{B}_{11} & \boldsymbol{A}_{12}+\boldsymbol{B}_{12} & \cdots & \boldsymbol{A}_{1s}+\boldsymbol{B}_{1s} \\ \boldsymbol{A}_{21}+\boldsymbol{B}_{21} & \boldsymbol{A}_{22}+\boldsymbol{B}_{22} & \cdots & \boldsymbol{A}_{2s}+\boldsymbol{B}_{2s} \\ \vdots & \vdots & & \vdots \\ \boldsymbol{A}_{r1}+\boldsymbol{B}_{r1} & \boldsymbol{A}_{r2}+\boldsymbol{B}_{r2} & \cdots & \boldsymbol{A}_{rs}+\boldsymbol{B}_{rs} \end{bmatrix}.$$

② 数乘分块矩阵.

$$k\boldsymbol{A}=\begin{bmatrix} k\boldsymbol{A}_{11} & k\boldsymbol{A}_{12} & \cdots & k\boldsymbol{A}_{1s} \\ k\boldsymbol{A}_{21} & k\boldsymbol{A}_{22} & \cdots & k\boldsymbol{A}_{2s} \\ \vdots & \vdots & & \vdots \\ k\boldsymbol{A}_{r1} & k\boldsymbol{A}_{r2} & \cdots & k\boldsymbol{A}_{rs} \end{bmatrix}.$$

③ 分块矩阵的转置.

$$\boldsymbol{A}^{\mathrm{T}}=\begin{bmatrix} \boldsymbol{A}_{11}^{\mathrm{T}} & \boldsymbol{A}_{21}^{\mathrm{T}} & \cdots & \boldsymbol{A}_{r1}^{\mathrm{T}} \\ \boldsymbol{A}_{12}^{\mathrm{T}} & \boldsymbol{A}_{22}^{\mathrm{T}} & \cdots & \boldsymbol{A}_{r2}^{\mathrm{T}} \\ \vdots & \vdots & & \vdots \\ \boldsymbol{A}_{1s}^{\mathrm{T}} & \boldsymbol{A}_{2s}^{\mathrm{T}} & \cdots & \boldsymbol{A}_{rs}^{\mathrm{T}} \end{bmatrix}.$$

④ 分块矩阵的乘法.

设 $\boldsymbol{A}$ 为 $m\times k$ 矩阵,$\boldsymbol{B}$ 为 $k\times n$ 矩阵,对 $\boldsymbol{A},\boldsymbol{B}$ 作分块,使得 $\boldsymbol{A}$ 的列分法与 $\boldsymbol{B}$ 的行分法一致,即

$$\boldsymbol{A}=\begin{bmatrix} \boldsymbol{A}_{11} & \boldsymbol{A}_{12} & \cdots & \boldsymbol{A}_{1s} \\ \boldsymbol{A}_{21} & \boldsymbol{A}_{22} & \cdots & \boldsymbol{A}_{2s} \\ \vdots & \vdots & & \vdots \\ \boldsymbol{A}_{r1} & \boldsymbol{A}_{r2} & \cdots & \boldsymbol{A}_{rs} \end{bmatrix},\quad \boldsymbol{B}=\begin{bmatrix} \boldsymbol{B}_{11} & \boldsymbol{B}_{12} & \cdots & \boldsymbol{B}_{1p} \\ \boldsymbol{B}_{21} & \boldsymbol{B}_{22} & \cdots & \boldsymbol{B}_{2p} \\ \vdots & \vdots & & \vdots \\ \boldsymbol{B}_{s1} & \boldsymbol{B}_{s2} & \cdots & \boldsymbol{B}_{sp} \end{bmatrix},$$

其中 $\boldsymbol{A}_{i1},\boldsymbol{A}_{i2},\cdots,\boldsymbol{A}_{is}(i=1,2,\cdots,r)$ 的列数分别与 $\boldsymbol{B}_{1j},\boldsymbol{B}_{2j},\cdots,\boldsymbol{B}_{sj}(j=1,2,\cdots,p)$ 的行数相同,则

$$\boldsymbol{AB}=\begin{bmatrix} \boldsymbol{C}_{11} & \boldsymbol{C}_{12} & \cdots & \boldsymbol{C}_{1p} \\ \boldsymbol{C}_{21} & \boldsymbol{C}_{22} & \cdots & \boldsymbol{C}_{2p} \\ \vdots & \vdots & & \vdots \\ \boldsymbol{C}_{r1} & \boldsymbol{C}_{r2} & \cdots & \boldsymbol{C}_{rp} \end{bmatrix}.$$

其中 $\boldsymbol{C}_{ij}=\sum\limits_{k=1}^{s}\boldsymbol{A}_{ik}\boldsymbol{B}_{kj}$, $i=1,2,\cdots,r$, $j=1,2,\cdots,p$.

(3) 分块对角阵.

设 $\boldsymbol{A}$ 为 n 阶方阵,若 $\boldsymbol{A}$ 的分块矩阵具有下面的形状:

$$\boldsymbol{A}=\begin{bmatrix} \boldsymbol{A}_1 & & & \\ & \boldsymbol{A}_2 & & \\ & & \ddots & \\ & & & \boldsymbol{A}_s \end{bmatrix},$$

其中主对角线上的每一子块 $\boldsymbol{A}_i(i=1,2,\cdots,s)$ 是方阵,对角线外的子块都是零矩

阵,则称 $\boldsymbol{A}$ 为分块对角阵.

注 ① 分块对角阵 $\boldsymbol{A}$ 的行列式

$$|\boldsymbol{A}|=|\boldsymbol{A}_1||\boldsymbol{A}_2|\cdots|\boldsymbol{A}_s|.$$

② 分块对角阵 $\boldsymbol{A}$ 可逆的充要条件是每一个子矩阵 $\boldsymbol{A}_i(i=1,2,\cdots,s)$ 可逆,其逆矩阵为

$$\boldsymbol{A}^{-1}=\begin{bmatrix}\boldsymbol{A}_1^{-1} & & & \\ & \boldsymbol{A}_2^{-1} & & \\ & & \ddots & \\ & & & \boldsymbol{A}_s^{-1}\end{bmatrix}.$$

(4) 按行(或列)分块.

将矩阵按行或按列分块是矩阵分块的两种常见形式.

设 $\boldsymbol{A}=(a_{ij})_{m\times n}$,若把 $\boldsymbol{A}$ 按列分块,则

$$\boldsymbol{A}=\begin{bmatrix}a_{11} & a_{12} & \cdots & a_{1n}\\ a_{21} & a_{22} & \cdots & a_{2n}\\ \vdots & \vdots & & \vdots\\ a_{m1} & a_{m2} & \cdots & a_{mn}\end{bmatrix}=(\boldsymbol{\alpha}_1,\boldsymbol{\alpha}_2,\cdots,\boldsymbol{\alpha}_n),$$

其中 $\boldsymbol{\alpha}_i=(a_{1i},a_{2i},\cdots,a_{mi})^{\mathrm{T}}$ 是列矩阵.

若把 $\boldsymbol{A}$ 按行分块,则

$$\boldsymbol{A}=\begin{bmatrix}\boldsymbol{\beta}_1\\ \boldsymbol{\beta}_2\\ \vdots\\ \boldsymbol{\beta}_m\end{bmatrix},$$

其中 $\boldsymbol{\beta}_i=(a_{i1},a_{i2},\cdots,a_{in})$是行矩阵.

5. 克拉默(Cramer)法则.

定理 2(克拉默(Cramer)法则) 如果线性方程组

$$\begin{cases}a_{11}x_1+a_{12}x_2+\cdots+a_{1n}x_n=b_1,\\ a_{21}x_1+a_{22}x_2+\cdots+a_{2n}x_n=b_2,\\ \quad\vdots\qquad\quad\vdots\qquad\qquad\quad\vdots\qquad\ \ \vdots\\ a_{n1}x_1+a_{n2}x_2+\cdots+a_{nn}x_n=b_n\end{cases}\tag{1}$$

的系数行列式不等于零,即

$$D=\begin{vmatrix} a_{11} & a_{12} & \cdots & a_{1n} \\ a_{21} & a_{22} & \cdots & a_{2n} \\ \vdots & \vdots & & \vdots \\ a_{n1} & a_{n2} & \cdots & a_{nn} \end{vmatrix} \neq 0,$$

则线性方程组(1)有唯一解

$$x_1=\frac{D_1}{D}, x_2=\frac{D_2}{D}, \cdots, x_n=\frac{D_n}{D}.$$

其中 $D_j(j=1,2,\cdots,n)$ 是将系数行列式 D 中第 j 列的元素用方程组右端的常数项代替后所得的 n 阶行列式，即

$$D_j=\begin{vmatrix} a_{11} & \cdots & a_{1j-1} & b_1 & a_{1j+1} & \cdots & a_{1n} \\ a_{21} & \cdots & a_{2j-1} & b_2 & a_{2j+1} & \cdots & a_{2n} \\ \vdots & & \vdots & \vdots & \vdots & & \vdots \\ a_{n1} & \cdots & a_{nj-1} & b_n & a_{nj+1} & \cdots & a_{nn} \end{vmatrix}.$$

方程组(1)中常数项 $b_1,b_2,\cdots,b_n$ 全为 0 的线性方程组称为齐次线性方程组，它总有零解 $x_1=0,\cdots,x_n=0$.

定理 3 若方程组(1)对应的齐次线性方程组的行列式 $D\neq 0$，则它只有零解；即若它有非零解，则必有 $D=0$.

三、复习提问

1. 矩阵与行列式有何区别与联系？

答 区别如下：

(1) 矩阵是一个表格，行数与列数可以不一样；而行列式是一个代数和，且行数与列数必须相等.

(2) 两矩阵相等是指对应元素相等；而两个行列式相等不要求对应元素相等，甚至阶数也可以不一样.

(3) 数乘矩阵是指该数乘以矩阵的每一个元素；而数乘行列式，只能用该数乘行列式的某一行或列，提取公因式也如此.

2. 为什么矩阵没有交换律？行列式有吗？

答 (1) 交换两个矩阵相乘的位置，不一定能相乘. 例如 $\boldsymbol{A}_{sn}\times\boldsymbol{B}_{nm}=\boldsymbol{C}_{sm}$，但 $\boldsymbol{B}_{nm}\times\boldsymbol{A}_{sn}$，当 $m\neq s$ 时不能相乘.

(2) 即使两个方阵相乘能换位，但结果可能不一样. 例如 $\begin{bmatrix}1 & 1\\0 & 1\end{bmatrix}\begin{bmatrix}1 & 1\\1 & 1\end{bmatrix}=$

$\begin{bmatrix}2&2\\1&1\end{bmatrix}$,但$\begin{bmatrix}1&1\\1&1\end{bmatrix}\begin{bmatrix}1&1\\0&1\end{bmatrix}=\begin{bmatrix}1&2\\1&2\end{bmatrix}$,两个运算结果不相等.

行列式乘法是普通数的乘法,当然具有交换律.

3. 设$\boldsymbol{A},\boldsymbol{B}$为$n$阶方阵,$|\boldsymbol{A}|\neq0$,$|\boldsymbol{B}|\neq0$,下面的等式哪些不正确?哪些正确?

(1) 若$\boldsymbol{AB}=\boldsymbol{O}$,则$\boldsymbol{A}=\boldsymbol{O}$或$\boldsymbol{B}=\boldsymbol{O}$;

(2) $(\boldsymbol{A}+\boldsymbol{B})^2=\boldsymbol{A}^2+2\boldsymbol{AB}+\boldsymbol{B}^2$;

(3) $(\boldsymbol{AB})^{\mathrm{T}}=\boldsymbol{A}^{\mathrm{T}}\boldsymbol{B}^{\mathrm{T}}$;

(4) $|k\boldsymbol{A}|=k|\boldsymbol{A}|$;

(5) $|\boldsymbol{AB}|=|\boldsymbol{A}|\cdot|\boldsymbol{B}|$

答 (1)至(4)不正确;(5) 正确.

4. 下列等式是否正确?若不正确,应怎样改正?

(1) $(\boldsymbol{AB})^{-1}=\boldsymbol{A}^{-1}\boldsymbol{B}^{-1}$; (2) $(\boldsymbol{AB})^*=\boldsymbol{A}^*\boldsymbol{B}^*$;

(3) $\overline{(\boldsymbol{AB})^{\mathrm{T}}}=\overline{\boldsymbol{A}^{\mathrm{T}}\boldsymbol{B}^{\mathrm{T}}}$.

答 都不正确.应改正为

(1) $(\boldsymbol{AB})^{-1}=\boldsymbol{B}^{-1}\boldsymbol{A}^{-1}$; (2) $(\boldsymbol{AB})^*=\boldsymbol{B}^*\boldsymbol{A}^*$;

(3) $\overline{(\boldsymbol{AB})^{\mathrm{T}}}=\overline{\boldsymbol{B}^{\mathrm{T}}\boldsymbol{A}^{\mathrm{T}}}\neq\overline{\boldsymbol{A}^{\mathrm{T}}\boldsymbol{B}^{\mathrm{T}}}$.

5. 可逆矩阵有哪些重要性质?

答 常有下列性质:

(1) $(\boldsymbol{A}^{-1})^{-1}=\boldsymbol{A}$; (2) $(\boldsymbol{A}^{-1})^{\mathrm{T}}=(\boldsymbol{A}^{\mathrm{T}})^{-1}$;

(3) $(\boldsymbol{AB})^{-1}=\boldsymbol{B}^{-1}\boldsymbol{A}^{-1}$; (4) $(k\boldsymbol{A})^{-1}=k^{-1}\boldsymbol{A}^{-1}(k\neq0)$;

(5) 当$\boldsymbol{A}$可逆时,伴随矩阵$\boldsymbol{A}^*$也可逆,且$(\boldsymbol{A}^*)^{-1}=\dfrac{\boldsymbol{A}}{|\boldsymbol{A}|}$.

6. 伴随矩阵$\boldsymbol{A}^*$有哪些性质?

答 常有下列性质($\boldsymbol{A}$为n阶方阵):

(1) $\boldsymbol{AA}^*=\boldsymbol{A}^*\boldsymbol{A}=|\boldsymbol{A}|\boldsymbol{E}$(涉及$\boldsymbol{A}^*$的问题,常用此等式);

(2) $|\boldsymbol{A}^*|=|\boldsymbol{A}|^{n-1}(n\geqslant2)$;

(3) $(k\boldsymbol{A})^*=k^{n-1}\boldsymbol{A}^*$($k$是一个数);

(4) $(\boldsymbol{A}^*)^{\mathrm{T}}=(\boldsymbol{A}^{\mathrm{T}})^*$;

(5) $(\boldsymbol{AB})^*=\boldsymbol{B}^*\boldsymbol{A}^*$.

7. 应用克拉默法则应注意哪些问题?

答 应注意两点:(1) 线性方程组中方程个数与未知数个数相同;(2) 系数行列式$D\neq0$,否则不能使用该法则解线性方程组,要用以后的知识.

四、例题分析

例题 1 已知 $\boldsymbol{\alpha}=(1,2,3)$，$\boldsymbol{\beta}=\left(1,\frac{1}{2},\frac{1}{3}\right)$，设 $\boldsymbol{A}=\boldsymbol{\alpha}^{\mathrm{T}}\boldsymbol{\beta}$，其中 $\boldsymbol{\alpha}^{\mathrm{T}}$ 是 $\boldsymbol{\alpha}$ 的转置，求 $\boldsymbol{A}^n$.

解 $\boldsymbol{\beta}\boldsymbol{\alpha}^{\mathrm{T}}=\left(1,\frac{1}{2},\frac{1}{3}\right)\begin{bmatrix}1\\2\\3\end{bmatrix}=3$，故

$$\begin{aligned}\boldsymbol{A}^n &=(\boldsymbol{\alpha}^{\mathrm{T}}\boldsymbol{\beta})(\boldsymbol{\alpha}^{\mathrm{T}}\boldsymbol{\beta})\cdots(\boldsymbol{\alpha}^{\mathrm{T}}\boldsymbol{\beta})=\boldsymbol{\alpha}^{\mathrm{T}}(\boldsymbol{\beta}\boldsymbol{\alpha}^{\mathrm{T}})(\boldsymbol{\beta}\boldsymbol{\alpha}^{\mathrm{T}})\cdots(\boldsymbol{\beta}\boldsymbol{\alpha}^{\mathrm{T}})\boldsymbol{\beta}\\ &=3^{n-1}\boldsymbol{\alpha}^{\mathrm{T}}\boldsymbol{\beta}=3^{n-1}\begin{bmatrix}1\\2\\3\end{bmatrix}\left(1,\frac{1}{2},\frac{1}{3}\right)=3^{n-1}\begin{bmatrix}1&\frac{1}{2}&\frac{1}{3}\\2&1&\frac{2}{3}\\3&\frac{3}{2}&1\end{bmatrix}.\end{aligned}$$

例题 2 已知 $\boldsymbol{X}$ 是 3×1 矩阵，且 $\boldsymbol{X}\boldsymbol{X}^{\mathrm{T}}=\begin{bmatrix}1&2&3\\2&4&6\\3&6&9\end{bmatrix}$，求 $\boldsymbol{X}^{\mathrm{T}}\boldsymbol{X}$.

解 设 $\boldsymbol{X}=(a_1,a_2,a_3)^{\mathrm{T}}$，则

$$\boldsymbol{X}\boldsymbol{X}^{\mathrm{T}}=\begin{bmatrix}a_1\\a_2\\a_3\end{bmatrix}(a_1,a_2,a_3)=\begin{bmatrix}a_1^2&a_1a_2&a_1a_3\\a_1a_2&a_2^2&a_2a_3\\a_1a_3&a_2a_3&a_3^2\end{bmatrix}=\begin{bmatrix}1&2&3\\2&4&6\\3&6&9\end{bmatrix}.$$

由矩阵相等的定义知 $a_1^2=1,a_2^2=4,a_3^2=9$，因此

$$\boldsymbol{X}^{\mathrm{T}}\boldsymbol{X}=(a_1,a_2,a_3)\begin{bmatrix}a_1\\a_2\\a_3\end{bmatrix}=a_1^2+a_2^2+a_3^2=1+4+9=14.$$

例题 3 设 $\boldsymbol{A}=\begin{bmatrix}1&\alpha&\beta\\0&1&\alpha\\0&0&1\end{bmatrix}$，求 $\boldsymbol{A}^n$.

解 分析：先计算 $\boldsymbol{A}^2,\boldsymbol{A}^3$，用不完全归纳法发现规律，再用数学归纳法证明.

计算：$\boldsymbol{A}^2=\begin{bmatrix}1&\alpha&\beta\\0&1&\alpha\\0&0&1\end{bmatrix}\begin{bmatrix}1&\alpha&\beta\\0&1&\alpha\\0&0&1\end{bmatrix}=\begin{bmatrix}1&2\alpha&\alpha^2+2\beta\\0&1&2\alpha\\0&0&1\end{bmatrix}$，

$$A^3=\begin{bmatrix}1&\alpha&\beta\\0&1&\alpha\\0&0&1\end{bmatrix}\begin{bmatrix}1&2\alpha&\alpha^2+2\beta\\0&1&2\alpha\\0&0&1\end{bmatrix}=\begin{bmatrix}1&3\alpha&\frac{3(3-1)}{2}\alpha^2+3\beta\\0&1&3\alpha\\0&0&1\end{bmatrix}.$$

猜想：

$$A^n=\begin{bmatrix}1&n\alpha&\frac{n(n-1)}{2}\alpha^2+n\beta\\0&1&n\alpha\\0&0&1\end{bmatrix}. \tag{1}$$

下面用数学归纳法证明.

显然，当 $n=1$ 时，结论成立. 假设(1)式对 $n=k(k\geqslant 2)$ 时结论成立，即

$$A^k=\begin{bmatrix}1&k\alpha&\frac{k(k-1)}{2}\alpha^2+k\beta\\0&1&k\alpha\\0&0&1\end{bmatrix}.$$

当 $n=k+1$ 时，

$$A^{k+1}=\begin{bmatrix}1&\alpha&\beta\\0&1&\alpha\\0&0&1\end{bmatrix}\begin{bmatrix}1&k\alpha&\frac{k(k-1)}{2}\alpha^2+k\beta\\0&1&k\alpha\\0&0&1\end{bmatrix}$$

$$=\begin{bmatrix}1&(k+1)\alpha&\frac{k(k-1)}{2}\alpha^2+k\beta+k\alpha^2+\beta\\0&1&k\alpha+\alpha\\0&0&1\end{bmatrix}$$

$$=\begin{bmatrix}1&(k+1)\alpha&\frac{(k+1)k}{2}\alpha^2+(k+1)\beta\\0&1&(k+1)\alpha\\0&0&1\end{bmatrix}.$$

可见当 $n=k+1$ 时，(1)式也成立，故对一切 $n\in\mathbf{N}^*$，有

$$A^n=\begin{bmatrix}1&n\alpha&\frac{n(n-1)}{2}\alpha^2+n\beta\\0&1&n\alpha\\0&0&1\end{bmatrix}.$$

例题 4 设 $A=\begin{bmatrix}0&1&0\\0&0&1\\1&0&0\end{bmatrix}$，求所有与 A 相乘可交换的矩阵.

解 设 $\boldsymbol{AB}=\boldsymbol{BA}$,则可知 $\boldsymbol{B}$ 为 3 阶方阵,记 $\boldsymbol{B}=(x_{ij})_{3\times 3}$,则由 $\boldsymbol{AB}=\boldsymbol{BA}$,得

$$\begin{bmatrix}0&1&0\\0&0&1\\1&0&0\end{bmatrix}\begin{bmatrix}x_{11}&x_{12}&x_{13}\\x_{21}&x_{22}&x_{23}\\x_{31}&x_{32}&x_{33}\end{bmatrix}=\begin{bmatrix}x_{11}&x_{12}&x_{13}\\x_{21}&x_{22}&x_{23}\\x_{31}&x_{32}&x_{33}\end{bmatrix}\begin{bmatrix}0&1&0\\0&0&1\\1&0&0\end{bmatrix},$$

解得

$$x_{21}=x_{13}=x_{32}\xlongequal{\triangle}c,x_{22}=x_{11}=x_{33}\xlongequal{\triangle}a,x_{23}=x_{12}=x_{31}\xlongequal{\triangle}b,$$

其中 a,b,c 为任意数. 故

$$\boldsymbol{B}=\begin{bmatrix}a&b&c\\c&a&b\\b&c&a\end{bmatrix}.$$

例题 5 设 4 阶矩阵 $\boldsymbol{A}=(\boldsymbol{\alpha},\boldsymbol{\gamma}_2,\boldsymbol{\gamma}_3,\boldsymbol{\gamma}_4)$,$\boldsymbol{B}=(\boldsymbol{\beta},\boldsymbol{\gamma}_2,\boldsymbol{\gamma}_3,\boldsymbol{\gamma}_4)$,其中 $\boldsymbol{\alpha},\boldsymbol{\beta},\boldsymbol{\gamma}_2,\boldsymbol{\gamma}_3,\boldsymbol{\gamma}_4$ 均为 4 维列向量,且已知 $|\boldsymbol{A}|=4$,$|\boldsymbol{B}|=1$. 求行列式 $|\boldsymbol{A}+\boldsymbol{B}|$.

解 $\boldsymbol{A}+\boldsymbol{B}=(\boldsymbol{\alpha}+\boldsymbol{\beta},2\boldsymbol{\gamma}_2,2\boldsymbol{\gamma}_3,2\boldsymbol{\gamma}_4)$,故

$$\begin{aligned}|\boldsymbol{A}+\boldsymbol{B}|&=|\boldsymbol{\alpha}+\boldsymbol{\beta},2\boldsymbol{\gamma}_2,2\boldsymbol{\gamma}_3,2\boldsymbol{\gamma}_4|=8|\boldsymbol{\alpha}+\boldsymbol{\beta},\boldsymbol{\gamma}_2,\boldsymbol{\gamma}_3,\boldsymbol{\gamma}_4|\\&=8(|\boldsymbol{\alpha},\boldsymbol{\gamma}_2,\boldsymbol{\gamma}_3,\boldsymbol{\gamma}_4|+|\boldsymbol{\beta},\boldsymbol{\gamma}_2,\boldsymbol{\gamma}_3,\boldsymbol{\gamma}_4|)=8\cdot(4+1)=40.\end{aligned}$$

例题 6 设方阵 $\boldsymbol{A}$ 满足 $\boldsymbol{A}^2+\boldsymbol{A}-4\boldsymbol{E}=\boldsymbol{O}$,求 $(\boldsymbol{A}-\boldsymbol{E})^{-1}$.

解 由 $\boldsymbol{A}^2+\boldsymbol{A}-4\boldsymbol{E}=\boldsymbol{O}$ 得

$$(\boldsymbol{A}-\boldsymbol{E})(\boldsymbol{A}+2\boldsymbol{E})=2\boldsymbol{E},$$

即

$$(\boldsymbol{A}-\boldsymbol{E})\cdot\left[\frac{1}{2}(\boldsymbol{A}+2\boldsymbol{E})\right]=\boldsymbol{E},$$

故

$$(\boldsymbol{A}-\boldsymbol{E})^{-1}=\frac{1}{2}(\boldsymbol{A}+2\boldsymbol{E}).$$

例题 7 设 $\boldsymbol{A}$ 为 3 阶方阵,$|\boldsymbol{A}|=\frac{1}{8}$,求 $\left|\left(\frac{1}{3}\boldsymbol{A}\right)^{-1}-8\boldsymbol{A}^*\right|$.

解 因为 $\boldsymbol{A}^{-1}=\frac{1}{|\boldsymbol{A}|}\boldsymbol{A}^*$,所以

$$\boldsymbol{A}^*=|\boldsymbol{A}|\cdot\boldsymbol{A}^{-1}=\frac{1}{8}\boldsymbol{A}^{-1},$$

故

$$\begin{aligned}\left|\left(\frac{1}{3}\boldsymbol{A}\right)^{-1}-8\boldsymbol{A}^*\right|&=\left|3\boldsymbol{A}^{-1}-8\cdot\frac{1}{8}\boldsymbol{A}^{-1}\right|\\&=|2\boldsymbol{A}^{-1}|=8|\boldsymbol{A}^{-1}|=8\cdot\frac{1}{|\boldsymbol{A}|}=64.\end{aligned}$$

注 $\boldsymbol{AA}^*=\boldsymbol{A}^*\boldsymbol{A}=|\boldsymbol{A}|\boldsymbol{E}$,这一式子应作为公式加以牢记,不论 $|\boldsymbol{A}|$ 是否为零均成立.

例题 8 设分块矩阵

$$X=\begin{bmatrix} O & A \\ B & O \end{bmatrix},$$

其中 A 为 r 阶可逆矩阵，B 为 s 阶可逆矩阵，求 X^{-1}.

解 设

$$X^{-1}=\begin{bmatrix} X_1 & X_2 \\ X_3 & X_4 \end{bmatrix},$$

则有 $$X^{-1}X=\begin{bmatrix} X_1 & X_2 \\ X_3 & X_4 \end{bmatrix}\begin{bmatrix} O & A \\ B & O \end{bmatrix}=\begin{bmatrix} X_2B & X_1A \\ X_4B & X_3A \end{bmatrix}=\begin{bmatrix} E_r & O \\ O & E_s \end{bmatrix},$$

由此得 $$X_2B=E_r,\ X_1A=O, X_4B=O,\ X_3A=E_s.$$

所以 $$X_1=O,\ X_2=B^{-1},\ X_3=A^{-1},\ X_4=O.$$

因此 $$X^{-1}=\begin{bmatrix} O & B^{-1} \\ A^{-1} & O \end{bmatrix}.$$

注 上述结论可推广到一般情形. 设分块矩阵

$$A=\begin{bmatrix} & & & A_1 \\ & & A_2 & \\ & \iddots & & \\ A_s & & & \end{bmatrix},$$

若子块 $A_i(i=1,2,\cdots,s)$ 都可逆，则

$$A^{-1}=\begin{bmatrix} & & & A_s^{-1} \\ & & A_{s-1}^{-1} & \\ & \iddots & & \\ A_1^{-1} & & & \end{bmatrix}.$$

例题 9 设矩阵

$$A=\begin{bmatrix} 0 & a_1 & 0 & \cdots & 0 & 0 \\ 0 & 0 & a_2 & \cdots & 0 & 0 \\ \vdots & \vdots & \vdots & & \vdots & \vdots \\ 0 & 0 & 0 & \cdots & 0 & a_{n-1} \\ a_n & 0 & 0 & \cdots & 0 & 0 \end{bmatrix},$$

其中 $a_1,a_2,\cdots,a_n$ 均不为零，求 A^{-1}.

解 利用分块矩阵求逆.

$$A=\left[\begin{array}{c:ccccc}0 & a_1 & 0 & \cdots & 0 & 0\\ 0 & 0 & a_2 & \cdots & 0 & 0\\ \vdots & \vdots & \vdots & & \vdots & \vdots\\ 0 & 0 & 0 & \cdots & 0 & a_{n-1}\\ \hdashline a_n & 0 & 0 & \cdots & 0 & 0\end{array}\right]$$

$$=\begin{bmatrix}O & A_1\\ a_n & O\end{bmatrix}.$$

因此 $$A^{-1}=\begin{bmatrix}O & A_1\\ a_n & O\end{bmatrix}^{-1}=\begin{bmatrix}O & a_n^{-1}\\ A_1^{-1} & O\end{bmatrix}.$$

又由于 $$A_1^{-1}=\begin{bmatrix}a_1 & & & \\ & a_2 & & \\ & & \ddots & \\ & & & a_{n-1}\end{bmatrix}^{-1}$$

$$=\begin{bmatrix}a_1^{-1} & & & \\ & a_2^{-1} & & \\ & & \ddots & \\ & & & a_{n-1}^{-1}\end{bmatrix},$$

所以 $$A^{-1}=\begin{bmatrix}0 & 0 & \cdots & 0 & 0 & a_n^{-1}\\ a_1^{-1} & 0 & \cdots & 0 & 0 & 0\\ \vdots & \vdots & & \vdots & \vdots & \vdots\\ 0 & 0 & \cdots & a_{n-2}^{-1} & 0 & 0\\ 0 & 0 & \cdots & 0 & a_{n-1}^{-1} & 0\end{bmatrix}.$$

例题 10 设 A 是 n 阶方阵,满足 $AA^{T}=E$,其中 E 是单位矩阵,且已知 A 的行列式 $|A|<0$,求行列式 $|A+E|$.

解 由于 $|A+E|=|A+AA^{T}|=|A(E+A^{T})|=|A|\cdot|E+A^{T}|$

$$=|A|\cdot|(E+A)^{T}|=|A|\cdot|E+A|,$$

所以有 $(1-|A|)|A+E|=0$. 因此,由 $|A|<0$ 知 $|A+E|=0$.

例题 11 设 $A=E-\alpha\alpha^{T}$,其中 E 是 n 阶单位矩阵,α 是 n 维非零列向量,证明:

(1) $A^2=A$ 的充要条件是 $\alpha^{T}\alpha=1$;

(2) 当 $\alpha^{T}\alpha=1$ 时,A 是不可逆矩阵.

证 (1) $A^2=(E-\alpha\alpha^T)(E-\alpha\alpha^T)=E-2\alpha\alpha^T+\alpha\alpha^T\alpha\alpha^T$

$$=E-\alpha(2-\alpha^T\alpha)\alpha^T=E-(2-\alpha^T\alpha)\alpha\alpha^T.$$

因此,若 $A^2=A$,则 $2-\alpha^T\alpha=1$,即 $\alpha^T\alpha=1$.

反之,若 $\alpha^T\alpha=1$,则 $A^2=E-\alpha\alpha^T=A$.

(2) 当 $\alpha^T\alpha=1$ 时,由(1) 知 $A^2=A$. 故若 A 可逆,则 $A^{-1}A^2=(A^{-1}A)A=A$.

另一方面,$A^{-1}A^2=A^{-1}A=E$,即 $A=E$. 从而有 $E-\alpha\alpha^T=E$,故此时 $\alpha\alpha^T=O$. 这与 α 是非零列向量矛盾,所以 A 不可逆.

例题 12 已知对于 n 阶矩阵 A,存在正整数 k 使 $A^k=O$,证明 $E-A$ 可逆,并给出其逆矩阵的表达式,其中 E 是 n 阶单位矩阵.

证 由 $A^k=O$,得

$$(E-A)(E+A+\cdots+A^{k-1})=E-A^k=E.$$

因此 $E-A$ 可逆,且由逆矩阵的定义,有

$$(E-A)^{-1}=E+A+\cdots+A^{k-1}.$$

例题 13 设 $f(x)$是三次多项式,已知 $f(0)=0$,$f(1)=-1$,$f(2)=4$,$f(-1)=1$,求 $f(x)$.

解 设 $f(x)=ax^3+bx^2+cx+d$,根据已知条件有

$f(0)=d=0$,

$f(1)=a+b+c=-1$,

$f(2)=8a+4b+2c=4$,

$f(-1)=-a+b-c=1$,

解三元线性方程组

$$\begin{cases}a+b+c=-1,\\8a+4b+2c=4,\\-a+b-c=1.\end{cases}$$

由 $D=\begin{vmatrix}1&1&1\\8&4&2\\-1&1&-1\end{vmatrix}=12$, $D_1=\begin{vmatrix}-1&1&1\\4&4&2\\1&1&-1\end{vmatrix}=12$,

$$D_2=\begin{vmatrix}1&-1&1\\8&4&2\\-1&1&-1\end{vmatrix}=0,\quad D_3=\begin{vmatrix}1&1&-1\\8&4&4\\-1&1&1\end{vmatrix}=-24,$$

解得 $a=1$,$b=0$,$c=-2$,因此 $f(x)=x^3-2x$.

例题 14 若齐次线性方程组

$$\begin{cases}x_1-x_2-x_3+kx_4=0,\\-x_1+x_2+kx_3-x_4=0,\\-x_1+kx_2+x_3-x_4=0,\\kx_1-x_2-x_3+x_4=0\end{cases}$$

有非零解，求 k 的值.

解 $D=\begin{vmatrix}1&-1&-1&k\\-1&1&k&-1\\-1&k&1&-1\\k&-1&-1&1\end{vmatrix}=\begin{vmatrix}k-1&-1&-1&k\\k-1&1&k&-1\\k-1&k&1&-1\\k-1&-1&-1&1\end{vmatrix}$

$$=(k-1)\begin{vmatrix}1&-1&-1&k\\0&2&k+1&-(k+1)\\0&k+1&2&-(k+1)\\0&0&0&1-k\end{vmatrix}$$

$$=-(k-1)^2\begin{vmatrix}1&-1&-1\\0&2&k+1\\0&k+1&2\end{vmatrix}$$

$$=-(k-1)^2\begin{vmatrix}2&k+1\\k+1&2\end{vmatrix}=(k-1)^3(k+3).$$

故当 $k=1$ 或 $k=-3$ 时，方程有非零解.

五、自测练习

A 组

1. 设 3 阶方阵 $\boldsymbol{A},\boldsymbol{B}$ 满足关系式 $\boldsymbol{A}^{-1}\boldsymbol{B}\boldsymbol{A}=6\boldsymbol{A}+\boldsymbol{B}\boldsymbol{A}$，且 $\boldsymbol{A}=\begin{bmatrix}\frac{1}{3}&0&0\\0&\frac{1}{4}&0\\0&0&\frac{1}{7}\end{bmatrix}$，求 $\boldsymbol{B}$.

2. 设 $\boldsymbol{A}=\begin{bmatrix}1&2&-2\\4&t&3\\3&-1&1\end{bmatrix}$，$\boldsymbol{B}$ 为 3 阶非零矩阵，且 $\boldsymbol{AB}=\boldsymbol{O}$，求 t.

3. 设 $\boldsymbol{A}$ 是 3 阶矩阵，$\boldsymbol{A}^*$ 是 $\boldsymbol{A}$ 的伴随矩阵，$\boldsymbol{A}$ 的行列式 $|\boldsymbol{A}|=\frac{1}{2}$，求行列式 $|(3\boldsymbol{A})^{-1}-2\boldsymbol{A}^*|$ 的值.

4. 已知 $\boldsymbol{X}=\boldsymbol{AX}+\boldsymbol{B}$，其中 $\boldsymbol{A}=\begin{bmatrix}0 & 1 & 0\\ -1 & 1 & 1\\ -1 & 0 & -1\end{bmatrix}$，$\boldsymbol{B}=\begin{bmatrix}1 & -1\\ 2 & 0\\ 3 & 3\end{bmatrix}$，求矩阵 $\boldsymbol{X}$.

5. 设 $\boldsymbol{A}=\begin{bmatrix}1 & 1\\ 0 & 2\end{bmatrix}$，求 $\boldsymbol{A}^n$.

6. 设 $\boldsymbol{A}=\begin{bmatrix}1 & 0\\ 1 & 1\end{bmatrix}$，求所有与 $\boldsymbol{A}$ 可交换的矩阵.

7. 设 $\boldsymbol{A}$ 为 3 阶方阵，将 $\boldsymbol{A}$ 按列分块，则 $\boldsymbol{A}=(\boldsymbol{A}_1,\boldsymbol{A}_2,\boldsymbol{A}_3)$，已知 $|\boldsymbol{A}|=3$，求 $|2\boldsymbol{A}_1+\boldsymbol{A}_3,\boldsymbol{A}_3,\boldsymbol{A}_2|$.

8. 设 $\boldsymbol{A}=\begin{bmatrix}1 & 0 & 0\\ 2 & 2 & 0\\ 3 & 4 & 5\end{bmatrix}$，$\boldsymbol{A}^*$ 是 $\boldsymbol{A}$ 的伴随矩阵，求 $(\boldsymbol{A}^*)^{-1}$.

9. 设 $f(x)=a_mx^m+\cdots+a_1x+a_0$ 为方阵 $\boldsymbol{A}$ 的零化多项式（即 $f(\boldsymbol{A})=\boldsymbol{O}$），证明：若 $a_0\neq 0$，则 $\boldsymbol{A}$ 可逆，并求 $\boldsymbol{A}^{-1}$.

10. 设 n 阶方阵 $\boldsymbol{A}$ 的伴随矩阵为 $\boldsymbol{A}^*$，证明：

(1) 若 $|\boldsymbol{A}|=0$，则 $|\boldsymbol{A}^*|=0$；

(2) $|\boldsymbol{A}^*|=|\boldsymbol{A}|^{n-1}$.

11. 已知齐次线性方程组

$$\begin{cases}\lambda x_1+x_2+x_3=0,\\ x_1+\lambda x_2+x_3=0,\\ x_1+x_2+x_3=0\end{cases}$$

只有零解，求 λ.

12. 问 λ,μ 取何值时，齐次线性方程组

$$\begin{cases}\lambda x_1+x_2+x_3=0,\\ x_1+\mu x_2+x_3=0,\\ x_1+2\mu x_2+x_3=0\end{cases}$$

有非零解？

13. 用克拉默法则求解线性方程组

$$\begin{cases} x_1+ \quad x_2+\cdots+\ x_{n-1}+x_n=2, \\ x_1+ \quad x_2+\cdots+2x_{n-1}+x_n=2, \\ \qquad \vdots \\ x_1+(n-1)x_2+\cdots+\ x_{n-1}+x_n=2, \\ nx_1+ \quad x_2+\cdots+\ x_{n-1}+x_n=2. \end{cases}$$

B 组

1. 计算$\begin{bmatrix} \lambda & 1 & 0 \\ 0 & \lambda & 1 \\ 0 & 0 & \lambda \end{bmatrix}^n$.

2. 设$\boldsymbol{A}=\begin{bmatrix} a & b \\ 0 & c \end{bmatrix}$,其中 a,b,c 为实数,试求 a,b,c 的一切可能值,使 $\boldsymbol{A}^{100}=\boldsymbol{E}$.

3. 设$\boldsymbol{A}=\begin{bmatrix} 1 & 0 & 1 \\ 0 & 2 & 0 \\ 1 & 0 & 1 \end{bmatrix}$,而 $n\geqslant 2$ 为正整数,求 $\boldsymbol{A}^n-2\boldsymbol{A}^{n-1}$.

4. 设 $\boldsymbol{A}=(a_{ij})_{3\times 3}$,$A_{ij}$ 为行列式$|\boldsymbol{A}|$中元素 a_{ij} 的代数余子式,且 $A_{ij}=a_{ij}$,又 $a_{11}\neq 0$,求$|\boldsymbol{A}|$.

5. 设 $\boldsymbol{\alpha}=(1,0,-1)^{\mathrm{T}}$,矩阵 $\boldsymbol{A}=\boldsymbol{\alpha}\boldsymbol{\alpha}^{\mathrm{T}}$,$n$ 为正整数,求$|a\boldsymbol{E}-\boldsymbol{A}^n|$.

6. 设 $\boldsymbol{A}$ 为 n 阶可逆矩阵,试证 $\boldsymbol{A}$ 的伴随矩阵 $\boldsymbol{A}^*$ 也可逆,并求$(\boldsymbol{A}^*)^{-1}$.

7. 设矩阵 $\boldsymbol{A},\boldsymbol{B}$ 满足 $\boldsymbol{A}^*\boldsymbol{B}\boldsymbol{A}=2\boldsymbol{B}\boldsymbol{A}-8\boldsymbol{E}$,其中 $\boldsymbol{A}=\begin{bmatrix} 1 & 2 & -2 \\ 0 & -2 & 4 \\ 0 & 0 & 1 \end{bmatrix}$,$\boldsymbol{A}^*$ 是 $\boldsymbol{A}$ 的伴随矩阵,求矩阵 $\boldsymbol{B}$.

8. 证明:若实对称矩阵 $\boldsymbol{A}$ 满足 $\boldsymbol{A}^2=\boldsymbol{O}$,则 $\boldsymbol{A}=\boldsymbol{O}$.

9. 设 n 阶方阵 $\boldsymbol{A}$ 满足 $\boldsymbol{A}^m=\boldsymbol{E}$,$m$ 为正整数,又矩阵 $\boldsymbol{B}=(A_{ij})_{n\times n}$,其中 A_{ij} 为行列式$|\boldsymbol{A}|$中元素 a_{ij} 的代数余子式,证明:$\boldsymbol{B}^m=\boldsymbol{E}$.

10. 设 $\boldsymbol{P}$ 是 $m\times n$ 矩阵,$\boldsymbol{P}\boldsymbol{P}^{\mathrm{T}}$ 可逆,而 $\boldsymbol{A}=\boldsymbol{E}-\boldsymbol{P}^{\mathrm{T}}(\boldsymbol{P}\boldsymbol{P}^{\mathrm{T}})^{-1}\boldsymbol{P}$,其中 $\boldsymbol{E}$ 是 n 阶单位矩阵,证明:$\boldsymbol{A}^{\mathrm{T}}=\boldsymbol{A}$,$\boldsymbol{A}^2=\boldsymbol{A}$.

11. 求解线性方程组

$$\begin{cases} x_1+a_1x_2+a_1^2x_3+\cdots+a_1^{n-1}x_n=1, \\ x_1+a_2x_2+a_2^2x_3+\cdots+a_2^{n-1}x_n=1, \\ x_1+a_3x_2+a_3^2x_3+\cdots+a_3^{n-1}x_n=1, \\ \qquad \vdots \\ x_1+a_nx_2+a_n^2x_3+\cdots+a_n^{n-1}x_n=1, \end{cases}$$

其中 $a_i\neq a_j$,$i\neq j$,$i,j=1,2,\cdots,n$.

第三章 矩阵的初等变换与线性方程组

一、目的要求

1. 掌握矩阵的初等变换及用矩阵的初等变换求逆矩阵的方法，了解矩阵等价的概念.

2. 理解矩阵秩的概念并掌握其求法.

3. 理解齐次线性方程组有非零解的充要条件及非齐次线性方程组有解的充要条件.

4. 掌握用初等变换求线性方程组通解的方法.

二、内容提要

1. 如果矩阵 $\boldsymbol{A}$ 经有限次初等行(或列)变换变成矩阵 $\boldsymbol{B}$，就称 $\boldsymbol{A}$ 与 $\boldsymbol{B}$ 行(或列)等价，记作 $\boldsymbol{A} \overset{r}{\sim} \boldsymbol{B}$($\boldsymbol{A} \overset{c}{\sim} \boldsymbol{B}$).

矩阵之间的等价关系具有下列性质：

(1) 反身性：$\boldsymbol{A} \sim \boldsymbol{A}$；

(2) 对称性：若 $\boldsymbol{A} \sim \boldsymbol{B}$，则 $\boldsymbol{B} \sim \boldsymbol{A}$；

(3) 传递性：若 $\boldsymbol{A} \sim \boldsymbol{B}$，$\boldsymbol{B} \sim \boldsymbol{C}$，则 $\boldsymbol{A} \sim \boldsymbol{C}$.

2. 由单位阵 $\boldsymbol{E}$ 经过一次初等变换得到的矩阵称为初等矩阵.

3. 设 $\boldsymbol{A}$ 是一个 $m \times n$ 矩阵，对 $\boldsymbol{A}$ 施行一次初等行变换，相当于在 $\boldsymbol{A}$ 的左边乘以相应的 m 阶初等矩阵；对 $\boldsymbol{A}$ 施行一次初等列变换，相当于在 $\boldsymbol{A}$ 的右边乘以相应的 n 阶初等矩阵.

4. 方阵 $\boldsymbol{A}$ 可逆的充要条件是存在有限个初等矩阵 $\boldsymbol{P}_1, \boldsymbol{P}_2, \cdots, \boldsymbol{P}_l$，使 $\boldsymbol{A} = \boldsymbol{P}_1 \boldsymbol{P}_2 \cdots \boldsymbol{P}_l$.

方阵 $\boldsymbol{A}$ 可逆的充要条件是 $\boldsymbol{A} \overset{r}{\sim} \boldsymbol{E}$.

$m \times n$ 矩阵 $\boldsymbol{A}$ 与 $\boldsymbol{B}$ 等价的充要条件是存在 m 阶可逆矩阵 $\boldsymbol{P}$ 及 n 阶可逆矩阵 $\boldsymbol{Q}$，使 $\boldsymbol{PAQ} = \boldsymbol{B}$.

5. 设在矩阵 $\boldsymbol{A}$ 中有一个不等于 0 的 r 阶子式 D，且所有 $r+1$ 阶子式(如果存在的话)全等于零,那么 D 称为矩阵 $\boldsymbol{A}$ 的最高阶非零子式,数 r 称为矩阵 $\boldsymbol{A}$ 的秩,记作 $R(\boldsymbol{A})$,并规定零矩阵的秩等于零.

6. 矩阵秩的性质

(1) $0\leqslant R(\boldsymbol{A}_{m\times n})\leqslant \min(m,n)$;

(2) $R(\boldsymbol{A}^{\mathrm{T}})=R(\boldsymbol{A})$;

(3) 若 $\boldsymbol{A}\sim\boldsymbol{B}$,则 $R(\boldsymbol{A})=R(\boldsymbol{B})$;

(4) 若 $\boldsymbol{P},\boldsymbol{Q}$ 可逆,则 $R(\boldsymbol{PAQ})=R(\boldsymbol{A})$;

(5) $\max[R(\boldsymbol{A}),R(\boldsymbol{B})]\leqslant R(\boldsymbol{A},\boldsymbol{B})\leqslant R(\boldsymbol{A})+R(\boldsymbol{B})$,特别地,当 $\boldsymbol{B}=\boldsymbol{b}$ 为列向量时,有 $R(\boldsymbol{A})\leqslant R(\boldsymbol{A},\boldsymbol{b})\leqslant R(\boldsymbol{A})+1$;

(6) $R(\boldsymbol{A}+\boldsymbol{B})\leqslant R(\boldsymbol{A})+R(\boldsymbol{B})$;

(7) $R(\boldsymbol{AB})\leqslant \min[R(\boldsymbol{A}),R(\boldsymbol{B})]$;

(8) 若 $\boldsymbol{A}_{m\times n}\boldsymbol{B}_{n\times l}=\boldsymbol{O}$,则 $R(\boldsymbol{A})+R(\boldsymbol{B})\leqslant n$.

7. n 元线性方程组 $\boldsymbol{Ax}=\boldsymbol{b}$

(1) 无解的充要条件是 $R(\boldsymbol{A})<R(\boldsymbol{A},\boldsymbol{b})$;

(2) 有唯一解的充要条件是 $R(\boldsymbol{A})=R(\boldsymbol{A},\boldsymbol{b})=n$;

(3) 有无限多解的充要条件是 $R(\boldsymbol{A})=R(\boldsymbol{A},\boldsymbol{b})<n$.

8. 线性方程组 $\boldsymbol{Ax}=\boldsymbol{b}$ 有解的充要条件是 $R(\boldsymbol{A})=R(\boldsymbol{A},\boldsymbol{b})$.

9. n 元齐次线性方程组 $\boldsymbol{Ax}=\boldsymbol{0}$ 有非零解的充要条件是 $R(\boldsymbol{A})<n$.

10. 矩阵方程 $\boldsymbol{AX}=\boldsymbol{B}$ 有解的充要条件是 $R(\boldsymbol{A})=R(\boldsymbol{A},\boldsymbol{B})$.

11. 矩阵方程 $\boldsymbol{A}_{m\times n}\boldsymbol{X}_{n\times l}=\boldsymbol{O}$ 只有零解的充要条件是 $R(\boldsymbol{A})=n$.

三、复习提问

1. $\boldsymbol{A},\boldsymbol{B}$ 为 n 阶方阵,下列命题中哪一个是正确的?

(1) $\boldsymbol{AB}=\boldsymbol{O}\Leftrightarrow\boldsymbol{A}=\boldsymbol{O}$ 或 $\boldsymbol{B}=\boldsymbol{O}$;

(2) $\boldsymbol{AB}\neq\boldsymbol{O}\Leftrightarrow\boldsymbol{A}\neq\boldsymbol{O}$ 且 $\boldsymbol{B}\neq\boldsymbol{O}$;

(3) $|\boldsymbol{AB}|=0\Rightarrow|\boldsymbol{A}|=0$ 或 $|\boldsymbol{B}|=0$;

(4) $|\boldsymbol{AB}|\neq0\Leftrightarrow|\boldsymbol{A}|\neq0$ 或 $|\boldsymbol{B}|\neq0$.

答 (3).

2. 设 $\boldsymbol{M}=\begin{bmatrix}\boldsymbol{A} & \boldsymbol{O}\\ \boldsymbol{C} & \boldsymbol{B}\end{bmatrix}$,则 $R(\boldsymbol{M})$ 与 $R(\boldsymbol{A})+R(\boldsymbol{B})$ 的大小关系如何?

答 $R(\boldsymbol{M})\geqslant R(\boldsymbol{A})+R(\boldsymbol{B})$.

3. 设 $\boldsymbol{A}$ 为 $m\times n$ 矩阵,则下列命题中哪一个是正确的?

(1) 当 $m<n$ 时,方程组 $\boldsymbol{Ax}=\boldsymbol{b}$ 有无穷解;

(2) 若 $m=n$ 时，方程组 $\boldsymbol{Ax}=\boldsymbol{b}$ 有唯一解；

(3) 若 $\boldsymbol{A}$ 有 n 阶子式不为零，则方程组 $\boldsymbol{Ax}=\boldsymbol{b}$ 有唯一解；

(4) 若 $\boldsymbol{A}$ 有 n 阶子式不为零，则方程组 $\boldsymbol{Ax}=\boldsymbol{0}$ 仅有零解.

答 (4).

4. 设 $\boldsymbol{A}$ 是 $m\times n$ 矩阵，$\boldsymbol{Ax}=\boldsymbol{0}$ 是非齐次线性方程组 $\boldsymbol{Ax}=\boldsymbol{b}$ 所对应的齐次线性方程组，则下列命题中哪一个是正确的？

(1) 若 $\boldsymbol{Ax}=\boldsymbol{0}$ 仅有零解，则 $\boldsymbol{Ax}=\boldsymbol{b}$ 有唯一解；

(2) 若 $\boldsymbol{Ax}=\boldsymbol{0}$ 有非零解，则 $\boldsymbol{Ax}=\boldsymbol{b}$ 有无穷多解；

(3) 若 $\boldsymbol{Ax}=\boldsymbol{b}$ 有唯一解，则 $\boldsymbol{Ax}=\boldsymbol{0}$ 仅有零解；

(4) 若 $\boldsymbol{Ax}=\boldsymbol{b}$ 有无穷多解，则 $\boldsymbol{Ax}=\boldsymbol{0}$ 有非零解.

答 (3)(4).

5. 设 $\boldsymbol{A}_1,\boldsymbol{A}_2$ 是 n 阶方阵，$\boldsymbol{B}_1\in\mathbf{R}^n$，$\begin{bmatrix}\boldsymbol{A}_1 & \boldsymbol{O}\\ \boldsymbol{O} & \boldsymbol{A}_2\end{bmatrix}\begin{bmatrix}\boldsymbol{X}_1\\ \boldsymbol{X}_2\end{bmatrix}=\begin{bmatrix}\boldsymbol{B}_1\\ \boldsymbol{O}\end{bmatrix}$有解的充要条件是哪个？

(1) $\boldsymbol{A}_1\boldsymbol{X}_1=\boldsymbol{B}_1$ 有解；　　(2) $\boldsymbol{A}_2\boldsymbol{X}_2=\boldsymbol{O}$ 有解；

(3) $|\boldsymbol{A}_1|\neq 0$；　　(4) $|\boldsymbol{A}_2|\neq 0$.

答 (1).

四、例题分析

例题 1 设 $\boldsymbol{A}=\begin{bmatrix}1 & 3 & 3\\ 1 & 4 & 3\\ 1 & 3 & 4\end{bmatrix}$，试将 $\boldsymbol{A}$ 表示为初等矩阵的乘积.

解 对 $\boldsymbol{A}$ 进行初等行变换有

$$\begin{bmatrix}1 & 0 & -3\\ 0 & 1 & 0\\ 0 & 0 & 1\end{bmatrix}\begin{bmatrix}1 & -3 & 0\\ 0 & 1 & 0\\ 0 & 0 & 1\end{bmatrix}\begin{bmatrix}1 & 0 & 0\\ -1 & 1 & 0\\ 0 & 0 & 1\end{bmatrix}\begin{bmatrix}1 & 0 & 0\\ 0 & 1 & 0\\ -1 & 0 & 1\end{bmatrix}\begin{bmatrix}1 & 3 & 3\\ 1 & 4 & 3\\ 1 & 3 & 4\end{bmatrix}=\begin{bmatrix}1 & 0 & 0\\ 0 & 1 & 0\\ 0 & 0 & 1\end{bmatrix},$$

则 $$\begin{bmatrix}1 & 3 & 3\\ 1 & 4 & 3\\ 1 & 3 & 4\end{bmatrix}=\begin{bmatrix}1 & 0 & 0\\ 0 & 1 & 0\\ -1 & 0 & 1\end{bmatrix}^{-1}\begin{bmatrix}1 & 0 & 0\\ -1 & 1 & 0\\ 0 & 0 & 1\end{bmatrix}^{-1}\begin{bmatrix}1 & -3 & 0\\ 0 & 1 & 0\\ 0 & 0 & 1\end{bmatrix}^{-1}\begin{bmatrix}1 & 0 & -3\\ 0 & 1 & 0\\ 0 & 0 & 1\end{bmatrix}^{-1}$$

$$=\begin{bmatrix}1 & 0 & 0\\ 0 & 1 & 0\\ 1 & 0 & 1\end{bmatrix}\begin{bmatrix}1 & 0 & 0\\ 1 & 1 & 0\\ 0 & 0 & 1\end{bmatrix}\begin{bmatrix}1 & 3 & 0\\ 0 & 1 & 0\\ 0 & 0 & 1\end{bmatrix}\begin{bmatrix}1 & 0 & 3\\ 0 & 1 & 0\\ 0 & 0 & 1\end{bmatrix}.$$

例题 2 求 a 的值，使矩阵 $\boldsymbol{A}=\begin{bmatrix}3&1&1&4\\a&4&10&1\\1&7&17&3\\2&2&4&3\end{bmatrix}$ 的秩最小.

解 用初等行(或列)变换将 $\boldsymbol{A}$ 化为上(或下)三角矩阵：

$$\boldsymbol{A}\xrightarrow[r_2\leftrightarrow r_4]{r_1\leftrightarrow r_3}\begin{bmatrix}1&7&17&3\\2&2&4&3\\3&1&1&4\\a&4&10&1\end{bmatrix}\xrightarrow[r_4-ar_1]{r_2-2r_1,\ r_3-3r_1}\begin{bmatrix}1&7&17&3\\0&-12&-30&-3\\0&-20&-50&-5\\0&4-7a&10-17a&1-3a\end{bmatrix}\sim$$

$$\begin{bmatrix}1&7&17&3\\0&4&10&1\\0&0&\frac{a}{2}&\frac{-5a}{4}\\0&0&0&0\end{bmatrix}.$$

显然，当 $a=0$ 时，$R(\boldsymbol{A})=2$，矩阵 $\boldsymbol{A}$ 的秩最小.

例题 3 设 $\boldsymbol{A}=\begin{bmatrix}1&2&-1\\3&6&-3\\-2&-4&2\end{bmatrix}$，求 $\boldsymbol{A}^n$(n 为自然数).

解 注意到 $\boldsymbol{A}$ 的第 2 列、第 3 列与第 1 列成比例，故

$$\boldsymbol{A}=\begin{bmatrix}1\\3\\-2\end{bmatrix}(1,2,-1).$$

令 $\boldsymbol{P}=(1,3,-2)^{\mathrm{T}}$，$\boldsymbol{Q}=(1,2,-1)^{\mathrm{T}}$，则 $\boldsymbol{Q}^{\mathrm{T}}\boldsymbol{P}=9$，$\boldsymbol{P}\boldsymbol{Q}^{\mathrm{T}}=\boldsymbol{A}$，
于是 $\boldsymbol{A}^n=(\boldsymbol{P}\boldsymbol{Q}^{\mathrm{T}})^n=\boldsymbol{P}(\boldsymbol{Q}^{\mathrm{T}}\boldsymbol{P})^{n-1}\boldsymbol{Q}^{\mathrm{T}}=(\boldsymbol{Q}^{\mathrm{T}}\boldsymbol{P})^{n-1}\boldsymbol{P}\boldsymbol{Q}^{\mathrm{T}}=9^{n-1}\boldsymbol{A}$.

例题 4 设矩阵 $\boldsymbol{A}_{m\times n}$，$\boldsymbol{B}_{n\times s}$，若 $\boldsymbol{AB}=\boldsymbol{O}$，则 $R(\boldsymbol{A})+R(\boldsymbol{B})\leqslant n$.

证 设 $R(\boldsymbol{A})=r$，则存在 m 阶可逆阵 $\boldsymbol{P}$ 与 n 阶可逆阵 $\boldsymbol{Q}$，使得 $\boldsymbol{A}=\boldsymbol{P}\begin{bmatrix}\boldsymbol{E}_r&\boldsymbol{O}\\\boldsymbol{O}&\boldsymbol{O}\end{bmatrix}\boldsymbol{Q}$，于是 $\boldsymbol{AB}=\boldsymbol{P}\begin{bmatrix}\boldsymbol{E}_r&\boldsymbol{O}\\\boldsymbol{O}&\boldsymbol{O}\end{bmatrix}\boldsymbol{QB}$.

令 $\boldsymbol{QB}=\begin{bmatrix}\boldsymbol{B}_1\\\boldsymbol{B}_2\end{bmatrix}$，其中 $\boldsymbol{B}_1$ 是 $r\times s$ 矩阵，$\boldsymbol{B}_2$ 是 $(n-r)\times s$ 矩阵，则 $\boldsymbol{AB}=\boldsymbol{P}\begin{bmatrix}\boldsymbol{E}_r&\boldsymbol{O}\\\boldsymbol{O}&\boldsymbol{O}\end{bmatrix}\boldsymbol{QB}=\boldsymbol{P}\begin{bmatrix}\boldsymbol{B}_1\\\boldsymbol{O}\end{bmatrix}$，由 $\boldsymbol{AB}=\boldsymbol{O}$，$\boldsymbol{P}$ 可逆，得 $\boldsymbol{B}_1=\boldsymbol{O}$，$\boldsymbol{QB}=\begin{bmatrix}\boldsymbol{B}_1\\\boldsymbol{B}_2\end{bmatrix}=\begin{bmatrix}\boldsymbol{O}\\\boldsymbol{B}_2\end{bmatrix}$，故
$R(\boldsymbol{B})=R(\boldsymbol{QB})=R(\boldsymbol{B}_2)\leqslant n-r=n-R(\boldsymbol{A})$，即

$$R(\boldsymbol{A})+R(\boldsymbol{B})\leqslant n.$$

例题 5 求解 $\boldsymbol{Ax}=\boldsymbol{b}$，其中 $\boldsymbol{A}=\begin{bmatrix}\lambda & 1 & 1 & 1\\ 1 & \lambda & 1 & 1\\ 1 & 1 & \lambda & 1\end{bmatrix}$，$\boldsymbol{b}=\begin{bmatrix}1\\ \lambda\\ \lambda^2\end{bmatrix}$.

解 $(\boldsymbol{A},\boldsymbol{b})=\left[\begin{array}{cccc:c}\lambda & 1 & 1 & 1 & 1\\ 1 & \lambda & 1 & 1 & \lambda\\ 1 & 1 & \lambda & 1 & \lambda^2\end{array}\right]\xrightarrow[\lambda\neq 1]{\text{行变换}}\begin{bmatrix}\lambda & 1 & 1 & 1 & 1\\ -1 & 1 & 0 & 0 & 1\\ -1 & 0 & 1 & 0 & \lambda+1\end{bmatrix}\xrightarrow{\text{行变换}}$

$$\begin{bmatrix}\lambda+2 & 0 & 0 & 1 & -(\lambda+1)\\ -1 & 0 & 1 & 0 & \lambda+1\\ -1 & 1 & 0 & 0 & 1\end{bmatrix}.$$

(1) 当 $\lambda\neq 1$ 时，方程组变为 $\begin{cases}x_2=1+x_1,\\ x_3=(\lambda+1)+x_1,\\ x_4=-(\lambda+1)-(\lambda+2)x_1,\end{cases}$

通解为 $\begin{cases}x_1=k,\\ x_2=1+k,\\ x_3=(\lambda+1)+k,\\ x_4=-(\lambda+1)-(\lambda+2)k\end{cases}$ （k 为任意常数）.

(2) 当 $\lambda=1$ 时，方程组变为 $x_1=1-(x_2+x_3+x_4)$，

通解为 $\begin{cases}x_1=1-k_1-k_2-k_3,\\ x_2=k_1,\\ x_3=k_2,\\ x_4=k_3\end{cases}$ （k_1,k_2,k_3 为任意常数）.

例题 6 问 a,b 为何值时，方程组 $\begin{cases}x+ay+a^2z=1,\\ x+ay+abz=a,\\ bx+a^2y+a^2bz=a^2b\end{cases}$ 有唯一解？有无穷多解？无解？

解 该方程组的系数行列式 $|\boldsymbol{A}|=\begin{vmatrix}1 & a & a^2\\ 1 & a & ab\\ b & a^2 & a^2b\end{vmatrix}=a(a-b)^2$.

当 $a\neq 0$，$a\neq b$ 时，$|\boldsymbol{A}|\neq 0$，方程组有唯一解.

当 $a=0$ 时，$\boldsymbol{B}=(\boldsymbol{A},\boldsymbol{b})=\begin{bmatrix}1 & a & a^2 & 1\\ 1 & a & ab & a\\ b & a^2 & a^2b & a^2b\end{bmatrix}=\begin{bmatrix}1 & 0 & 0 & 1\\ 1 & 0 & 0 & 0\\ b & 0 & 0 & 0\end{bmatrix}$，

对任意的 b,$R(\mathbf{A})=1\neq 2=R(\mathbf{B})$,方程组无解.

当 $a\neq 0$,$a=b$ 时,

$$\boldsymbol{B}=\begin{bmatrix}1 & a & a^2 & 1\\1 & a & a^2 & a\\a & a^2 & a^3 & a^3\end{bmatrix}\underset{r_3-ar_1}{\overset{r_2-r_1}{\sim}}\begin{bmatrix}1 & a & a^2 & 1\\0 & 0 & 0 & a-1\\0 & 0 & 0 & a^3-a\end{bmatrix}\overset{\frac{1}{a}r_3}{\sim}\begin{bmatrix}1 & a & a^2 & 1\\0 & 0 & 0 & a-1\\0 & 0 & 0 & a^2-1\end{bmatrix},$$

此时,当 $a=b\neq 1$ 时,$R(\mathbf{A})=1\neq 2=R(\mathbf{B})$,方程组无解;当 $a=b=1$ 时,$R(\mathbf{A})=R(\mathbf{B})=1<3$,方程组有无穷多解. 故 $a\neq 0$,$a\neq b$ 时,方程组有唯一解;$a=b=1$ 时,方程组有无穷多解;$a=0$ 或 $a=b\neq 1$ 时,方程组无解.

例题 7 已知 $\mathbf{A}=\begin{bmatrix}1\\3\\2\end{bmatrix}(1\quad -1\quad 0)$,$\boldsymbol{B}=\begin{bmatrix}1 & 2 & -1\\2 & a & 2\\-1 & 2 & 3\end{bmatrix}$,若 $R(\boldsymbol{AB}+\boldsymbol{B})=2$,求 a.

解 因 $\boldsymbol{AB}+\boldsymbol{B}=(\mathbf{A}+\boldsymbol{E})\boldsymbol{B}$,

而
$$\mathbf{A}+\boldsymbol{E}=\begin{bmatrix}1 & -1 & 0\\3 & -3 & 0\\2 & -2 & 0\end{bmatrix}+\begin{bmatrix}1 & 0 & 0\\0 & 1 & 0\\0 & 0 & 1\end{bmatrix}=\begin{bmatrix}2 & -1 & 0\\3 & -2 & 0\\2 & -2 & 1\end{bmatrix},$$

可验证 $R(\mathbf{A}+\boldsymbol{E})=3$,故 $R[(\mathbf{A}+\boldsymbol{E})\boldsymbol{B}]=R(\boldsymbol{B})=2$.

所以 $|\boldsymbol{B}|=\begin{vmatrix}1 & 2 & -1\\2 & a & 2\\-1 & 2 & 3\end{vmatrix}=2(a-12)=0$,得 $a=12$.

例题 8 设线性方程组 $\begin{cases}x_1-x_2=a_1,\\x_2-x_3=a_2,\\x_3-x_4=a_3,\\x_4-x_5=a_4,\\x_5-x_1=a_5.\end{cases}$ 求证:该方程组有解的充要条件是 $\sum\limits_{i=1}^{5}a_i=0$,并在有解时,求出其一般解.

证 将方程组各方程两边相加知必要性显然. 下面证充分性.

设 $\sum\limits_{i=1}^{5}a_i=0$,由

$$B=(A,b)\xrightarrow{r_5+r_1+r_2+r_3+r_4}\begin{bmatrix}1&-1&0&0&0&a_1\\0&1&-1&0&0&a_2\\0&0&1&-1&0&a_3\\0&0&0&1&-1&a_4\\0&0&0&0&0&0\end{bmatrix},$$

$R(A)=R(B)=4<5$,故方程组有无穷多解.

当 $\sum_{i=1}^{5}a_i=0$ 时,$B\xrightarrow{\text{行变换}}\begin{bmatrix}1&0&0&0&-1&a_1+a_2+a_3+a_4\\0&1&0&0&-1&a_2+a_3+a_4\\0&0&1&0&-1&a_3+a_4\\0&0&0&1&-1&a_4\\0&0&0&0&0&0\end{bmatrix}$,

所以同解方程组为$\begin{cases}x_1-x_5=a_1+a_2+a_3+a_4,\\x_2-x_5=a_2+a_3+a_4,\\x_3-x_5=a_3+a_4,\\x_4-x_5=a_4,\end{cases}$

即$\begin{bmatrix}x_1\\x_2\\x_3\\x_4\\x_5\end{bmatrix}=k\begin{bmatrix}1\\1\\1\\1\\1\end{bmatrix}+\begin{bmatrix}a_1+a_2+a_3+a_4\\a_2+a_3+a_4\\a_3+a_4\\a_4\\0\end{bmatrix}$($k$ 为任意常数).

例题 9 设 $A=(a_{ij})_{m\times n}$,$B=(b_{ij})_{n\times s}$. 证明:

(1) 若 $R(A)=n$,则 $R(AB)=R(B)$;

(2) 若 $R(B)=n$,则 $R(AB)=R(A)$.

证 (1) ∵ $R(A)=n$,∴ $m\geqslant n$ 且 A 经初等行变换可化为$\begin{bmatrix}E_n\\O\end{bmatrix}$,即存在 m 阶可逆矩阵 P,使 $PA=\begin{bmatrix}E_n\\O\end{bmatrix}$,于是 $PAB=\begin{bmatrix}E_n\\O\end{bmatrix}B=\begin{bmatrix}B\\O\end{bmatrix}$.

所以 $R(AB)=R(PAB)=R\begin{bmatrix}B\\O\end{bmatrix}=R(B)$.

(2) ∵ $R(B)=n$,∴ $s\geqslant n$ 且 B 可经初等列变换化为(E_n,O),即存在 s 阶可逆阵Q,使 $BQ=(E_n,O)$,于是 $ABQ=A(E_n,O)=(A,O)$.

所以 $R(AB)=R(ABQ)=R(A,O)=R(A)$.

例题 10 设 $\boldsymbol{A}$ 为 n 阶方阵,证明:

(1) 若 $\boldsymbol{A}^2=\boldsymbol{E}$,则 $R(\boldsymbol{A}+\boldsymbol{E})+R(\boldsymbol{A}-\boldsymbol{E})=n$;

(2) 若 $\boldsymbol{A}^2=\boldsymbol{A}$,则 $R(\boldsymbol{A})+R(\boldsymbol{A}-\boldsymbol{E})=n$.

证明 (1) $\because$ $\boldsymbol{A}^2=\boldsymbol{E}$, $\therefore$ $(\boldsymbol{A}+\boldsymbol{E})(\boldsymbol{A}-\boldsymbol{E})=\boldsymbol{O}$.

由例 4 知,$R(\boldsymbol{A}+\boldsymbol{E})+R(\boldsymbol{A}-\boldsymbol{E})\leqslant n$,而 $R(\boldsymbol{A}-\boldsymbol{E})=R(\boldsymbol{E}-\boldsymbol{A})$,

又 $R(\boldsymbol{A}+\boldsymbol{E})+R(\boldsymbol{A}-\boldsymbol{E})=R(\boldsymbol{E}+\boldsymbol{A})+R(\boldsymbol{E}-\boldsymbol{A})$

$$\geqslant R[(\boldsymbol{E}+\boldsymbol{A})+(\boldsymbol{E}-\boldsymbol{A})]=R(2\boldsymbol{E})=n,$$

故 $R(\boldsymbol{A}+\boldsymbol{E})+R(\boldsymbol{A}-\boldsymbol{E})=n$.

(2) $\because$ $\boldsymbol{A}^2=\boldsymbol{A}$, 故 $\boldsymbol{A}(\boldsymbol{A}-\boldsymbol{E})=\boldsymbol{O}$, 故 $R(\boldsymbol{A})+R(\boldsymbol{A}-\boldsymbol{E})\leqslant n$.

$\because$ $R(\boldsymbol{A}-\boldsymbol{E})=R(\boldsymbol{E}-\boldsymbol{A})$,

$\therefore$ $R(\boldsymbol{A})+R(\boldsymbol{A}-\boldsymbol{E})=R(\boldsymbol{A})+R(\boldsymbol{E}-\boldsymbol{A})\geqslant R(\boldsymbol{A}+\boldsymbol{E}-\boldsymbol{A})=R(\boldsymbol{E})=n$,

即 $R(\boldsymbol{A})+R(\boldsymbol{A}-\boldsymbol{E})=n$.

例题 11 设 $\boldsymbol{A}=\begin{bmatrix}2&-2&1&3\\9&-5&2&8\end{bmatrix}$,求一个 4×2 的矩阵 $\boldsymbol{B}$,使 $\boldsymbol{AB}=\boldsymbol{O}$,且 $R(\boldsymbol{B})=2$.

解 解矩阵方程 $\boldsymbol{AX}=\boldsymbol{O}$,其中 $\boldsymbol{X}=(\boldsymbol{X}_1,\boldsymbol{X}_2,\boldsymbol{X}_3,\boldsymbol{X}_4)^{\mathrm{T}}$,$\boldsymbol{X}_i$ 是 1×2 矩阵.

由
$$\boldsymbol{A}=\begin{bmatrix}2&-2&1&3\\9&-5&2&8\end{bmatrix}\overset{\text{行变换}}{\sim}\begin{bmatrix}1&0&-\frac{1}{8}&\frac{1}{8}\\0&1&-\frac{5}{8}&-\frac{11}{8}\end{bmatrix}=(\boldsymbol{E},\boldsymbol{C}),$$

则 $\begin{bmatrix}\boldsymbol{X}_1\\\boldsymbol{X}_2\end{bmatrix}=-\boldsymbol{C}\begin{bmatrix}\boldsymbol{X}_3\\\boldsymbol{X}_4\end{bmatrix}$, 故 $\boldsymbol{X}=\begin{bmatrix}\boldsymbol{X}_1\\\boldsymbol{X}_2\\\boldsymbol{X}_3\\\boldsymbol{X}_4\end{bmatrix}=\begin{bmatrix}-\boldsymbol{C}\\\boldsymbol{E}\end{bmatrix}\begin{bmatrix}\boldsymbol{X}_3\\\boldsymbol{X}_4\end{bmatrix}$.

令 $\begin{bmatrix}\boldsymbol{X}_3\\\boldsymbol{X}_4\end{bmatrix}=8\boldsymbol{E}_2$,得 $\boldsymbol{B}=\begin{bmatrix}-8\boldsymbol{C}\\8\boldsymbol{E}_2\end{bmatrix}=\begin{bmatrix}1&-1\\5&11\\8&0\\0&8\end{bmatrix}$,且 $R(\boldsymbol{B})=2$.

五、自测练习

A 组

1. 设 $\boldsymbol{A}$ 是 4×3 矩阵,$R(\boldsymbol{A})=2$,$\boldsymbol{B}=\begin{bmatrix}1&0&2\\0&2&0\\-1&0&3\end{bmatrix}$,求 $R(\boldsymbol{AB})$.

2. 设 $\boldsymbol{A},\boldsymbol{B}$ 是 3 阶矩阵，$R(\boldsymbol{A})=2$，$R(\boldsymbol{AB})=1$，$\boldsymbol{A}=\begin{bmatrix}1 & 0 & -1\\ 2 & \lambda & 1\\ 1 & 2 & 1\end{bmatrix}$，求 λ.

3. 设 $\boldsymbol{A}=\begin{bmatrix}a_1b_1 & a_1b_2 & \cdots & a_1b_n\\ a_2b_1 & a_2b_2 & \cdots & a_2b_n\\ \vdots & \vdots & & \vdots\\ a_nb_1 & a_nb_2 & \cdots & a_nb_n\end{bmatrix}$$(a_ib_j\neq 0,\ i,j=1,2,\cdots,n)$，求 $R(\boldsymbol{A})$.

4. 设 n 阶矩阵 $\boldsymbol{A}=\begin{bmatrix}1 & a & a & \cdots & a\\ a & 1 & a & \cdots & a\\ a & a & 1 & \cdots & a\\ \vdots & \vdots & \vdots & & \vdots\\ a & a & a & \cdots & 1\end{bmatrix}$，$R(\boldsymbol{A})=n-1$，求 a.

5. 求 a 的值，使矩阵$\begin{bmatrix}1 & a & -1 & 2\\ 2 & -1 & a & 5\\ 1 & 10 & -6 & 1\end{bmatrix}$的秩最小.

6. 求解下列线性方程组：

(1) $\begin{cases}x_2+3x_3+x_4-x_5=0,\\ x_1-x_2+3x_3-4x_4+2x_5=0,\\ x_1+x_2-x_3+2x_4+x_5=0,\\ x_1-x_3+x_5=0;\end{cases}$

(2) $\begin{cases}2x_1+x_2-x_3+x_4=1,\\ 3x_1-2x_2+2x_3-3x_4=2,\\ 5x_1+x_2-x_3+2x_4=-1,\\ 2x_1-x_2+x_3-3x_4=4;\end{cases}$

(3) $\begin{cases}x_1+x_2-2x_4+x_5=-1,\\ -2x_1-x_2+x_3-4x_4+2x_5=1,\\ -x_1+x_2-x_3-2x_4+x_5=2.\end{cases}$

7. 讨论线性方程组$\begin{cases}ax_1+x_2+x_3+x_4=1,\\ x_1+ax_2+x_3+x_4=a,\\ x_1+x_2+ax_3+x_4=a^2,\\ x_1+x_2+x_3+ax_4=a^3\end{cases}$解的情况，并在有解时，求出其解.

8. 问 a,b 为何值时，线性方程组$\begin{cases}x_1+x_2+x_3+x_4=0,\\ x_2+2x_3+2x_4=1,\\ -x_2+(a-3)x_3-2x_4=b,\\ 3x_1+2x_2+x_3+ax_4=-1\end{cases}$有唯一解、无

解、无穷多解？并求出有无穷多个解时的解.

9. 问 λ 为何值时，线性方程组 $\begin{cases} x_1+x_3=\lambda, \\ 4x_1+x_2+2x_3=\lambda+2, \\ 6x_1+x_2+4x_2=2\lambda+3 \end{cases}$ 有解？并求出其解.

10. 设方程组 $\begin{bmatrix} a & 1 & 1 \\ 1 & a & 1 \\ 1 & 1 & a \end{bmatrix}\begin{bmatrix} x_1 \\ x_2 \\ x_3 \end{bmatrix}=\begin{bmatrix} 1 \\ 1 \\ -2 \end{bmatrix}$ 有无穷多个解，求 a.

11. 设 $\boldsymbol{A}=\begin{bmatrix} 1 & 2 & -2 \\ 4 & t & 3 \\ 3 & -1 & 1 \end{bmatrix}$，$\boldsymbol{B}$ 为 3 阶非零矩阵，且 $\boldsymbol{AB}=\boldsymbol{O}$，求 t.

12. 设矩阵 $\boldsymbol{A}=\begin{bmatrix} k & 1 & 1 & 1 \\ 1 & k & 1 & 1 \\ 1 & 1 & k & 1 \\ 1 & 1 & 1 & k \end{bmatrix}$，且 $R(\boldsymbol{A})=3$，求 k.

13. 求 $\begin{bmatrix} 1 & 0 & 0 \\ 0 & 1 & 0 \\ 0 & 1 & 1 \end{bmatrix}^{11}\begin{bmatrix} -1 & -1 & -1 \\ 1 & 1 & 1 \\ -2 & -2 & -2 \end{bmatrix}\begin{bmatrix} 1 & 0 & 0 \\ 0 & 1 & 0 \\ 0 & 1 & 1 \end{bmatrix}^{10}$.

14. 设 $\boldsymbol{A}=\begin{bmatrix} 1 & -1 & 2 \\ 2 & 0 & 4 \\ 3 & 2 & t \end{bmatrix}$，若有 3 阶非零方阵 $\boldsymbol{B}$ 满足 $\boldsymbol{AB}=\boldsymbol{O}$，求 t.

B 组

1. 设 3 阶矩阵 $\boldsymbol{A}=\begin{bmatrix} \alpha & \beta & \beta \\ \beta & \alpha & \beta \\ \beta & \beta & \alpha \end{bmatrix}$，且 $R(\boldsymbol{A}^*)=1$，求 α 与 β 的关系.

2. 问 a,b 为何值时，方程组 $\begin{cases} x+ay+a^2z=1, \\ x+ay+abz=a, \\ bx+a^2y+a^2bz=a^2b \end{cases}$ 有唯一解？有无穷多解？

3. 试证：线性方程组 $\begin{cases} a_{11}x_1+a_{12}x_2+\cdots+a_{1n}x_n=b_1, \\ a_{21}x_1+a_{22}x_2+\cdots+a_{2n}x_n=b_2, \\ \quad\vdots \\ a_{n1}x_1+a_{n2}x_2+\cdots+a_{nn}x_n=b_n \end{cases}$ 有解的充分条件是 $R\begin{bmatrix} \boldsymbol{A} & \boldsymbol{b} \\ \boldsymbol{b}^{\mathrm{T}} & 0 \end{bmatrix}=R(\boldsymbol{A})$，其中 $\boldsymbol{A}$ 为系数矩阵，$\boldsymbol{b}=(b_1,b_2,\cdots,b_n)^{\mathrm{T}}$.

4. 设 $\boldsymbol{A}=(a_{ij})_{m\times n}$，$\boldsymbol{b}=(b_1,b_2,\cdots,b_n)^{\mathrm{T}}$，试证：方程组 $\boldsymbol{Ax}=\boldsymbol{b}$ 有解$\Leftrightarrow\begin{bmatrix}\boldsymbol{A}^{\mathrm{T}}\\ \boldsymbol{b}^{\mathrm{T}}\end{bmatrix}\boldsymbol{x}=\begin{bmatrix}\boldsymbol{0}\\ 1\end{bmatrix}$无解.

5. 设 $\boldsymbol{A},\boldsymbol{B}$ 是 $m\times n$ 矩阵，$(\boldsymbol{A},\boldsymbol{B})$表示由 $\boldsymbol{A},\boldsymbol{B}$ 组成的 $m\times(2n)$矩阵，证明：$R(\boldsymbol{A}+\boldsymbol{B})\leqslant R(\boldsymbol{A},\boldsymbol{B})$.

6. 试证：对于任意秩为 r 的 $m\times n$ 矩阵 $\boldsymbol{A}$ 均有分解式 $\boldsymbol{A}=\boldsymbol{CD}$，其中 $\boldsymbol{C},\boldsymbol{D}$ 分别为列满秩、行满秩矩阵，且 $R(\boldsymbol{C})=R(\boldsymbol{D})=R(\boldsymbol{A})$.

7. 设有齐次线性方程组$\begin{cases}(1+a)x_1+x_2+\cdots+x_n=0,\\ 2x_1+(2+a)x_2+\cdots+2x_n=0,\\ \qquad\vdots\\ nx_1+nx_2+\cdots+(n+a)x_n=0\end{cases}$ $(n\geqslant 2)$，试问：a 取何值时，该方程组有非零解？并求出其通解.

8. 当 λ 取何值时，齐次线性方程组

$$\begin{cases}(\lambda-3)x_1+x_2-2x_3=0,\\ \lambda x_1+(\lambda+1)x_2+x_3=0,\\ 3(\lambda-1)x_1+(\lambda+2)x_2+(\lambda-1)x_3=0\end{cases}$$

有非零解？并求出它的通解.

9. 设方程组(Ⅰ)$\begin{cases}a_{11}x_1+a_{12}x_2+\cdots+a_{1n}x_n=b_1,\\ a_{21}x_1+a_{22}x_2+\cdots+a_{2n}x_n=b_2,\\ \qquad\vdots\\ a_{n1}x_1+a_{n2}x_2+\cdots+a_{nn}x_n=b_n,\end{cases}$

(Ⅱ)$\begin{cases}A_{11}x_1+A_{12}x_2+\cdots+A_{1n}x_n=c_1\\ A_{21}x_1+A_{22}x_2+\cdots+A_{2n}x_n=c_2,\\ \qquad\vdots\\ A_{n1}x_1+A_{n2}x_2+\cdots+A_{nn}x_n=c_n,\end{cases}$

其中 A_{ij} 为 a_{ij} 在行列式$|a_{ij}|$中的代数余子式.

证明：(Ⅰ)有唯一解的充要条件是(Ⅱ)有唯一解.

10. 设 $\boldsymbol{A}=(a_{ij})_{m\times n}$，$R(\boldsymbol{A})=r(r<n)$，且 $\boldsymbol{C}$ 为 n 阶可逆矩阵，试证：若 $\boldsymbol{A}(\boldsymbol{C}+\boldsymbol{BA})=\boldsymbol{O}$，则 $R(\boldsymbol{C}+\boldsymbol{BA})=n-r$，且线性方程组 $\boldsymbol{Ax}=\boldsymbol{0}$ 的通解为 $\boldsymbol{x}=(\boldsymbol{C}+\boldsymbol{BA})\boldsymbol{Z}$，其中 $\boldsymbol{Z}$ 为任意 n 维列向量.

第四章 向量组的线性相关性

一、目的要求

1. 理解 n 维向量的概念，理解向量组的线性组合、线性相关、线性无关的有关定义及判别法.

2. 了解向量组的极大线性无关组和向量组的秩的概念，会求向量组的极大线性无关组及秩.

3. 理解齐次线性方程组的基础解系及通解等概念. 理解非齐次线性方程组解的结构及通解等概念.

4. 了解 n 维向量空间、线性子空间、基、维数、坐标等概念. 了解基变换公式和坐标变换公式，会求过渡矩阵.

二、内容提要

1. 给定向量组 A：$\boldsymbol{a}_1,\boldsymbol{a}_2,\cdots,\boldsymbol{a}_m$ 和向量 $\boldsymbol{b}$，如果存在一组数 $\lambda_1,\lambda_2,\cdots,\lambda_m$，使

$$\boldsymbol{b}=\lambda_1\boldsymbol{a}_1+\lambda_2\boldsymbol{a}_2+\cdots+\lambda_m\boldsymbol{a}_m,$$

则称向量 $\boldsymbol{b}$ 能由向量组 A 线性表示.

2. 向量 $\boldsymbol{b}$ 能由向量组 A：$\boldsymbol{a}_1,\boldsymbol{a}_2,\cdots,\boldsymbol{a}_m$ 线性表示的充分必要条件是矩阵 $\boldsymbol{A}=(\boldsymbol{a}_1,\boldsymbol{a}_2,\cdots,\boldsymbol{a}_m)$ 的秩等于矩阵 $\boldsymbol{B}=(\boldsymbol{a}_1,\boldsymbol{a}_2,\cdots,\boldsymbol{a}_m,\boldsymbol{b})$ 的秩.

3. 若向量组 A 与向量组 B 能相互线性表示，则称这两个向量组等价.

4. 向量组 B：$\boldsymbol{b}_1,\boldsymbol{b}_2,\cdots,\boldsymbol{b}_l$ 能由向量组 A：$\boldsymbol{a}_1,\boldsymbol{a}_2,\cdots,\boldsymbol{a}_m$ 线性表示的充分必要条件是矩阵 $\boldsymbol{A}=(\boldsymbol{a}_1,\boldsymbol{a}_2,\cdots,\boldsymbol{a}_m)$ 的秩等于矩阵 $(\boldsymbol{A},\boldsymbol{B})=(\boldsymbol{a}_1,\cdots,\boldsymbol{a}_m,\boldsymbol{b}_1,\cdots,\boldsymbol{b}_l)$ 的秩，即 $R(\boldsymbol{A})=R(\boldsymbol{A},\boldsymbol{B})$.

5. 向量组 A：$\boldsymbol{a}_1,\boldsymbol{a}_2,\cdots,\boldsymbol{a}_m$ 与向量组 B：$\boldsymbol{b}_1,\boldsymbol{b}_2,\cdots,\boldsymbol{b}_l$ 等价的充分必要条件是 $R(\boldsymbol{A})=R(\boldsymbol{B})=R(\boldsymbol{A},\boldsymbol{B})$，其中 $\boldsymbol{A}$ 和 $\boldsymbol{B}$ 是向量组 A 和 B 所构成的矩阵.

6. 设向量组 B：$\boldsymbol{b}_1,\boldsymbol{b}_2,\cdots,\boldsymbol{b}_l$ 能由向量组 A：$\boldsymbol{a}_1,\boldsymbol{a}_2,\cdots,\boldsymbol{a}_m$ 线性表示，则 $R(\boldsymbol{b}_1,\boldsymbol{b}_2,\cdots,\boldsymbol{b}_l)\leqslant R(\boldsymbol{a}_1,\boldsymbol{a}_2,\cdots,\boldsymbol{a}_m)$.

7. 给定向量组 A：$\boldsymbol{a}_1,\boldsymbol{a}_2,\cdots,\boldsymbol{a}_m$，如果存在不全为零的数 $k_1,k_2,\cdots,k_m$，使

$k_1\boldsymbol{a}_1+k_2\boldsymbol{a}_2+\cdots+k_m\boldsymbol{a}_m=\mathbf{0}$,则称向量组 A 是线性相关的,否则称它线性无关.

8. 向量组 $\boldsymbol{a}_1,\boldsymbol{a}_2,\cdots,\boldsymbol{a}_m$ 线性相关的充分必要条件是它所构成的矩阵 $\boldsymbol{A}=(\boldsymbol{a}_1,\boldsymbol{a}_2,\cdots,\boldsymbol{a}_m)$ 的秩小于向量个数 m;向量组线性无关的充要条件是 $R(\boldsymbol{A})=m$.

9. 若向量组 A: $\boldsymbol{a}_1,\boldsymbol{a}_2,\cdots,\boldsymbol{a}_m$ 线性相关,则向量组 B: $\boldsymbol{a}_1,\cdots,\boldsymbol{a}_m,\boldsymbol{a}_{m+1}$ 也线性相关.反之,若向量组 B 线性无关,则向量组 A 线性无关.

10. m 个 n 维向量组成的向量组,当维数 n 小于个数 m 时一定线性相关,特别地,$n+1$ 个 n 维向量一定线性相关.

11. 设向量组 A: $\boldsymbol{a}_1,\boldsymbol{a}_2,\cdots,\boldsymbol{a}_m$ 线性无关,而向量组 B: $\boldsymbol{a}_1,\cdots,\boldsymbol{a}_m,\boldsymbol{b}$ 线性相关,则向量 $\boldsymbol{b}$ 必能由向量组 A 线性表示,且表示是唯一的.

12. 设有向量组 A,如果在 A 中能选出 r 个向量 $\boldsymbol{a}_1,\boldsymbol{a}_2,\cdots,\boldsymbol{a}_r$,满足

(1) 向量组 A_0: $\boldsymbol{a}_1,\boldsymbol{a}_2,\cdots,\boldsymbol{a}_r$ 线性无关;

(2) 向量组 A 中任意 $r+1$ 个向量(如 A 中有 $r+1$ 个向量的话)都线性相关.

那么称向量组 A_0 是向量组 A 的一个最大线性无关向量组,最大无关组所含向量个数 r 称为向量组 A 的秩,记作 R_A.

13. 矩阵的秩等于它的列向量组的秩,也等于它的行向量组的秩.

14. 向量组 $\boldsymbol{b}_1,\boldsymbol{b}_2,\cdots,\boldsymbol{b}_l$ 能由向量组 $\boldsymbol{a}_1,\boldsymbol{a}_2,\cdots,\boldsymbol{a}_m$ 线性表示的充要条件是

$$R(\boldsymbol{a}_1,\boldsymbol{a}_2,\cdots,\boldsymbol{a}_m)=R(\boldsymbol{a}_1,\cdots,\boldsymbol{a}_m,\boldsymbol{b}_1,\cdots,\boldsymbol{b}_l).$$

15. 齐次线性方程组的解集的最大无关组称为该齐次线性方程组的基础解系.

16. 设 $m\times n$ 矩阵 $\boldsymbol{A}$ 的秩 $R(\boldsymbol{A})=r$,则 n 元齐次线性方程组 $\boldsymbol{Ax}=\mathbf{0}$ 的解集 S 的秩 $R_S=n-r$.

17. 设 $\boldsymbol{\xi}_1,\boldsymbol{\xi}_2,\cdots,\boldsymbol{\xi}_{n-r}$ 是齐次线性方程组 $\boldsymbol{Ax}=\mathbf{0}$ 的基础解系,$\boldsymbol{\eta}^*$ 是非齐次线性方程组 $\boldsymbol{Ax}=\boldsymbol{b}$ 的一个解,则非齐次线性方程组 $\boldsymbol{Ax}=\boldsymbol{b}$ 的通解为

$$\boldsymbol{x}=k_1\boldsymbol{\xi}_1+\cdots+k_{n-r}\boldsymbol{\xi}_{n-r}+\boldsymbol{\eta}^* \quad (k_1,\cdots,k_{n-r}\text{为任意实数}).$$

18. 设 V 为 n 维向量的集合,如果集合 V 非空,且集合 V 对于加法及乘数两种运算封闭,那么就称集合 V 为向量空间.

19. 设有向量空间 V_1 及 V_2,若 $V_1\subset V_2$,就称 V_1 是 V_2 的子空间.

20. 设 V 为向量空间,如果 r 个向量 $\boldsymbol{a}_1,\boldsymbol{a}_2,\cdots,\boldsymbol{a}_r\in V$,且满足:(1) $\boldsymbol{a}_1,\boldsymbol{a}_2,\cdots,\boldsymbol{a}_r$ 线性无关;(2) V 中任一向量都可由 $\boldsymbol{a}_1,\boldsymbol{a}_2,\cdots,\boldsymbol{a}_r$ 线性表示.那么,向量组 $\boldsymbol{a}_1,\boldsymbol{a}_2,\cdots,\boldsymbol{a}_r$ 就称为向量空间 V 的一个基,r 称为向量空间 V 的维数,并称 V 为 r 维向量空间.

三、复习提问

1. 设 $\boldsymbol{\alpha}_1,\boldsymbol{\alpha}_2,\boldsymbol{\alpha}_3,\boldsymbol{\alpha}_4$ 为 3 维列向量,以下描述中哪一个是正确的?

(1) $\boldsymbol{\alpha}_1,\boldsymbol{\alpha}_2,\boldsymbol{\alpha}_3,\boldsymbol{\alpha}_4$ 必线性无关；

(2) $\boldsymbol{\alpha}_1$ 必可由 $\boldsymbol{\alpha}_2,\boldsymbol{\alpha}_3,\boldsymbol{\alpha}_4$ 线性表示；

(3) 矩阵$(\boldsymbol{\alpha}_1,\boldsymbol{\alpha}_2,\boldsymbol{\alpha}_3,\boldsymbol{\alpha}_4)$的秩为 3；

(4) 矩阵$(\boldsymbol{\alpha}_1,\boldsymbol{\alpha}_2,\boldsymbol{\alpha}_3,\boldsymbol{\alpha}_4)$必有一列可由其余 3 列线性表示.

答 (4).

2. 设矩阵 $\boldsymbol{A}_{m\times n}$的秩 $R(\boldsymbol{A})=m<n$，下述结论中哪一个是正确的？

(1) $\boldsymbol{A}$ 的任意 m 个列向量必线性无关；

(2) $\boldsymbol{A}$ 的任意一个 m 阶子式不等于 0；

(3) 齐次线性方程组 $\boldsymbol{Ax}=\boldsymbol{0}$ 只有零解；

(4) 非齐次线性方程组 $\boldsymbol{Ax}=\boldsymbol{b}$ 必有无穷多解.

答 (4). $R(\boldsymbol{A})=m=R(\boldsymbol{A},\boldsymbol{b})<n$.

3. 求矩阵的秩有几种常用方法？

4. 求解齐次或非齐次线性方程组的步骤是什么？

5. 如何判断齐次或非齐次线性方程组是否有解？

6. 举例说明下列各命题是错误的：

(1) 若向量组 $\boldsymbol{\alpha}_1,\boldsymbol{\alpha}_2,\cdots,\boldsymbol{\alpha}_m$ 是线性相关的，则 $\boldsymbol{\alpha}_1$ 可由 $\boldsymbol{\alpha}_2,\cdots,\boldsymbol{\alpha}_m$ 线性表示.

(2) 若有不全为 0 的数 $\lambda_1,\lambda_2,\cdots,\lambda_m$，使

$$\lambda_1\boldsymbol{\alpha}_1+\cdots+\lambda_m\boldsymbol{\alpha}_m+\lambda_1\boldsymbol{\beta}_1+\cdots+\lambda_m\boldsymbol{\beta}_m=\boldsymbol{0},$$

则 $\boldsymbol{\alpha}_1,\boldsymbol{\alpha}_2,\cdots,\boldsymbol{\alpha}_m$ 线性相关，$\boldsymbol{\beta}_1,\boldsymbol{\beta}_2,\cdots,\boldsymbol{\beta}_m$ 线性相关.

(3) 若只有当 $\lambda_1,\lambda_2,\cdots,\lambda_m$ 全为 0 时，等式 $\lambda_1\boldsymbol{\alpha}_1+\cdots+\lambda_m\boldsymbol{\alpha}_m+\lambda_1\boldsymbol{\beta}_1+\cdots+\lambda_m\boldsymbol{\beta}_m=\boldsymbol{0}$才能成立，则 $\boldsymbol{\alpha}_1,\boldsymbol{\alpha}_2,\cdots,\boldsymbol{\alpha}_m$ 线性无关，$\boldsymbol{\beta}_1,\boldsymbol{\beta}_2,\cdots,\boldsymbol{\beta}_m$ 线性无关.

(4) 若 $\boldsymbol{\alpha}_1,\boldsymbol{\alpha}_2,\cdots,\boldsymbol{\alpha}_m$ 线性相关，$\boldsymbol{\beta}_1,\boldsymbol{\beta}_2,\cdots,\boldsymbol{\beta}_m$ 也线性相关，则有不全为零的数 $\lambda_1,\lambda_2,\cdots,\lambda_m$，使 $\lambda_1\boldsymbol{\alpha}_1+\cdots+\lambda_m\boldsymbol{\alpha}_m=\boldsymbol{0}$和 $\lambda_1\boldsymbol{\beta}_1+\cdots+\lambda_m\boldsymbol{\beta}_m=\boldsymbol{0}$同时成立.

四、例题分析

例题 1 设向量 $\boldsymbol{\beta}=(4,3,-1,11)^{\mathrm{T}}$，$\boldsymbol{\alpha}_1=(1,2,-1,5)^{\mathrm{T}}$，$\boldsymbol{\alpha}_2=(2,-1,1,1)^{\mathrm{T}}$，问：$\boldsymbol{\beta}$ 能否用 $\boldsymbol{\alpha}_1,\boldsymbol{\alpha}_2$ 线性表示？若能，则求出其表达式.

解 $\boldsymbol{\beta}$ 能用 $\boldsymbol{\alpha}_1,\boldsymbol{\alpha}_2$ 线性表示的充要条件是存在数 k_1,k_2，使

$$(\boldsymbol{\alpha}_1,\boldsymbol{\alpha}_2)\begin{bmatrix}k_1\\k_2\end{bmatrix}=\boldsymbol{\beta},$$

对增广矩阵进行矩阵的初等行变换：

$$(\boldsymbol{\alpha}_1,\boldsymbol{\alpha}_2,\boldsymbol{\beta})=\begin{bmatrix}1&2&4\\2&-1&3\\-1&1&-1\\5&1&11\end{bmatrix}\xrightarrow{\text{行变换}}\begin{bmatrix}1&0&2\\0&1&1\\0&0&0\\0&0&0\end{bmatrix},$$

所以 $R(\boldsymbol{\alpha}_1,\boldsymbol{\alpha}_2)=R(\boldsymbol{\alpha}_1,\boldsymbol{\alpha}_2,\boldsymbol{\beta})=2$.

故线性方程组 $(\boldsymbol{\alpha}_1,\boldsymbol{\alpha}_2)\begin{bmatrix}k_1\\k_2\end{bmatrix}=\boldsymbol{\beta}$ 有唯一解：$k_1=2,k_2=1$，即存在数 $k_1=2,k_2=1$，使 $2\boldsymbol{\alpha}_1+\boldsymbol{\alpha}_2=\boldsymbol{\beta}$.

例题 2 设 $\boldsymbol{\alpha}_1=(2,4,2)^{\mathrm{T}},\boldsymbol{\alpha}_2=(1,1,0)^{\mathrm{T}},\boldsymbol{\alpha}_3=(2,3,1)^{\mathrm{T}},\boldsymbol{\alpha}_4=(3,5,2)^{\mathrm{T}}$，求向量组 $\boldsymbol{\alpha}_1,\boldsymbol{\alpha}_2,\boldsymbol{\alpha}_3,\boldsymbol{\alpha}_4$ 的秩及一个极大线性无关组，并将向量组的其他向量用该极大线性无关组线性表示.

解 (1) 对由向量 $\boldsymbol{\alpha}_1,\boldsymbol{\alpha}_2,\boldsymbol{\alpha}_3,\boldsymbol{\alpha}_4$ 构成的矩阵 $\boldsymbol{A}$ 进行初等行变换化为 $\boldsymbol{B}$：

$$\boldsymbol{A}=(\boldsymbol{\alpha}_1,\boldsymbol{\alpha}_2,\boldsymbol{\alpha}_3,\boldsymbol{\alpha}_4)=\begin{bmatrix}2&1&2&3\\4&1&3&5\\2&0&1&2\end{bmatrix}\xrightarrow{\text{行变换}}\begin{bmatrix}1&0&\frac{1}{2}&1\\0&1&1&1\\0&0&0&0\end{bmatrix}=(\boldsymbol{\beta}_1,\boldsymbol{\beta}_2,\boldsymbol{\beta}_3,\boldsymbol{\beta}_4)=\boldsymbol{B},$$

故 $R(\boldsymbol{A})=R(\boldsymbol{B})=2$.

(2) 由 $\boldsymbol{B}$ 知，$\boldsymbol{\beta}_1,\boldsymbol{\beta}_2$ 是 $\boldsymbol{B}$ 的列向量组的一个极大线性无关组，于是对应的 $\boldsymbol{\alpha}_1,\boldsymbol{\alpha}_2$ 就是 $\boldsymbol{A}$ 的列向量组 $\boldsymbol{\alpha}_1,\boldsymbol{\alpha}_2,\boldsymbol{\alpha}_3,\boldsymbol{\alpha}_4$ 的一个极大线性无关组.

(3) 由于 $\boldsymbol{\beta}_3=\frac{1}{2}\boldsymbol{\beta}_1+\boldsymbol{\beta}_2,\boldsymbol{\beta}_4=\boldsymbol{\beta}_1+\boldsymbol{\beta}_2$，故 $\boldsymbol{\alpha}_3=\frac{1}{2}\boldsymbol{\alpha}_1+\boldsymbol{\alpha}_2$，$\boldsymbol{\alpha}_4=\boldsymbol{\alpha}_1+\boldsymbol{\alpha}_2$.

例题 3 设向量组 $\boldsymbol{\alpha}_1,\boldsymbol{\alpha}_2,\boldsymbol{\alpha}_3$ 线性相关，向量组 $\boldsymbol{\alpha}_2,\boldsymbol{\alpha}_3,\boldsymbol{\alpha}_4$ 线性无关，问：

(1) $\boldsymbol{\alpha}_1$ 能否由向量组 $\boldsymbol{\alpha}_2,\boldsymbol{\alpha}_3$ 线性表示？

(2) $\boldsymbol{\alpha}_4$ 能否由向量组 $\boldsymbol{\alpha}_1,\boldsymbol{\alpha}_2,\boldsymbol{\alpha}_3$ 线性表示？

解 (1) ∵ $\boldsymbol{\alpha}_1,\boldsymbol{\alpha}_2,\boldsymbol{\alpha}_3$ 线性相关，∴ 存在 k_1,k_2,k_3 不全为零，使 $k_1\boldsymbol{\alpha}_1+k_2\boldsymbol{\alpha}_2+k_3\boldsymbol{\alpha}_3=\mathbf{0}$，其中 $k_1\neq0$. 否则，若 $k_1=0$，则 k_2,k_3 不全为零，使 $k_2\boldsymbol{\alpha}_2+k_3\boldsymbol{\alpha}_3=\mathbf{0}$，那么 $\boldsymbol{\alpha}_2,\boldsymbol{\alpha}_3$ 线性相关，这与 $\boldsymbol{\alpha}_2,\boldsymbol{\alpha}_3,\boldsymbol{\alpha}_4$ 线性无关矛盾.

故 $k_1\neq0$，得 $\boldsymbol{\alpha}_1=-\frac{1}{k_1}(k_2\boldsymbol{\alpha}_2+k_3\boldsymbol{\alpha}_3)$，即 $\boldsymbol{\alpha}_1$ 能由 $\boldsymbol{\alpha}_2,\boldsymbol{\alpha}_3$ 线性表示.

(2) $\boldsymbol{\alpha}_4$ 不能由向量组 $\boldsymbol{\alpha}_1,\boldsymbol{\alpha}_2,\boldsymbol{\alpha}_3$ 线性表示.

反证法. 若 $\boldsymbol{\alpha}_4$ 能由向量组 $\boldsymbol{\alpha}_1,\boldsymbol{\alpha}_2,\boldsymbol{\alpha}_3$ 线性表示，即

$$\boldsymbol{\alpha}_4=k_1\boldsymbol{\alpha}_1+k_2\boldsymbol{\alpha}_2+k_3\boldsymbol{\alpha}_3,$$

由(1)知 $\boldsymbol{\alpha}_1=\lambda_2\boldsymbol{\alpha}_2+\lambda_3\boldsymbol{\alpha}_3$，代入上式得

$$\boldsymbol{\alpha}_4=k_1\lambda_2\boldsymbol{\alpha}_2+k_1\lambda_3\boldsymbol{\alpha}_3+k_2\boldsymbol{\alpha}_2+k_3\boldsymbol{\alpha}_3=(k_1\lambda_2+k_2)\boldsymbol{\alpha}_2+(k_1\lambda_3+k_3)\boldsymbol{\alpha}_3.$$

故 $\boldsymbol{\alpha}_2,\boldsymbol{\alpha}_3,\boldsymbol{\alpha}_4$ 线性相关，与题设矛盾.

例题 4 求向量组 $\boldsymbol{\alpha}_1=\begin{bmatrix}1\\1\\1\\k\end{bmatrix},\boldsymbol{\alpha}_2=\begin{bmatrix}1\\1\\k\\1\end{bmatrix},\boldsymbol{\alpha}_3=\begin{bmatrix}1\\2\\1\\1\end{bmatrix}$ 的秩和一个最大线性无关组.

解 对矩阵 $(\boldsymbol{\alpha}_1,\boldsymbol{\alpha}_2,\boldsymbol{\alpha}_3)$ 进行初等行变换：

$$(\boldsymbol{\alpha}_1,\boldsymbol{\alpha}_2,\boldsymbol{\alpha}_3)=\begin{bmatrix}1&1&1\\1&1&2\\1&k&1\\k&1&1\end{bmatrix}\xrightarrow{\text{行变换}}\begin{bmatrix}1&1&1\\0&0&1\\0&k-1&0\\0&0&1-k\end{bmatrix}.$$

当 $k\neq1$ 时，$R(\boldsymbol{\alpha}_1,\boldsymbol{\alpha}_2,\boldsymbol{\alpha}_3)=3$，此时 $\boldsymbol{\alpha}_1,\boldsymbol{\alpha}_2,\boldsymbol{\alpha}_3$ 为最大线性无关组；

当 $k=1$ 时，$R(\boldsymbol{\alpha}_1,\boldsymbol{\alpha}_2,\boldsymbol{\alpha}_3)=2$，此时 $\boldsymbol{\alpha}_1,\boldsymbol{\alpha}_3$ 为最大线性无关组.

例题 5 设有齐次线性方程组

$$\begin{cases}(1+a)x_1+x_2+x_3+x_4=0,\\2x_1+(2+a)x_2+2x_3+2x_4=0,\\3x_1+3x_2+(3+a)x_3+3x_4=0,\\4x_1+4x_2+4x_3+(4+a)x_4=0.\end{cases}$$

试问 a 取何值时，该方程组有非零解？并求出其通解.

解 对方程组的系数矩阵 $\boldsymbol{A}$ 作初等行变换：

$$\boldsymbol{A}=\begin{bmatrix}1+a&1&1&1\\2&2+a&2&2\\3&3&3+a&3\\4&4&4&4+a\end{bmatrix}\xrightarrow{\text{行变换}}\begin{bmatrix}1+a&1&1&1\\-2a&a&0&0\\-3a&0&a&0\\-4a&0&0&a\end{bmatrix}=\boldsymbol{B}.$$

(1) 当 $a=0$ 时，$R(\boldsymbol{A})=1<4$，方程组有非零解，此时方程组为

$$x_1+x_2+x_3+x_4=0,$$

方程组的基础解系为

$$\boldsymbol{\eta}_1=(-1,1,0,0)^{\mathrm{T}},\ \boldsymbol{\eta}_2=(-1,0,1,0)^{\mathrm{T}},\ \boldsymbol{\eta}_3=(-1,0,0,1)^{\mathrm{T}},$$

故方程组的通解为 $\boldsymbol{x}=k_1\boldsymbol{\eta}_1+k_2\boldsymbol{\eta}_2+k_3\boldsymbol{\eta}_3$，其中 k_1,k_2,k_3 为任意常数.

(2) 当 $a\neq0$ 时，$\boldsymbol{B}\sim\begin{bmatrix}a+10&0&0&0\\-2&1&0&0\\-3&0&1&0\\-4&0&0&1\end{bmatrix}$.

当 $a=-10$ 时，$R(\boldsymbol{A})=3<4$，故方程组有非零解，此时方程组可化为

$$\begin{cases}-2x_1+x_2=0,\\-3x_1+x_3=0,\\-4x_1+x_4=0,\end{cases}$$

方程组的基础解系为 $\boldsymbol{\eta}=(1,2,3,4)^{\mathrm{T}}$，故所求方程组的通解为 $\boldsymbol{x}=k\boldsymbol{\eta}$，其中 k 为任意常数.

例题 6 设 $\boldsymbol{\alpha}_1,\boldsymbol{\alpha}_2,\cdots,\boldsymbol{\alpha}_n$ 线性无关，$\boldsymbol{\beta}=k_1\boldsymbol{\alpha}_1+\cdots+k_i\boldsymbol{\alpha}_i+\cdots+k_n\boldsymbol{\alpha}_n$ 且 $k_i\neq 0$，证明：$\boldsymbol{\alpha}_1,\boldsymbol{\alpha}_2,\cdots,\boldsymbol{\alpha}_{i-1},\boldsymbol{\beta},\boldsymbol{\alpha}_{i+1},\cdots,\boldsymbol{\alpha}_n$ 线性无关.

证 由 $\boldsymbol{\beta}=k_1\boldsymbol{\alpha}_1+\cdots+k_i\boldsymbol{\alpha}_i+\cdots+k_n\boldsymbol{\alpha}_n$ 且 $k_i\neq 0$，知

$$\boldsymbol{\alpha}_i=\frac{1}{k_i}\boldsymbol{\beta}-\frac{k_1}{k_i}\boldsymbol{\alpha}_1-\cdots-\frac{k_{i-1}}{k_i}\boldsymbol{\alpha}_{i-1}-\frac{k_{i+1}}{k_i}\boldsymbol{\alpha}_{i+1}-\cdots-\frac{k_n}{k_i}\boldsymbol{\alpha}_n,$$

即 $\boldsymbol{\alpha}_i$ 可由$(\boldsymbol{\alpha}_1,\cdots,\boldsymbol{\alpha}_{i-1},\boldsymbol{\beta},\boldsymbol{\alpha}_{i+1},\cdots,\boldsymbol{\alpha}_n)$线性表示，从而$(\boldsymbol{\alpha}_1,\boldsymbol{\alpha}_2,\cdots,\boldsymbol{\alpha}_n)$可由$(\boldsymbol{\alpha}_1,\cdots,\boldsymbol{\alpha}_{i-1},\boldsymbol{\beta},\boldsymbol{\alpha}_{i+1},\cdots,\boldsymbol{\alpha}_n)$线性表示. 又$(\boldsymbol{\alpha}_1,\cdots,\boldsymbol{\alpha}_{i-1},\boldsymbol{\beta},\boldsymbol{\alpha}_{i+1},\cdots,\boldsymbol{\alpha}_n)$可由$(\boldsymbol{\alpha}_1,\boldsymbol{\alpha}_2,\cdots,\boldsymbol{\alpha}_n)$线性表示，所以$(\boldsymbol{\alpha}_1,\boldsymbol{\alpha}_2,\cdots,\boldsymbol{\alpha}_n)$与$(\boldsymbol{\alpha}_1,\cdots,\boldsymbol{\alpha}_{i-1},\boldsymbol{\beta},\boldsymbol{\alpha}_{i+1},\cdots,\boldsymbol{\alpha}_n)$等价. 故$(\boldsymbol{\alpha}_1,\boldsymbol{\alpha}_2,\cdots,\boldsymbol{\alpha}_{i-1},\boldsymbol{\beta},\boldsymbol{\alpha}_{i+1},\cdots,\boldsymbol{\alpha}_n)$线性无关.

例题 7 已知 $\boldsymbol{\alpha}_1=(\lambda,1,1)^{\mathrm{T}},\boldsymbol{\alpha}_2=(1,\lambda,1)^{\mathrm{T}},\boldsymbol{\alpha}_3=(1,1,\lambda)^{\mathrm{T}}$ 是三维向量空间的一组基，求 $\boldsymbol{\beta}=(\lambda-3,-2,-2)^{\mathrm{T}}$ 在这组基下的坐标，并求坐标分量乘积的极大值.

解 对$(\boldsymbol{\alpha}_1,\boldsymbol{\alpha}_2,\boldsymbol{\alpha}_3,\boldsymbol{\beta})$进行初等行变换：

$$\begin{bmatrix}\lambda&1&1&\lambda-3\\1&\lambda&1&-2\\1&1&\lambda&-2\end{bmatrix}\xrightarrow{\text{行变换}}\begin{bmatrix}1&1&\lambda&-2\\0&\lambda-1&1-\lambda&0\\0&0&-(\lambda+2)(\lambda-1)&3(\lambda-1)\end{bmatrix}.$$

由于 $\boldsymbol{\alpha}_1,\boldsymbol{\alpha}_2,\boldsymbol{\alpha}_3$ 是三维向量空间的一组基，$R(\boldsymbol{\alpha}_1,\boldsymbol{\alpha}_2,\boldsymbol{\alpha}_3)=3$，所以 $\lambda\neq 1,\lambda\neq -2$，且方程组有唯一解：

$$(x_1,x_2,x_3)^{\mathrm{T}}=\left(\frac{\lambda-1}{\lambda+2},-\frac{3}{\lambda+2},-\frac{3}{\lambda+2}\right)^{\mathrm{T}},$$

即 $\boldsymbol{\beta}$ 在基 $\boldsymbol{\alpha}_1,\boldsymbol{\alpha}_2,\boldsymbol{\alpha}_3$ 下的坐标是 $\left(\frac{\lambda-1}{\lambda+2},-\frac{3}{\lambda+2},-\frac{3}{\lambda+2}\right)^{\mathrm{T}}$，其坐标分量的乘积为 $f(\lambda)=\frac{9(\lambda-1)}{(\lambda+2)^3}$. 由 $f'(\lambda)=\frac{9(5-2\lambda)}{(\lambda+2)^4}=0$，得 $\lambda=\frac{5}{2}$. 当 $-2<\lambda<\frac{5}{2}$ 时，$f'(\lambda)>0$，当 $\lambda>\frac{5}{2}$ 时，$f'(\lambda)<0$，故 $\lambda=\frac{5}{2}$ 是 $f(\lambda)$ 取得极大值的点，极大值 $f\left(\frac{5}{2}\right)=\frac{1}{27}$，此时 $\boldsymbol{\beta}=\left(-\frac{1}{2},-2,-2\right)^{\mathrm{T}}$.

例题 8 设 $\boldsymbol{\eta}_1,\cdots,\boldsymbol{\eta}_s$ 是非齐次线性方程组 $\boldsymbol{Ax}=\boldsymbol{b}$ 的 s 个解，$k_1,k_2,\cdots,k_s$ 为实数，满足 $k_1+k_2+\cdots+k_s=1$. 证明：$\boldsymbol{x}=k_1\boldsymbol{\eta}_1+k_2\boldsymbol{\eta}_2+\cdots+k_s\boldsymbol{\eta}_s$ 也是它的解.

证 由于 $\boldsymbol{\eta}_1,\cdots,\boldsymbol{\eta}_s$ 是非齐次线性方程组 $\boldsymbol{A}\boldsymbol{x}=\boldsymbol{b}$ 的 s 个解，

故 $\boldsymbol{A}\boldsymbol{\eta}_i=\boldsymbol{b}(i=1,2,\cdots,s)$.

而 $\boldsymbol{A}(k_1\boldsymbol{\eta}_1+k_2\boldsymbol{\eta}_2+\cdots+k_s\boldsymbol{\eta}_s)=\boldsymbol{b}(k_1+\cdots+k_s)=\boldsymbol{b}$,

即 $\boldsymbol{A}\boldsymbol{x}=\boldsymbol{b}(\boldsymbol{x}=k_1\boldsymbol{\eta}_1+k_2\boldsymbol{\eta}_2+\cdots+k_s\boldsymbol{\eta}_s)$.

也就是说 $\boldsymbol{x}$ 也是方程的解.

例题 9 设 $\boldsymbol{\alpha}_1=(1,2,0)^{\mathrm{T}},\boldsymbol{\alpha}_2=(1,a+2,-3a)^{\mathrm{T}},\boldsymbol{\alpha}_3=(-1,-b-2,a+2b)^{\mathrm{T}},\boldsymbol{\beta}=(1,3,-3)^{\mathrm{T}}$,试讨论当 a,b 为何值时：

(1) $\boldsymbol{\beta}$ 不能由 $\boldsymbol{\alpha}_1,\boldsymbol{\alpha}_2,\boldsymbol{\alpha}_3$ 线性表示；

(2) $\boldsymbol{\beta}$ 可由 $\boldsymbol{\alpha}_1,\boldsymbol{\alpha}_2,\boldsymbol{\alpha}_3$ 唯一地线性表示；

(3) $\boldsymbol{\beta}$ 可由 $\boldsymbol{\alpha}_1,\boldsymbol{\alpha}_2,\boldsymbol{\alpha}_3$ 线性表示,但表示式不唯一,并求出表示式.

解 设存在 k_1,k_2,k_3,使

$$k_1\boldsymbol{\alpha}_1+k_2\boldsymbol{\alpha}_2+k_3\boldsymbol{\alpha}_3=\boldsymbol{\beta}. \qquad (*)$$

$$(\boldsymbol{\alpha}_1,\boldsymbol{\alpha}_2,\boldsymbol{\alpha}_3,\boldsymbol{\beta})=\begin{bmatrix}1&1&-1&1\\2&a+2&-b-2&3\\0&-3a&a+2b&-3\end{bmatrix}\sim\begin{bmatrix}1&1&-1&1\\0&a&-b&1\\0&0&a-b&0\end{bmatrix}.$$

(1) 当 $a=0$ 时,$(\boldsymbol{\alpha}_1,\boldsymbol{\alpha}_2,\boldsymbol{\alpha}_3,\boldsymbol{\beta})\sim\begin{bmatrix}1&1&-1&1\\0&0&-b&1\\0&0&0&-1\end{bmatrix}$,

$\because R(\boldsymbol{\alpha}_1,\boldsymbol{\alpha}_2,\boldsymbol{\alpha}_3)\neq R(\boldsymbol{\alpha}_1,\boldsymbol{\alpha}_2,\boldsymbol{\alpha}_3,\boldsymbol{\beta})$,

$\therefore$ 方程组$(*)$无解,即 $\boldsymbol{\beta}$ 不能由 $\boldsymbol{\alpha}_1,\boldsymbol{\alpha}_2,\boldsymbol{\alpha}_3$ 线性表示.

(2) 当 $a\neq0$ 且 $a\neq b$ 时,

$$(\boldsymbol{\alpha}_1,\boldsymbol{\alpha}_2,\boldsymbol{\alpha}_3,\boldsymbol{\beta})\sim\begin{bmatrix}1&1&-1&1\\0&a&-b&1\\0&0&a-b&0\end{bmatrix}\sim\begin{bmatrix}1&0&0&1-a^{-1}\\0&1&0&a^{-1}\\0&0&1&0\end{bmatrix},$$

$\because R(\boldsymbol{\alpha}_1,\boldsymbol{\alpha}_2,\boldsymbol{\alpha}_3)=R(\boldsymbol{\alpha}_1,\boldsymbol{\alpha}_2,\boldsymbol{\alpha}_3,\boldsymbol{\beta})=3$,

$\therefore$ 方程组$(*)$有唯一解,且 $k_1=1-a^{-1},k_2=a^{-1},k_3=0$,此时 $\boldsymbol{\beta}$ 可由 $\boldsymbol{\alpha}_1,\boldsymbol{\alpha}_2,\boldsymbol{\alpha}_3$ 唯一地线性表示,且 $\boldsymbol{\beta}=(1-a^{-1})\boldsymbol{\alpha}_1+a^{-1}\boldsymbol{\alpha}_2$.

(3) 当 $a=b\neq0$ 时,

$$(\boldsymbol{\alpha}_1,\boldsymbol{\alpha}_2,\boldsymbol{\alpha}_3,\boldsymbol{\beta})\sim\begin{bmatrix}1&1&-1&1\\0&a&-b&1\\0&0&a-b&0\end{bmatrix}\sim\begin{bmatrix}1&0&0&1-a^{-1}\\0&1&-1&a^{-1}\\0&0&0&0\end{bmatrix},$$

$\because R(\boldsymbol{\alpha}_1,\boldsymbol{\alpha}_2,\boldsymbol{\alpha}_3)=R(\boldsymbol{\alpha}_1,\boldsymbol{\alpha}_2,\boldsymbol{\alpha}_3,\boldsymbol{\beta})=2$,

$\therefore$ 方程组$(*)$有无穷多解,其通解为

$$k_1=1-a^{-1},\ k_2=a^{-1}+c, k_3=c \quad (c\text{ 为任意常数}),$$

此时，$\boldsymbol{\beta}$ 可由 $\boldsymbol{\alpha}_1,\boldsymbol{\alpha}_2,\boldsymbol{\alpha}_3$ 线性表示，但表示式不唯一，且

$$\boldsymbol{\beta}=(1-a^{-1})\boldsymbol{\alpha}_1+(a^{-1}+c)\boldsymbol{\alpha}_2+c\boldsymbol{\alpha}_3.$$

例题 10 设向量组 $\{\boldsymbol{\alpha}_1,\boldsymbol{\alpha}_2,\cdots,\boldsymbol{\alpha}_m\}$ 线性无关，令 $(\boldsymbol{\beta}_1,\boldsymbol{\beta}_2,\cdots,\boldsymbol{\beta}_s)=(\boldsymbol{\alpha}_1,\boldsymbol{\alpha}_2,\cdots,\boldsymbol{\alpha}_m)\boldsymbol{A}_{m\times s}$，证明：$R(\boldsymbol{\beta}_1,\boldsymbol{\beta}_2,\cdots,\boldsymbol{\beta}_s)=R(\boldsymbol{A})$.

证 设 $R(\boldsymbol{A})=r$，则存在 m 阶可逆阵 $\boldsymbol{P}$ 及 s 阶可逆阵 $\boldsymbol{Q}$，使

$$\boldsymbol{A}=\boldsymbol{P}\begin{bmatrix}\boldsymbol{E}_r & \boldsymbol{O}\\ \boldsymbol{O} & \boldsymbol{O}\end{bmatrix}\boldsymbol{Q}.$$

设 $(\boldsymbol{\gamma}_1,\boldsymbol{\gamma}_2,\cdots,\boldsymbol{\gamma}_m)=(\boldsymbol{\alpha}_1,\boldsymbol{\alpha}_2,\cdots,\boldsymbol{\alpha}_m)\boldsymbol{P}_{m\times m}$.

由于 $\boldsymbol{P}$ 可逆，所以 $\boldsymbol{\gamma}_1,\boldsymbol{\gamma}_2,\cdots,\boldsymbol{\gamma}_m$ 线性无关.

而 $$(\boldsymbol{\beta}_1,\boldsymbol{\beta}_2,\cdots,\boldsymbol{\beta}_s)=(\boldsymbol{\alpha}_1,\boldsymbol{\alpha}_2,\cdots,\boldsymbol{\alpha}_m)\boldsymbol{A}=(\boldsymbol{\alpha}_1,\boldsymbol{\alpha}_2,\cdots,\boldsymbol{\alpha}_m)\boldsymbol{P}\begin{bmatrix}\boldsymbol{E}_r & \boldsymbol{O}\\ \boldsymbol{O} & \boldsymbol{O}\end{bmatrix}\boldsymbol{Q}$$

$$=(\boldsymbol{\gamma}_1,\boldsymbol{\gamma}_2,\cdots,\boldsymbol{\gamma}_m)\begin{bmatrix}\boldsymbol{E}_r & \boldsymbol{O}\\ \boldsymbol{O} & \boldsymbol{O}\end{bmatrix}\boldsymbol{Q}=(\boldsymbol{\gamma}_1,\cdots,\boldsymbol{\gamma}_r,\boldsymbol{0},\cdots,\boldsymbol{0})\boldsymbol{Q},$$

所以 $\boldsymbol{\beta}_1,\boldsymbol{\beta}_2,\cdots,\boldsymbol{\beta}_s$ 可由 $\boldsymbol{\gamma}_1,\boldsymbol{\gamma}_2,\cdots,\boldsymbol{\gamma}_r$ 线性表示.

$\because$ $\boldsymbol{Q}$ 可逆，

$\therefore$ $(\boldsymbol{\gamma}_1,\boldsymbol{\gamma}_2,\cdots,\boldsymbol{\gamma}_r,\boldsymbol{0},\cdots,\boldsymbol{0})=(\boldsymbol{\beta}_1,\boldsymbol{\beta}_2,\cdots,\boldsymbol{\beta}_s)\boldsymbol{Q}^{-1}$.

即 $(\boldsymbol{\gamma}_1,\boldsymbol{\gamma}_2,\cdots,\boldsymbol{\gamma}_r)$ 可由 $\boldsymbol{\beta}_1,\boldsymbol{\beta}_2,\cdots,\boldsymbol{\beta}_s$ 线性表示.

因此 $\{\boldsymbol{\gamma}_1,\boldsymbol{\gamma}_2,\cdots,\boldsymbol{\gamma}_r\}$ 与 $\{\boldsymbol{\beta}_1,\boldsymbol{\beta}_2,\cdots,\boldsymbol{\beta}_s\}$ 等价.

故 $R(\boldsymbol{\beta}_1,\boldsymbol{\beta}_2,\cdots,\boldsymbol{\beta}_s)=R(\boldsymbol{\gamma}_1,\boldsymbol{\gamma}_2,\cdots,\boldsymbol{\gamma}_r)=r=R(\boldsymbol{A})$.

例题 11 设 $\boldsymbol{\eta}^*$ 是非齐次线性方程组 $\boldsymbol{Ax}=\boldsymbol{b}$ 的一个解，$\boldsymbol{\xi}_1,\cdots,\boldsymbol{\xi}_{n-r}$ 是对应的齐次线性方程组的一个基础解系，证明：

(1) $\boldsymbol{\eta}^*,\boldsymbol{\xi}_1,\cdots,\boldsymbol{\xi}_{n-r}$ 线性无关；

(2) $\boldsymbol{\eta}^*,\boldsymbol{\eta}^*+\boldsymbol{\xi}_1,\cdots,\boldsymbol{\eta}^*+\boldsymbol{\xi}_{n-r}$ 线性无关.

证 (1) 反证法. 设 $\boldsymbol{\eta}^*,\boldsymbol{\xi}_1,\cdots,\boldsymbol{\xi}_{n-r}$ 线性相关，则存在 $k_0,k_1,\cdots,k_{n-r}$ 不全为零，使得

$$k_0\boldsymbol{\eta}^*+k_1\boldsymbol{\xi}_1+\cdots+k_{n-r}\boldsymbol{\xi}_{n-r}=\boldsymbol{0}. \qquad (*)$$

其中 $k_0\neq 0$，否则 $\boldsymbol{\xi}_1,\cdots,\boldsymbol{\xi}_{n-r}$ 线性相关，矛盾.

$\because$ $\boldsymbol{\eta}^*$ 为特解，$\boldsymbol{\xi}_1,\cdots,\boldsymbol{\xi}_{n-r}$ 为基础解系，

$\therefore$ $\boldsymbol{A}(k_0\boldsymbol{\eta}^*+k_1\boldsymbol{\xi}_1+\cdots+k_{n-r}\boldsymbol{\xi}_{n-r})=k_0\boldsymbol{A\eta}^*=k_0\boldsymbol{b}$.

由 (*) 知上式左边为零，故 $\boldsymbol{b}=\boldsymbol{0}$.

而方程组为非齐次线性方程组，$\boldsymbol{b}\neq\boldsymbol{0}$，矛盾. 因而 $\boldsymbol{\eta}^*,\boldsymbol{\xi}_1,\cdots,\boldsymbol{\xi}_{n-r}$ 线性无关.

(2) 设 $k_0\boldsymbol{\eta}^*+k_1(\boldsymbol{\eta}^*+\boldsymbol{\xi}_1)+k_2(\boldsymbol{\eta}^*+\boldsymbol{\xi}_2)+\cdots+k_{n-r}(\boldsymbol{\eta}^*+\boldsymbol{\xi}_{n-r})=\boldsymbol{0}$,

即 $$(k_0+k_1+\cdots+k_{n-r})\boldsymbol{\eta}^*+k_1\boldsymbol{\xi}_1+\cdots+k_{n-r}\boldsymbol{\xi}_{n-r}=\mathbf{0}.$$

由(1)知 $\boldsymbol{\eta}^*,\boldsymbol{\xi}_1,\cdots,\boldsymbol{\xi}_{n-r}$ 线性无关,所以

$$k_0+k_1+\cdots+k_{n-r}=k_1=\cdots=k_{n-r}=0,$$

得 $k_0=k_1=k_2=\cdots=k_{n-r}=0$. 故 $\boldsymbol{\eta}^*,\boldsymbol{\eta}^*+\boldsymbol{\xi}_1,\cdots,\boldsymbol{\eta}^*+\boldsymbol{\xi}_{n-r}$ 线性无关.

例题 12 设方程组

$$(\text{Ⅰ})\begin{cases}x_1+2x_2+3x_3=0,\\2x_1+3x_2+5x_3=0,\\x_1+x_2+ax_3=0\end{cases}\text{和}(\text{Ⅱ})\begin{cases}x_1+bx_2+cx_3=0,\\2x_1+b^2x_2+(c+1)x_3=0\end{cases}$$

同解,求 a,b,c 的值.

解 由于方程组(Ⅱ)变量的个数大于方程的个数,故有无穷多解,所以方程组(Ⅰ)也有无穷多解,因而方程组(Ⅰ)的系数矩阵的秩小于3. 对方程组(Ⅰ)的系数矩阵进行初等行变换:

$$\boldsymbol{A}=\begin{bmatrix}1&2&3\\2&3&5\\1&1&a\end{bmatrix}\sim\begin{bmatrix}1&0&1\\0&1&1\\0&0&a-2\end{bmatrix},$$

得 $a=2$,从而 $\boldsymbol{A}\sim\begin{bmatrix}1&0&1\\0&1&1\\0&0&0\end{bmatrix}$. 又 $(-1,-1,1)^{\mathrm{T}}$ 为方程组(Ⅰ)的一个解,代入方程组(Ⅱ)中得 $b=1,c=2$ 或 $b=0,c=1$.

当 $b=1,c=2$ 时,方程组(Ⅱ)的系数矩阵

$$\begin{bmatrix}1&1&2\\2&1&3\end{bmatrix}\sim\begin{bmatrix}1&0&1\\0&1&1\end{bmatrix},$$

方程组(Ⅰ)和(Ⅱ)同解;

当 $b=0,c=1$ 时,方程组(Ⅱ)的系数矩阵

$$\begin{bmatrix}1&0&1\\2&0&2\end{bmatrix}\sim\begin{bmatrix}1&0&1\\0&0&0\end{bmatrix},$$

方程组(Ⅰ)和(Ⅱ)不同解.

故当 $a=2,b=1,c=2$ 时,方程组(Ⅰ)和(Ⅱ)同解.

五、自测练习

A 组

1. 设 $\boldsymbol{\alpha}_1=(1,-1,0)^{\mathrm{T}},\boldsymbol{\alpha}_2=(2,-1,t)^{\mathrm{T}},\boldsymbol{\alpha}_3=(2,4,3)^{\mathrm{T}},\boldsymbol{\alpha}_4=(0,t,0)^{\mathrm{T}}$,已知 $R(\boldsymbol{\alpha}_1,\boldsymbol{\alpha}_2,\boldsymbol{\alpha}_3,\boldsymbol{\alpha}_4)=2$,求 t.

2. 求下列矩阵的秩：

(1) $\boldsymbol{A}=\begin{bmatrix}1 & 2 & -1\\ 0 & 1 & 1\\ 2 & 5 & -1\end{bmatrix}$； (2) $\boldsymbol{B}=\begin{bmatrix}1 & 1 & 2 & 3 & 0\\ 2 & 1 & -6 & 4 & -1\\ 3 & 2 & a & 7 & -1\\ 1 & -1 & -6 & -1 & b\end{bmatrix}$.

3. 求向量组 $\boldsymbol{\eta}_1=(1,-1,2,4)^{\mathrm{T}}$，$\boldsymbol{\eta}_2=(0,3,1,2)^{\mathrm{T}}$，$\boldsymbol{\eta}_3=(3,0,7,14)^{\mathrm{T}}$，$\boldsymbol{\eta}_4=(2,1,5,10)^{\mathrm{T}}$ 的秩及一个最大无关组，并将其余向量用最大无关组表示.

4. 设向量组 $\boldsymbol{\alpha}_1,\boldsymbol{\alpha}_2,\boldsymbol{\alpha}_3$ 线性无关，问：常数 m,n 满足什么条件时，向量组 $m\boldsymbol{\alpha}_2-\boldsymbol{\alpha}_1,n\boldsymbol{\alpha}_3-\boldsymbol{\alpha}_2,\boldsymbol{\alpha}_1-\boldsymbol{\alpha}_3$ 线性无关？

5. 已知四元方程组 $\boldsymbol{Ax}=\boldsymbol{b}$，$R(\boldsymbol{A})=2$，$\boldsymbol{\eta}_0=(1,0,1,0)^{\mathrm{T}}$ 是 $\boldsymbol{Ax}=\boldsymbol{0}$ 的解，又 $\boldsymbol{\eta}_1,\boldsymbol{\eta}_2,\boldsymbol{\eta}_3$ 是 $\boldsymbol{Ax}=\boldsymbol{b}$ 的三个解，且 $\boldsymbol{\eta}_1+\boldsymbol{\eta}_2-\boldsymbol{\eta}_3=(1,-1,-1,1)^{\mathrm{T}}$，$\boldsymbol{\eta}_1-\boldsymbol{\eta}_3=(1,1,0,0)^{\mathrm{T}}$，求 $\boldsymbol{Ax}=\boldsymbol{b}$ 的通解.

6. 求一个四元线性方程组，使其通解为

$$(1,0,2,0)^{\mathrm{T}}+k_1(-9,1,0,11)^{\mathrm{T}}+k_2(1,-5,11,0)^{\mathrm{T}},$$

其中 k_1,k_2 为任意常数.

7. 已知向量组 $\boldsymbol{\alpha}_1,\boldsymbol{\alpha}_2,\boldsymbol{\alpha}_3$ 线性无关，证明：向量组 $\boldsymbol{\alpha}_1+\boldsymbol{\alpha}_2,3\boldsymbol{\alpha}_2+2\boldsymbol{\alpha}_3,\boldsymbol{\alpha}_1-2\boldsymbol{\alpha}_2+\boldsymbol{\alpha}_3$ 线性无关.

8. 已知 $\boldsymbol{A}$ 是 3 阶矩阵，$\boldsymbol{\alpha}_1\neq\boldsymbol{0}$，$\boldsymbol{\alpha}_2,\boldsymbol{\alpha}_3$ 是 3 维列向量，且满足 $\boldsymbol{A\alpha}_1=\boldsymbol{\alpha}_1$，$\boldsymbol{A\alpha}_2=\boldsymbol{\alpha}_1+\boldsymbol{\alpha}_2$，$\boldsymbol{A\alpha}_3=\boldsymbol{\alpha}_2+\boldsymbol{\alpha}_3$，证明：$\boldsymbol{\alpha}_1,\boldsymbol{\alpha}_2,\boldsymbol{\alpha}_3$ 线性无关.

9. 已知向量组 $\boldsymbol{\alpha}_1,\boldsymbol{\alpha}_2,\cdots,\boldsymbol{\alpha}_s,\boldsymbol{\alpha}_{s+1}(s>1)$ 线性无关，向量组 $\boldsymbol{\beta}_1,\boldsymbol{\beta}_2,\cdots,\boldsymbol{\beta}_s$ 可表示为 $\boldsymbol{\beta}_i=\boldsymbol{\alpha}_i+t_i\boldsymbol{\alpha}_{i+1}(i=1,2,\cdots,s)$，其中 t_i 是数，试证明：向量组 $\boldsymbol{\beta}_1,\boldsymbol{\beta}_2,\cdots,\boldsymbol{\beta}_s$ 线性无关.

10. 已知方程组 $\begin{cases}x_1+x_2+x_3+x_4+x_5=a,\\ 3x_1+2x_2+x_3+x_4-3x_5=0,\\ x_2+2x_3+2x_4+6x_5=b,\\ 5x_1+4x_2+3x_3+3x_4-x_5=2.\end{cases}$

(1) a,b 为何值时，方程组有解？(2) 方程组有解时，求出方程组的一个基础解系. (3) 方程组有解时，求出方程组的全部解.

11. 已知 $\boldsymbol{\alpha}_1=(1,0,2,3)$，$\boldsymbol{\alpha}_2=(1,1,3,5)$，$\boldsymbol{\alpha}_3=(1,-1,a+2,1)$，$\boldsymbol{\alpha}_4=(1,2,4,a+8)$ 及 $\boldsymbol{\beta}=(1,1,b+3,5)$，问：

(1) a,b 为何值时，$\boldsymbol{\beta}$ 不能表示成 $\boldsymbol{\alpha}_1,\boldsymbol{\alpha}_2,\boldsymbol{\alpha}_3,\boldsymbol{\alpha}_4$ 的线性组合？

(2) a,b 为何值时，$\boldsymbol{\beta}$ 可以唯一地表示成 $\boldsymbol{\alpha}_1,\boldsymbol{\alpha}_2,\boldsymbol{\alpha}_3,\boldsymbol{\alpha}_4$ 的线性组合？并写出该表示式.

12. 设四元线性齐次方程组(Ⅰ)为$\begin{cases}x_1+x_2=0,\\x_3-x_4=0,\end{cases}$又已知某线性齐次方程组(Ⅱ)的通解为$k_1(0,1,1,0)+k_2(-1,2,2,1)$.

(1) 求线性方程组(Ⅰ)的基础解系.

(2) 问:线性方程组(Ⅰ)和(Ⅱ)是否有非零公共解?若有,则求出所有非零公共解;若没有,则说明理由.

13. 已知线性方程组$\begin{cases}x_1+x_2+x_3=0,\\ax_1+bx_2+cx_3=0,\\a^2x_1+b^2x_2+c^2x_3=0.\end{cases}$

(1) a,b,c满足何种关系时,方程组仅有零解?

(2) a,b,c满足何种关系时,方程组有无穷多组解?并用基础解系表示全部解.

14. 已知向量组$\boldsymbol{\beta}_1=\begin{bmatrix}0\\1\\-1\end{bmatrix}$,$\boldsymbol{\beta}_2=\begin{bmatrix}a\\2\\1\end{bmatrix}$,$\boldsymbol{\beta}_3=\begin{bmatrix}b\\1\\0\end{bmatrix}$与$\boldsymbol{\alpha}_1=\begin{bmatrix}1\\2\\-3\end{bmatrix}$,$\boldsymbol{\alpha}_2=\begin{bmatrix}3\\0\\1\end{bmatrix}$,$\boldsymbol{\alpha}_3=\begin{bmatrix}9\\6\\-7\end{bmatrix}$具有相同的秩,且$\boldsymbol{\beta}_3$可由$\boldsymbol{\alpha}_1,\boldsymbol{\alpha}_2,\boldsymbol{\alpha}_3$线性表示,求$a,b$的值.

15. 设齐次线性方程组$\begin{cases}ax_1+bx_2+\cdots+bx_n=0,\\bx_1+ax_2+\cdots+bx_n=0,\\\qquad\vdots\\bx_1+bx_2+\cdots+ax_n=0,\end{cases}$其中$a\neq0,b\neq0,n\geqslant2$,试讨论$a,b$为何值时,方程组仅有零解?有无穷多解?在有无穷多解时,求出全部解,并用基础解系表示全部解.

B组

1. 设$\boldsymbol{\alpha}_1,\boldsymbol{\alpha}_2,\cdots,\boldsymbol{\alpha}_m,\boldsymbol{\beta}$为$m+1(m>1)$个$n$维列向量且$\boldsymbol{\beta}=\boldsymbol{\alpha}_1+\boldsymbol{\alpha}_2+\cdots+\boldsymbol{\alpha}_m$,证明:向量组$\boldsymbol{\beta}-\boldsymbol{\alpha}_1,\boldsymbol{\beta}-\boldsymbol{\alpha}_2,\cdots,\boldsymbol{\beta}-\boldsymbol{\alpha}_m$线性无关的充要条件是$\boldsymbol{\alpha}_1,\boldsymbol{\alpha}_2,\cdots,\boldsymbol{\alpha}_m$线性无关.

2. 设向量组$\boldsymbol{\alpha}_1,\boldsymbol{\alpha}_2,\cdots,\boldsymbol{\alpha}_s(s\geqslant2)$线性无关,且$\boldsymbol{\beta}_1=\boldsymbol{\alpha}_1+\boldsymbol{\alpha}_2,\boldsymbol{\beta}_2=\boldsymbol{\alpha}_2+\boldsymbol{\alpha}_3,\cdots,\boldsymbol{\beta}_{s-1}=\boldsymbol{\alpha}_{s-1}+\boldsymbol{\alpha}_s,\boldsymbol{\beta}_s=\boldsymbol{\alpha}_s+\boldsymbol{\alpha}_1$,讨论$\boldsymbol{\beta}_1,\boldsymbol{\beta}_2,\cdots,\boldsymbol{\beta}_s$的线性相关性.

3. 讨论当λ取何值时,齐次线性方程组

$$\begin{cases}(\lambda-3)x_1+x_2-2x_3=0,\\\lambda x_1+(\lambda+1)x_2+x_3=0,\\3(\lambda-1)x_1+(\lambda+2)x_2+(\lambda-1)x_3=0\end{cases}$$

有非零解？求出它的通解.

4. 若齐次线性方程组 $\boldsymbol{Ax}=\mathbf{0}$ 有基础解系 $\boldsymbol{\alpha}_1,\boldsymbol{\alpha}_2,\boldsymbol{\alpha}_3,\boldsymbol{\alpha}_4$，证明：

(1) $\boldsymbol{\beta}_1=\boldsymbol{\alpha}_2+\boldsymbol{\alpha}_3+\boldsymbol{\alpha}_4,\boldsymbol{\beta}_2=\boldsymbol{\alpha}_3+\boldsymbol{\alpha}_4+\boldsymbol{\alpha}_1,\boldsymbol{\beta}_3=\boldsymbol{\alpha}_4+\boldsymbol{\alpha}_1+\boldsymbol{\alpha}_2,\boldsymbol{\beta}_4=\boldsymbol{\alpha}_1+\boldsymbol{\alpha}_2+\boldsymbol{\alpha}_3$ 是 $\boldsymbol{Ax}=\mathbf{0}$ 的基础解系；

(2) $\boldsymbol{\beta}_1=\boldsymbol{\alpha}_1+\boldsymbol{\alpha}_2,\boldsymbol{\beta}_2=\boldsymbol{\alpha}_2+\boldsymbol{\alpha}_3,\boldsymbol{\beta}_3=\boldsymbol{\alpha}_3+\boldsymbol{\alpha}_4,\boldsymbol{\beta}_4=\boldsymbol{\alpha}_4+\boldsymbol{\alpha}_1$ 不是 $\boldsymbol{Ax}=\mathbf{0}$ 的基础解系.

5. 设线性方程组 $\begin{cases}x_1+\lambda x_2+\mu x_3+x_4=0,\\ 2x_1+x_2+x_3+2x_4=0,\\ 3x_1+(\lambda+2)x_2+(4+\mu)x_3+4x_4=1.\end{cases}$

已知 $(1,-1,1,-1)^{\mathrm{T}}$ 是该方程组的一个解，求：

(1) 该方程组的全部解，并用对应的齐次线性方程组的基础解系表示全部解；

(2) 该方程组满足 $x_2=x_3$ 的全部解.

6. 已知向量组 $\boldsymbol{\alpha}_1,\boldsymbol{\alpha}_2,\cdots,\boldsymbol{\alpha}_s$ 的秩是 r，向量组 $\boldsymbol{\beta}_1,\boldsymbol{\beta}_2,\cdots,\boldsymbol{\beta}_s$ 的秩是 t，证明：

$$R(\boldsymbol{\alpha}_1+\boldsymbol{\beta}_1,\boldsymbol{\alpha}_2+\boldsymbol{\beta}_2,\cdots,\boldsymbol{\alpha}_s+\boldsymbol{\beta}_s)\leqslant r+t.$$

7. 已知下述两个方程组同解，试确定有关字母参数的值：

(Ⅰ) $\begin{cases}x_1-2x_4=0,\\ x_2+x_4=-1,\\ x_3+x_4=-1;\end{cases}$ (Ⅱ) $\begin{cases}x_1+2x_2+ax_3-5x_4=b,\\ x_1+x_2+cx_3-2x_4=d,\\ x_1+ex_2+x_3+fx_4=-4.\end{cases}$

8. 设 $\begin{cases}(2-\lambda)x_1+2x_2-2x_3=1,\\ 2x_1+(5-\lambda)x_2-4x_3=2,\\ -2x_1-4x_2+(5-\lambda)x_3=\lambda-1,\end{cases}$ 问：λ 为何值时，此方程组有唯一解、无解或无穷解？并在有无穷多解时求解.

9. 证明：$\boldsymbol{\alpha}_1=(1,-1,0)^{\mathrm{T}},\boldsymbol{\alpha}_2=(2,1,3)^{\mathrm{T}},\boldsymbol{\alpha}_3=(3,1,2)^{\mathrm{T}}$ 是 $\mathbf{R}^3$ 的基，并求 $\boldsymbol{\beta}_1=(5,0,7)^{\mathrm{T}},\boldsymbol{\beta}_2=(-9,-8,-13)^{\mathrm{T}}$ 在基 $\boldsymbol{\alpha}_1,\boldsymbol{\alpha}_2,\boldsymbol{\alpha}_3$ 下的坐标.

10. 求一个齐次线性方程组，使它的基础解系为

$$\boldsymbol{\xi}_1=(0,1,2,3)^{\mathrm{T}},\ \boldsymbol{\xi}_2=(3,2,1,0)^{\mathrm{T}}.$$

11. 设非齐次线性方程组 $\boldsymbol{Ax}=\boldsymbol{b}$ 的系数矩阵的秩为 r，$\boldsymbol{\eta}_1,\boldsymbol{\eta}_2,\cdots,\boldsymbol{\eta}_{n-r+1}$ 是它的 $n-r+1$ 个线性无关的解，试证：它的任一解可表示为 $\boldsymbol{x}=k_1\boldsymbol{\eta}_1+k_2\boldsymbol{\eta}_2+\cdots+k_{n-r+1}\boldsymbol{\eta}_{n-r+1}$（其中 $k_1+k_2+\cdots+k_{n-r+1}=1$）.

12. 在 $\mathbf{R}^n$ 中，对任一向量 $\boldsymbol{\alpha}$，设 $\boldsymbol{\alpha}$ 在基 $\boldsymbol{\alpha}_1,\boldsymbol{\alpha}_2,\cdots,\boldsymbol{\alpha}_n$ 下的坐标为 $(x_1,x_2,\cdots,x_n)$，在基 $\boldsymbol{\beta}_1,\boldsymbol{\beta}_2,\cdots,\boldsymbol{\beta}_n$ 下的坐标为 $(y_1,y_2,\cdots,y_n)$，且两组基下的坐标有如下关系：$y_1=x_1,y_2=x_2-x_1,\cdots,y_n=x_n-x_{n-1}$，求 $\mathbf{R}^n$ 中的基变换公式.

第五章 相似矩阵及二次型

一、目的要求

1. 理解正交矩阵的概念，掌握正交化的方法.

2. 理解矩阵相似的概念及相似矩阵的性质.

3. 掌握方阵 $\boldsymbol{A}$ 的特征值、特征向量、特征矩阵和特征多项式的概念，能熟练求出矩阵 $\boldsymbol{A}$ 的特征值和特征向量；了解特征向量的性质.

4. 掌握矩阵 $\boldsymbol{A}$ 相似于对角矩阵的条件，能熟练地将相似于对角矩阵的已知矩阵 $\boldsymbol{A}$ 化为对角矩阵.

5. 能熟练地将一个 n 阶实对称矩阵化为对角矩阵，同时找到 n 阶正交矩阵.

6. 掌握二次型的矩阵表示；理解二次型的秩及二次型的标准形等概念.

7. 熟练掌握用正交变换化实二次型为标准型的方法.

8. 掌握正定二次型的定义及判定方法.

二、内容提要

1. 设 $\boldsymbol{P}$ 为 n 阶实矩阵，若 $\boldsymbol{P}$ 满足 $\boldsymbol{P}^{\mathrm{T}}\boldsymbol{P}=\boldsymbol{P}\boldsymbol{P}^{\mathrm{T}}=\boldsymbol{E}_n$，则称 $\boldsymbol{P}$ 为正交矩阵. 正交矩阵有如下性质：

(1) 正交矩阵的行列式为 1 或 -1；

(2) 正交矩阵的转置等于其逆矩阵，即 $\boldsymbol{P}^{\mathrm{T}}=\boldsymbol{P}^{-1}$；

(3) 若 $\boldsymbol{A},\boldsymbol{B}$ 均为正交矩阵，则它们的逆矩阵与乘积 $\boldsymbol{AB}$ 也是正交矩阵；

(4) $\boldsymbol{P}$ 是正交矩阵的充要条件是 $\boldsymbol{P}$ 的列(或行)向量组是标准正交向量组.

2. 对 n 维向量空间 $\mathbf{R}^n$ 中的向量 $\boldsymbol{\alpha}=(a_1,a_2,\cdots,a_n)^{\mathrm{T}},\boldsymbol{\beta}=(b_1,b_2,\cdots,b_n)^{\mathrm{T}}$，定义 $\mathbf{R}^n$ 中内积 $(\boldsymbol{\alpha},\boldsymbol{\beta})$ 为 $(\boldsymbol{\alpha},\boldsymbol{\beta})=a_1b_1+a_2b_2+\cdots+a_nb_n=\boldsymbol{\alpha}^{\mathrm{T}}\boldsymbol{\beta}$. 则内积具有如下性质：

(1) 交换性：$(\boldsymbol{\alpha},\boldsymbol{\beta})=(\boldsymbol{\beta},\boldsymbol{\alpha})$；

(2) 线性：$(\boldsymbol{\alpha}_1+\boldsymbol{\alpha}_2,\boldsymbol{\beta})=(\boldsymbol{\alpha}_1,\boldsymbol{\beta})+(\boldsymbol{\alpha}_2,\boldsymbol{\beta})$，$(k\boldsymbol{\alpha},\boldsymbol{\beta})=k(\boldsymbol{\alpha},\boldsymbol{\beta})$，其中 k 为实数；

(3) 非负性：$(\boldsymbol{\alpha},\boldsymbol{\alpha})=\boldsymbol{\alpha}^{\mathrm{T}}\boldsymbol{\alpha}=\sum_{i=1}^{n}a_i^2\geqslant 0$ 且 $(\boldsymbol{\alpha},\boldsymbol{\alpha})=0$ 的充要条件是 $\boldsymbol{\alpha}=\boldsymbol{0}$；

(4) Cauchy 不等式：$|(\boldsymbol{\alpha},\boldsymbol{\beta})^2|\leqslant(\boldsymbol{\alpha},\boldsymbol{\alpha})(\boldsymbol{\beta},\boldsymbol{\beta})$.

3. 设 $\boldsymbol{\alpha},\boldsymbol{\beta}\in\mathbf{R}^n$，若有 $(\boldsymbol{\alpha},\boldsymbol{\beta})=0$，则称向量 $\boldsymbol{\alpha}$ 与 $\boldsymbol{\beta}$ 是正交的. 若 n 维向量 $\boldsymbol{\alpha}_1$，$\boldsymbol{\alpha}_2,\cdots,\boldsymbol{\alpha}_r$ 是一组两两正交的非零向量，则 $\boldsymbol{\alpha}_1,\boldsymbol{\alpha}_2,\cdots,\boldsymbol{\alpha}_r$ 线性无关.

4. (Schmidt 正交化方法) 设 $\boldsymbol{\alpha}_1,\boldsymbol{\alpha}_2,\cdots,\boldsymbol{\alpha}_r(r\leqslant n)$ 是欧氏空间 $\mathbf{R}^n$ 中线性无关的向量组，则由如下方法：

$$\boldsymbol{\beta}_1=\boldsymbol{\alpha}_1,$$

$$\boldsymbol{\beta}_k=\boldsymbol{\alpha}_k-\sum_{i=1}^{k-1}\frac{(\boldsymbol{\alpha}_k,\boldsymbol{\beta}_i)}{(\boldsymbol{\beta}_i,\boldsymbol{\beta}_i)}\boldsymbol{\beta}_i,k=2,3,\cdots,r$$

所得向量组 $\boldsymbol{\beta}_1,\boldsymbol{\beta}_2,\cdots,\boldsymbol{\beta}_r$ 是正交向量组.

5. 在 n 维欧氏空间中，由 n 个向量组成的正交向量组称为正交基；由单位向量组成的正交基称为标准正交基. 在 n 维欧氏空间中，标准正交基一定存在.

6. 设 $\boldsymbol{A}$ 与 $\boldsymbol{B}$ 是两个同阶方阵，若存在可逆矩阵 $\boldsymbol{X}$，使得 $\boldsymbol{B}=\boldsymbol{X}^{-1}\boldsymbol{A}\boldsymbol{X}$，则称 $\boldsymbol{A}$ 相似于 $\boldsymbol{B}$，记作 $\boldsymbol{A}\sim\boldsymbol{B}$. 相似矩阵具有如下性质：

(1) $\boldsymbol{A}\sim\boldsymbol{A}$；

(2) 若 $\boldsymbol{A}\sim\boldsymbol{B}$，则 $\boldsymbol{B}\sim\boldsymbol{A}$；

(3) 若 $\boldsymbol{A}\sim\boldsymbol{B}$，$\boldsymbol{B}\sim\boldsymbol{C}$，则 $\boldsymbol{A}\sim\boldsymbol{C}$；

(4) 若 $\boldsymbol{A}\sim\boldsymbol{B}$，则 $|\boldsymbol{A}|=|\boldsymbol{B}|$；

(5) 若 $\boldsymbol{A}\sim\boldsymbol{B}$，则 $\boldsymbol{A}$ 与 $\boldsymbol{B}$ 同时可逆或同时不可逆，而且当它们可逆时，它们的逆也相似；

(6) 若 $\boldsymbol{B}_1=\boldsymbol{X}^{-1}\boldsymbol{A}_1\boldsymbol{X}$，$\boldsymbol{B}_2=\boldsymbol{X}^{-1}\boldsymbol{A}_2\boldsymbol{X}$，则

$$\boldsymbol{B}_1+\boldsymbol{B}_2=\boldsymbol{X}^{-1}(\boldsymbol{A}_1+\boldsymbol{A}_2)\boldsymbol{X},$$
$$\boldsymbol{B}_1\boldsymbol{B}_2=\boldsymbol{X}^{-1}(\boldsymbol{A}_1\boldsymbol{A}_2)\boldsymbol{X},$$
$$k\boldsymbol{B}_1=\boldsymbol{X}^{-1}(k\boldsymbol{A}_1)\boldsymbol{X}.$$

若 $f(x)$ 是实数域 $\mathbf{R}$ 上的一个多项式，则 $f(\boldsymbol{B}_1)=\boldsymbol{X}^{-1}f(\boldsymbol{A}_1)\boldsymbol{X}$.

7. 设 $\boldsymbol{A}$ 是 n 阶方阵，若存在常数 λ 和非零向量 $\boldsymbol{x}$，使得 $\boldsymbol{A}\boldsymbol{x}=\lambda\boldsymbol{x}$，则称 λ 是 $\boldsymbol{A}$ 的特征值，$\boldsymbol{x}$ 是 $\boldsymbol{A}$ 对应于 λ 的特征向量，$\boldsymbol{A}$ 的特征值就是方程 $|\lambda\boldsymbol{E}-\boldsymbol{A}|=0$ 的根，$|\lambda\boldsymbol{E}-\boldsymbol{A}|$ 称为 $\boldsymbol{A}$ 的特征多项式. 对每个特征值 λ_i，求出齐次线性方程组 $(\lambda_i\boldsymbol{E}-\boldsymbol{A})\boldsymbol{x}=\boldsymbol{0}$ 的一个基础解系，该基础解系的一切非零线性组合就是 $\boldsymbol{A}$ 的对应于 λ_i 的全部特征向量. 若 $\lambda_1,\lambda_2,\cdots,\lambda_n$ 是 $\boldsymbol{A}=(a_{ij})_{n\times n}$ 的全部特征值，则

(1) $\sum_{i=1}^{n}\lambda_i=\mathrm{trace}(\boldsymbol{A})=\sum_{i=1}^{n}a_{ii}$，$\prod_{i=1}^{n}\lambda_i=|\boldsymbol{A}|$；

(2) 对应于不同特征值的特征向量线性无关；

(3) 设 $f(\lambda)=|\lambda \boldsymbol{E}-\boldsymbol{A}|$ 为矩阵 $\boldsymbol{A}$ 的特征多项式，则 $f(\boldsymbol{A})=\boldsymbol{O}$.

8. 若方阵 $\boldsymbol{A}$ 与一个对角矩阵相似，则称 $\boldsymbol{A}$ 可对角化. 矩阵可对角化的条件有：

(1) n 阶方阵 $\boldsymbol{A}$ 可对角化的充要条件是 $\boldsymbol{A}$ 有 n 个线性无关的特征向量；

(2) 若 n 阶方阵 $\boldsymbol{A}$ 有 n 个不同的特征值 $\lambda_1,\lambda_2,\cdots,\lambda_n$，则 $\boldsymbol{A}$ 可对角化.

9. 实对称矩阵具有如下性质：

(1) 实对称矩阵的特征值均为实数；

(2) 实对称矩阵的不同特征值所对应的特征向量正交；

(3) 若 $\boldsymbol{A}$ 为 n 阶实对称阵，则必有 n 阶正交矩阵 $\boldsymbol{P}$，使

$$\boldsymbol{P}^{-1}\boldsymbol{A}\boldsymbol{P}=\begin{bmatrix}\lambda_1 & & & \\ & \lambda_2 & & \\ & & \ddots & \\ & & & \lambda_n\end{bmatrix},$$其中 $\lambda_1,\lambda_2,\cdots,\lambda_n$ 为 $\boldsymbol{A}$ 的特征值.

10. 设二次型 $f(\boldsymbol{x})=\boldsymbol{x}^{\mathrm{T}}\boldsymbol{A}\boldsymbol{x}(\boldsymbol{A}^{\mathrm{T}}=\boldsymbol{A})$ 在可逆线性变换 $\boldsymbol{x}=\boldsymbol{C}\boldsymbol{y}$ 下变为 $g(\boldsymbol{y})=\boldsymbol{y}^{\mathrm{T}}\boldsymbol{B}\boldsymbol{y}(\boldsymbol{B}^{\mathrm{T}}=\boldsymbol{B})$，则 $\boldsymbol{B}=\boldsymbol{C}^{\mathrm{T}}\boldsymbol{A}\boldsymbol{C}$. 由此知 $\mathrm{rank}(\boldsymbol{B})=\mathrm{rank}(\boldsymbol{A})$，即可逆线性变换不改变二次型的秩.

11. 设 $\boldsymbol{A}$ 与 $\boldsymbol{B}$ 是两个 n 阶矩阵，若存在可逆矩阵 $\boldsymbol{C}$，使得 $\boldsymbol{B}=\boldsymbol{C}^{\mathrm{T}}\boldsymbol{A}\boldsymbol{C}$，则称 $\boldsymbol{A}$ 与 $\boldsymbol{B}$ 是合同的. 合同具有如下性质：

(1) 反身性：$\boldsymbol{A}$ 与 $\boldsymbol{A}$ 合同；

(2) 对称性：若 $\boldsymbol{A}$ 与 $\boldsymbol{B}$ 合同，则 $\boldsymbol{B}$ 与 $\boldsymbol{A}$ 合同；

(3) 传递性：若 $\boldsymbol{A}$ 与 $\boldsymbol{B}$ 合同，$\boldsymbol{B}$ 与 $\boldsymbol{C}$ 合同，则 $\boldsymbol{A}$ 与 $\boldsymbol{C}$ 合同.

12. 任何实二次型 $f(\boldsymbol{x})=\boldsymbol{x}^{\mathrm{T}}\boldsymbol{A}\boldsymbol{x}(\boldsymbol{A}^{\mathrm{T}}=\boldsymbol{A})$ 都可以经正交变换 $\boldsymbol{x}=\boldsymbol{P}\boldsymbol{y}$（$\boldsymbol{P}$ 为正交矩阵）化为标准形：

$$f(x_1,x_2,\cdots,x_n)=\lambda_1 y_1^2+\lambda_2 y_2^2+\cdots+\lambda_n y_n^2,$$

其中 $\lambda_1,\lambda_2,\cdots,\lambda_n$ 是 $\boldsymbol{A}$ 的全部特征值.

13. 任意一个对称矩阵都合同于一个对角矩阵.

14. 设有实二次型 $f=\boldsymbol{x}^{\mathrm{T}}\boldsymbol{A}\boldsymbol{x}(\boldsymbol{A}^{\mathrm{T}}=\boldsymbol{A})$，它的秩为 r，有两个实可逆变换 $\boldsymbol{x}=\boldsymbol{C}\boldsymbol{y}$ 及 $\boldsymbol{x}=\boldsymbol{P}\boldsymbol{z}$，使

$$f=k_1 y_1^2+k_2 y_2^2+\cdots+k_r y_r^2\ (k_i\neq 0,i=1,2,\cdots,r)$$

及 $$f=l_1 z_1^2+l_2 z_2^2+\cdots+l_r z_r^2\ (l_i\neq 0,i=1,2,\cdots,r),$$

则 $k_1,\cdots,k_r$ 中正数的个数与 $l_1,\cdots,l_r$ 中正数的个数相等.

15. 设有实二次型 $\boldsymbol{x}^{\mathrm{T}}\boldsymbol{A}\boldsymbol{x}$，如果对于任何向量 $\boldsymbol{x}\neq\boldsymbol{0}$ 都有 $\boldsymbol{x}^{\mathrm{T}}\boldsymbol{A}\boldsymbol{x}>0$，则称 $\boldsymbol{x}^{\mathrm{T}}\boldsymbol{A}\boldsymbol{x}$

为正定二次型,并称对称矩阵 $\boldsymbol{A}$ 是正定的.判定定理有:

(1) 实二次型 $\boldsymbol{x}^{\mathrm{T}}\boldsymbol{A}\boldsymbol{x}$ 为正定的充要条件是它的标准形的 n(n 为 $\boldsymbol{A}$ 的阶数)个系数全为正.

(2) 对称矩阵 $\boldsymbol{A}$ 为正定的充要条件是它的特征值全为正.

(3) 实对称矩阵 $\boldsymbol{A}=(a_{ij})_{n\times n}$ 为正定的充要条件是 $\boldsymbol{A}$ 的各阶顺序主子式都为正,即

$$a_{11}>0,\begin{vmatrix} a_{11} & a_{12} \\ a_{21} & a_{22} \end{vmatrix}>0,\cdots,\begin{vmatrix} a_{11} & a_{12} & \cdots & a_{1n} \\ a_{21} & a_{22} & \cdots & a_{2n} \\ \vdots & \vdots & & \vdots \\ a_{n1} & a_{n2} & \cdots & a_{nn} \end{vmatrix}>0.$$

三、复习提问

1. 一个特征向量能属于两个不同的特征值吗?

答 不能.若 $\boldsymbol{A}\boldsymbol{x}=\lambda_1\boldsymbol{x},\boldsymbol{A}\boldsymbol{x}=\lambda_2\boldsymbol{x}$,则 $\boldsymbol{A}(\boldsymbol{x}-\boldsymbol{x})=(\lambda_1-\lambda_2)\boldsymbol{x}$.由于 $\boldsymbol{x}$ 为非零向量,故 $\lambda_1-\lambda_2=0$,即 $\lambda_1=\lambda_2$.由此可见一个特征向量只能属于一个特征值.

2. 对应于矩阵 $\boldsymbol{A}$ 的特征值 λ 的特征向量是唯一的吗?

答 不唯一.若 $\boldsymbol{x}$ 为 $\boldsymbol{A}$ 的对应于 λ 的特征向量,即 $\boldsymbol{A}\boldsymbol{x}=\lambda\boldsymbol{x}$,当 $k\neq 0$ 时,$\boldsymbol{A}(k\boldsymbol{x})=k(\boldsymbol{A}\boldsymbol{x})=\lambda(k\boldsymbol{x})$,表明 $k\boldsymbol{x}$ 也是 $\boldsymbol{A}$ 的对应于 λ 的特征向量.

3. 什么叫矩阵 $\boldsymbol{A}$ 的特征值 λ 的代数重数与几何重数?

答 对于矩阵 $\boldsymbol{A}$ 的特征值 λ,称其作为 $\boldsymbol{A}$ 的特征方程根的重数为代数重数,记为 m_λ;而把对应于 λ 的线性无关特征向量的个数,即 $(\lambda\boldsymbol{E}_n-\boldsymbol{A})\boldsymbol{x}=\boldsymbol{0}$ 的基础解系中向量的个数称为 λ 的几何重数,记为 ρ_λ.一般来说,总有 $m_\lambda\geqslant\rho_\lambda$.

4. 矩阵可对角化的充要条件是什么?

答 n 阶矩阵 $\boldsymbol{A}$ 可对角化的充要条件有两个:一是 $\boldsymbol{A}$ 具有 n 个线性无关的特征向量;二是对每个特征值 λ 均有 $\rho_\lambda=m_\lambda$ 成立.

5. 相似矩阵的特征多项式相同,反之,特征多项式相同的两个矩阵一定相似吗?

答 不一定.例如,$\boldsymbol{A}=\begin{bmatrix} 1 & 0 \\ 0 & 1 \end{bmatrix}$, $\boldsymbol{B}=\begin{bmatrix} 1 & 1 \\ 0 & 1 \end{bmatrix}$.

$$f_{\boldsymbol{A}}(\lambda)=|\lambda\boldsymbol{E}_2-\boldsymbol{A}|=\begin{vmatrix} \lambda-1 & 0 \\ 0 & \lambda-1 \end{vmatrix}=(\lambda-1)^2,$$

$$f_{\boldsymbol{B}}(\lambda)=|\lambda\boldsymbol{E}_2-\boldsymbol{B}|=\begin{vmatrix} \lambda-1 & -1 \\ 0 & \lambda-1 \end{vmatrix}=(\lambda-1)^2.$$

特征多项式相同，但 $\boldsymbol{A}$ 与 $\boldsymbol{B}$ 不相似，因为与 $\boldsymbol{A}$ 相似的矩阵只能是单位阵.

6. 是不是任何方阵都与对角矩阵相似？

答 不是. 例如，$\boldsymbol{A}=\begin{bmatrix}-3 & 1 & -1\\ -7 & 5 & -1\\ -6 & 6 & -2\end{bmatrix}$ 的特征值为 $\lambda_1=4,\lambda_2=\lambda_3=-2$. 对应于 $\lambda_1=4$ 的特征向量为 $\boldsymbol{x}_1=(0,1,1)^{\mathrm{T}}$，对应于特征值 $\lambda_2=\lambda_3=-2$ 的特征向量为 $\boldsymbol{x}_2=(1,1,0)^{\mathrm{T}}$. 矩阵 $\boldsymbol{A}$ 是一个三阶方阵却只能求得两个线性无关的特征向量，不满足方阵与对角矩阵相似的充要条件，因此 $\boldsymbol{A}$ 不能与对角矩阵相似.

7. 实对称矩阵必与对角矩阵相似，则和对角矩阵相似的矩阵一定是实对称矩阵吗？

答 不一定.

例如，矩阵 $\boldsymbol{A}=\begin{bmatrix}1 & 0\\ 0 & 2\end{bmatrix}$ 与 $\boldsymbol{B}=\begin{bmatrix}1 & -\frac{1}{2}\\ 0 & 2\end{bmatrix}$ 相似 $\left(\boldsymbol{B}=\boldsymbol{P}^{-1}\boldsymbol{AP},\boldsymbol{P}=\begin{bmatrix}2 & 1\\ 0 & 3\end{bmatrix}\right)$，但矩阵 $\boldsymbol{B}$ 不是对称矩阵.

8. 什么叫二次型的标准形？二次型的标准形是唯一的吗？

答 n 个变量的二次齐次多项式称为二次型，一般写成

$$f(x_1,x_2,\cdots,x_n)=\sum_{i=1}^{n}\sum_{j=1}^{n}a_{ij}x_ix_j\,(a_{ij}=a_{ji},i,j=1,2,\cdots,n).$$

当对任意 $i\neq j$ 时，均有 $a_{ij}=0$，即所有交叉乘积项的系数全为零时，称这样的二次型为标准形. 二次型的标准形不是唯一的. 事实上，一个二次型经可逆线性变换化为标准形时，如果所作的变换不同，那么所得的标准形也可能不同. 例如，二次型 $f=x_1x_2+x_2x_3+x_3x_1$，经可逆线性变换：

$$\begin{cases}x_1=y_1-y_2-y_3,\\ x_2=y_1+y_2-y_3,\\ x_3=y_3,\end{cases}$$

化为 $f=y_1^2-y_2^2-y_3^2$. 但经可逆线性变换：

$$\begin{cases}x_1=z_2,\\ x_2=3z_1-z_2-2z_3,\\ x_3=3z_1-z_2+2z_3,\end{cases}$$

化为 $f=9z_1^2-z_2^2-4z_3^2$.

虽然二次型的标准形不是唯一的，但标准形中系数不等于零的平方项的项数都是相同的，且正系数的项数不变.

9. 用正交变换化二次型为标准形，其正交变换是唯一的吗？

答 不唯一，因为二次型矩阵是实对称矩阵，必存在正交矩阵 $\boldsymbol{P}$ 使得 $\boldsymbol{P}^{\mathrm{T}}\boldsymbol{AP}$ 为对角矩阵，但由于属于特征值的特征向量不唯一，因而正交矩阵不唯一，从而正交变换也不唯一.

10. 若 $\boldsymbol{A}$ 是正定阵，则 $|\boldsymbol{A}|>0$，反之成立吗？

答 不成立. 例如 $\boldsymbol{A}=\begin{bmatrix}1&0&0\\0&-1&0\\0&0&-1\end{bmatrix}$，有 $|\boldsymbol{A}|=1>0$，但 $\boldsymbol{A}$ 的二阶顺序主子式 $\begin{vmatrix}1&0\\0&-1\end{vmatrix}=-1<0$. 由此可知 $\boldsymbol{A}$ 不正定.

四、例题分析

例题 1 求矩阵 $\boldsymbol{A}=\begin{bmatrix}1&2&1\\-2&1&3\\-1&-3&1\end{bmatrix}$ 的实特征值及相应的特征向量.

解 $\boldsymbol{A}$ 的特征多项式为

$$f_{\boldsymbol{A}}(\lambda)=|\lambda\boldsymbol{E}_3-\boldsymbol{A}|=\begin{vmatrix}\lambda-1&-2&-1\\2&\lambda-1&-3\\1&3&\lambda-1\end{vmatrix}=(\lambda-1)^3+14(\lambda-1)$$

$$=(\lambda-1)[(\lambda-1)^2+14].$$

因此矩阵 $\boldsymbol{A}$ 仅有实特征值 $\lambda_1=1$. 对于特征值 $\lambda_1=1$，求解齐次线性方程组 $(\boldsymbol{E}_3-\boldsymbol{A})\boldsymbol{x}=\boldsymbol{0}$，即 $\begin{bmatrix}0&-2&-1\\2&0&-3\\1&3&0\end{bmatrix}\begin{bmatrix}x_1\\x_2\\x_3\end{bmatrix}=\boldsymbol{0}$，可得基础解系为 $\boldsymbol{\alpha}_1=\begin{bmatrix}3\\-1\\2\end{bmatrix}$. 因此 $\boldsymbol{A}$ 的属于特征值 $\lambda_1=1$ 的全部特征向量为 $k\boldsymbol{\alpha}_1(k\neq 0)$.

例题 2 设 $\boldsymbol{A},\boldsymbol{B}$ 都是 n 阶矩阵，证明：$\boldsymbol{AB}$ 与 $\boldsymbol{BA}$ 有相同的非零特征值.

证 设 λ 是 $\boldsymbol{AB}$ 的任一特征值，则存在向量 $\boldsymbol{\alpha}\neq\boldsymbol{0}$，有 $\boldsymbol{AB\alpha}=\lambda\boldsymbol{\alpha}$. 从而有

$$\boldsymbol{BAB\alpha}=\lambda\boldsymbol{B\alpha},$$

即

$$\boldsymbol{BA}(\boldsymbol{B\alpha})=\lambda(\boldsymbol{B\alpha}).$$

若 $\lambda\neq 0$，则必有 $\boldsymbol{B\alpha}\neq\boldsymbol{0}$，事实上，若 $\boldsymbol{B\alpha}=\boldsymbol{0}$，则 $\lambda\boldsymbol{\alpha}=\boldsymbol{0}$，而 $\lambda\neq 0$，于是 $\boldsymbol{\alpha}=\boldsymbol{0}$，与 $\boldsymbol{\alpha}\neq\boldsymbol{0}$ 矛盾，由此可知矩阵 $\boldsymbol{BA}$ 也有特征值 λ，对应的特征向量为 $\boldsymbol{B\alpha}$. 类似可证矩阵 $\boldsymbol{BA}$ 的任一非零特征值也是 $\boldsymbol{AB}$ 的特征值，因此 $\boldsymbol{AB}$ 与 $\boldsymbol{BA}$ 有相同的非零特征值.

例题 3 设 $\boldsymbol{A}$ 为 n 阶矩阵，且 $\boldsymbol{A}^2=\boldsymbol{A}$，证明：$\boldsymbol{A}$ 的特征值只能是 1 或 0.

证 设 λ 是 $\boldsymbol{A}$ 的特征值，$\boldsymbol{\xi}$ 是 $\boldsymbol{A}$ 的对应于 λ 的特征向量，则

$$\boldsymbol{A\xi}=\lambda\boldsymbol{\xi},$$

从而

$$\boldsymbol{A}^2\boldsymbol{\xi}=\lambda\boldsymbol{A\xi}=\lambda^2\boldsymbol{\xi}.$$

又 $\boldsymbol{A}^2=\boldsymbol{A}$，故 $\boldsymbol{A}^2\boldsymbol{\xi}=\boldsymbol{A\xi}$，于是 $\lambda^2\boldsymbol{\xi}=\lambda\boldsymbol{\xi}$，即

$$(\lambda^2-\lambda)\boldsymbol{\xi}=0.$$

而 $\boldsymbol{\xi}\neq\boldsymbol{0}$，所以 $\lambda^2-\lambda=0$，即 $\lambda=1$ 或 $\lambda=0$.

例题 4 设 $\boldsymbol{A}$ 为 n 阶矩阵，λ 是 $\boldsymbol{A}$ 的特征值，$\boldsymbol{\alpha}$ 是对应的特征向量，证明：

$$g(\lambda)=a_0\lambda^m+a_1\lambda^{m-1}+\cdots+a_{m-1}\lambda+a_m$$

是矩阵 $g(\boldsymbol{A})=a_0\boldsymbol{A}^m+a_1\boldsymbol{A}^{m-1}+\cdots+a_{m-1}\boldsymbol{A}+a_m\boldsymbol{E}_n$ 的特征值，$\boldsymbol{\alpha}$ 是对应的特征向量.

证 因为 $\boldsymbol{A\alpha}=\lambda\boldsymbol{\alpha}$，所以

$$\boldsymbol{A}^k\boldsymbol{\alpha}=\boldsymbol{A}^{k-1}(\boldsymbol{A\alpha})=\lambda\boldsymbol{A}^{k-1}\boldsymbol{\alpha}=\lambda^2\boldsymbol{A}^{k-2}\boldsymbol{\alpha}=\cdots=\lambda^k\boldsymbol{\alpha}.$$

从而

$$\begin{aligned}g(\boldsymbol{A})\boldsymbol{\alpha}&=(a_0\boldsymbol{A}^m+a_1\boldsymbol{A}^{m-1}+\cdots+a_{m-1}\boldsymbol{A}+a_m\boldsymbol{E}_n)\boldsymbol{\alpha}\\&=a_0\lambda^m\boldsymbol{\alpha}+a_1\lambda^{m-1}\boldsymbol{\alpha}+\cdots+a_{m-1}\lambda\boldsymbol{\alpha}+a_m\boldsymbol{\alpha}\\&=(a_0\lambda^m+a_1\lambda^{m-1}+\cdots+a_{m-1}\lambda+a_m)\boldsymbol{\alpha}=g(\lambda)\boldsymbol{\alpha}.\end{aligned}$$

由定义知，$g(\lambda)$ 是 $g(\boldsymbol{A})$ 的特征值，$\boldsymbol{\alpha}$ 是对应的特征向量.

例题 5 试证 $\boldsymbol{A}$ 为奇异矩阵的充要条件是 0 为 $\boldsymbol{A}$ 的特征值.

证 充分性：设 $\lambda=0$ 是 $\boldsymbol{A}$ 的特征值，则

$$\boldsymbol{A\alpha}=0\boldsymbol{\alpha}=\boldsymbol{0},$$

即 $\boldsymbol{A\alpha}=\boldsymbol{0}$. 由于 $\boldsymbol{\alpha}\neq\boldsymbol{0}$，所以齐次线性方程组 $\boldsymbol{Ax}=\boldsymbol{0}$ 有非零解. 而 $\boldsymbol{Ax}=\boldsymbol{0}$ 有非零解的充要条件是 $|\boldsymbol{A}|=0$，即 $\boldsymbol{A}$ 为奇异矩阵.

必要性：设 $\boldsymbol{A}$ 为奇异矩阵，即 $|\boldsymbol{A}|=0$，这时 $\boldsymbol{Ax}=\boldsymbol{0}$ 必有非零解，即存在 $\boldsymbol{\alpha}\neq\boldsymbol{0}$ 满足 $\boldsymbol{A\alpha}=\boldsymbol{0}$. 所以 $\boldsymbol{A\alpha}=0\boldsymbol{\alpha}$，即 0 是 $\boldsymbol{A}$ 的一个特征值.

例题 6 试问矩阵 $\boldsymbol{A}=\begin{bmatrix}3&2&4\\2&0&2\\4&2&3\end{bmatrix}$ 能否对角化？若能，请求出可逆矩阵 $\boldsymbol{X}$，使 $\boldsymbol{X}^{-1}\boldsymbol{AX}=\boldsymbol{\Lambda}$（$\boldsymbol{\Lambda}$ 为对角阵）.

解 $|\lambda\boldsymbol{E}_3-\boldsymbol{A}|=\begin{vmatrix}\lambda-3&-2&-4\\-2&\lambda&-2\\-4&-2&\lambda-3\end{vmatrix}=(\lambda-8)(\lambda+1)^2,$

所以 $\boldsymbol{A}$ 的特征值为 $\lambda_1=8$，$\lambda_2=\lambda_3=-1$.

由 $(\lambda_i\boldsymbol{E}_3-\boldsymbol{A})\boldsymbol{x}=\boldsymbol{0}$ $(i=1,2,3)$ 求特征向量.

对于 $\lambda_1=8$，

$$(8\boldsymbol{E}_3-\boldsymbol{A})\boldsymbol{x}=\boldsymbol{0}\Leftrightarrow\begin{bmatrix}5&-2&-4\\-2&8&-2\\-4&-2&5\end{bmatrix}\begin{bmatrix}x_1\\x_2\\x_3\end{bmatrix}=0.$$

求得对应于 $\lambda_1=8$ 的特征向量为 $\boldsymbol{\alpha}_1=\begin{bmatrix}2\\1\\2\end{bmatrix}$.

对于 $\lambda_2=\lambda_3=-1$，

$$(-\boldsymbol{E}_3-\boldsymbol{A})\boldsymbol{x}=\boldsymbol{0}\Leftrightarrow\begin{bmatrix}-4&-2&-4\\-2&-1&-2\\-4&-2&-4\end{bmatrix}\begin{bmatrix}x_1\\x_2\\x_3\end{bmatrix}=0.$$

求得对应于 $\lambda_2=\lambda_3=-1$ 的特征向量为

$$\boldsymbol{\alpha}_2=\begin{bmatrix}1\\0\\-1\end{bmatrix},\boldsymbol{\alpha}_3=\begin{bmatrix}1\\-2\\0\end{bmatrix}.$$

因为 $\boldsymbol{A}$ 有 3 个线性无关的特征向量 $\boldsymbol{\alpha}_1,\boldsymbol{\alpha}_2,\boldsymbol{\alpha}_3$，所以 $\boldsymbol{A}$ 可对角化.

记 $\boldsymbol{X}=[\boldsymbol{\alpha}_1,\boldsymbol{\alpha}_2,\boldsymbol{\alpha}_3]=\begin{bmatrix}2&1&1\\1&0&-2\\2&-1&0\end{bmatrix}$，则

$$\boldsymbol{X}^{-1}\boldsymbol{A}\boldsymbol{X}=\begin{bmatrix}8&0&0\\0&-1&0\\0&0&-1\end{bmatrix}.$$

例题 7 已知 $\lambda_1,\lambda_2,\cdots,\lambda_n$ 是 n 阶矩阵 $\boldsymbol{A}=(a_{ij})$ 的 n 个特征值，试证：

$$\lambda_1^2+\lambda_2^2+\cdots+\lambda_n^2=\sum_{i,j=1}^{n}a_{ij}a_{ji}.$$

证 因 λ_i 是 $\boldsymbol{A}$ 的特征值，则 λ_i^2 是 $\boldsymbol{A}^2$ 的特征值，$i=1,2,\cdots,n$. 记 $\boldsymbol{A}^2=(b_{ij})_{n\times n}$. 由于 $\boldsymbol{A}^2$ 的特征值之和等于矩阵 $\boldsymbol{A}^2$ 的主对角线上的元素之和，即

$$\lambda_1^2+\lambda_2^2+\cdots+\lambda_n^2=b_{11}+b_{22}+\cdots+b_{nn},$$

而 $b_{11}=a_{11}^2+a_{12}a_{21}+\cdots+a_{1n}a_{n1}=\sum_{j=1}^{n}a_{1j}a_{j1}$，

$b_{22}=a_{21}a_{12}+a_{22}^2+\cdots+a_{2n}a_{n2}=\sum_{j=1}^{n}a_{2j}a_{j2}$，

…

$$b_{nn}=a_{n1}a_{1n}+a_{n2}a_{2n}+\cdots+a_{nn}^2=\sum_{j=1}^{n}a_{nj}a_{jn},$$

故 $$\lambda_1^2+\lambda_2^2+\cdots+\lambda_n^2=\sum_{j=1}^{n}a_{1j}a_{j1}+\sum_{j=1}^{n}a_{2j}a_{j2}+\cdots+\sum_{j=1}^{n}a_{nj}a_{jn}=\sum_{i,j=1}^{n}a_{ij}a_{ji}.$$

例题 8 已知 n 阶矩阵 $\boldsymbol{A}=\begin{bmatrix}1&1&1&\cdots&1\\1&1&1&\cdots&1\\\vdots&\vdots&\vdots&&\vdots\\1&1&1&\cdots&1\end{bmatrix}$.

(1) 试求 $\boldsymbol{A}$ 的 n 个特征值；

(2) 试证：$\boldsymbol{A}+\boldsymbol{E}_n$ 的特征值全大于零；

(3) 试证：$(\boldsymbol{A}+\boldsymbol{E}_n)^{-1}=\boldsymbol{E}_n-\frac{1}{n+1}\boldsymbol{A}$.

解 (1) 易知：$\boldsymbol{A}=\boldsymbol{\alpha}\boldsymbol{\alpha}^{\mathrm{T}}$，其中 $\boldsymbol{\alpha}=\begin{bmatrix}1\\1\\\vdots\\1\end{bmatrix}$.

由于矩阵 $\boldsymbol{\alpha}\boldsymbol{\alpha}^{\mathrm{T}}$ 与 $\boldsymbol{\alpha}^{\mathrm{T}}\boldsymbol{\alpha}$ 具有相同的非零特征值，而 $\boldsymbol{\alpha}^{\mathrm{T}}\boldsymbol{\alpha}$ 的特征值为 n，
故 $\boldsymbol{\alpha}\boldsymbol{\alpha}^{\mathrm{T}}$ 的特征值为 $\underbrace{0,\cdots,0}_{n-1\text{个}},n$.

(2) 若 λ 为 $\boldsymbol{A}$ 的特征值，则 $\lambda+1$ 为 $\boldsymbol{A}+\boldsymbol{E}_n$ 的特征值. 故 $\boldsymbol{A}+\boldsymbol{E}_n$ 的特征值为 $\underbrace{1,1,\cdots,1}_{n-1\text{个}},n+1$. 显然，$\boldsymbol{A}+\boldsymbol{E}_n$ 的特征值全大于零.

(3) 由计算可得 $n\boldsymbol{A}-\boldsymbol{A}^2=\boldsymbol{0}$，所以

$$(\boldsymbol{A}+\boldsymbol{E}_n)\left(\boldsymbol{E}_n-\frac{1}{n+1}\boldsymbol{A}\right)=\boldsymbol{E}_n+\left(1-\frac{1}{n+1}\right)\boldsymbol{A}-\frac{1}{n+1}\boldsymbol{A}^2=\boldsymbol{E}_n+\frac{1}{n+1}(n\boldsymbol{A}-\boldsymbol{A}^2)=\boldsymbol{E}_n,$$

故 $$(\boldsymbol{A}+\boldsymbol{E}_n)^{-1}=\boldsymbol{E}_n-\frac{1}{n+1}\boldsymbol{A}.$$

例题 9 设 $\boldsymbol{\alpha}$ 为 n 维列向量，且 $\boldsymbol{\alpha}^{\mathrm{T}}\boldsymbol{\alpha}=1$. 试证：$\boldsymbol{T}=\boldsymbol{E}_n-2\boldsymbol{\alpha}\boldsymbol{\alpha}^{\mathrm{T}}$ 为正交矩阵.

证 因为 $\boldsymbol{T}^{\mathrm{T}}=(\boldsymbol{E}_n-2\boldsymbol{\alpha}\boldsymbol{\alpha}^{\mathrm{T}})^{\mathrm{T}}=\boldsymbol{E}_n-2\boldsymbol{\alpha}\boldsymbol{\alpha}^{\mathrm{T}}=\boldsymbol{T}$，所以

$\boldsymbol{T}^{\mathrm{T}}\boldsymbol{T}=(\boldsymbol{E}_n-2\boldsymbol{\alpha}\boldsymbol{\alpha}^{\mathrm{T}})^2=\boldsymbol{E}_n-4\boldsymbol{\alpha}\boldsymbol{\alpha}^{\mathrm{T}}+4\boldsymbol{\alpha}\boldsymbol{\alpha}^{\mathrm{T}}\boldsymbol{\alpha}\boldsymbol{\alpha}^{\mathrm{T}}=\boldsymbol{E}_n-4\boldsymbol{\alpha}\boldsymbol{\alpha}^{\mathrm{T}}+4\boldsymbol{\alpha}\boldsymbol{\alpha}^{\mathrm{T}}=\boldsymbol{E}_n$.

故 $\boldsymbol{T}$ 为正交矩阵.

例题 10 试证：正交矩阵的特征值的模为 1.

证 设 $\boldsymbol{A}$ 是正交矩阵，λ 是它的任一特征值，$\boldsymbol{x}$ 是对应于 λ 的特征向量，即

$$\boldsymbol{A}\boldsymbol{x}=\lambda\boldsymbol{x}.$$

两端取转置，有 $\boldsymbol{x}^{\mathrm{T}}\boldsymbol{A}^{\mathrm{T}}=\lambda\boldsymbol{x}^{\mathrm{T}}$，于是 $\overline{\boldsymbol{x}^{\mathrm{T}}\boldsymbol{A}^{\mathrm{T}}}\boldsymbol{A}\boldsymbol{x}=\bar{\lambda}\,\overline{\boldsymbol{x}^{\mathrm{T}}}\lambda\boldsymbol{x}$，即

$$\overline{\boldsymbol{x}^{\mathrm{T}}}\boldsymbol{A}^{\mathrm{T}}\boldsymbol{A}\boldsymbol{x}=\bar{\lambda}\lambda\,\overline{\boldsymbol{x}^{\mathrm{T}}}\boldsymbol{x},$$

亦即

$$\overline{\boldsymbol{x}^{\mathrm{T}}}\boldsymbol{x}=|\lambda|^2\,\overline{\boldsymbol{x}^{\mathrm{T}}}\boldsymbol{x}.$$

但因 $\boldsymbol{x}\neq\boldsymbol{0}$，从而 $\overline{\boldsymbol{x}^{\mathrm{T}}}\boldsymbol{x}\neq0$，所以 $|\lambda|^2=1$，故 $|\lambda|=1$（这里 $\bar{\boldsymbol{A}}$ 表示矩阵 $\boldsymbol{A}$ 的共轭矩阵）.

例题 11 已知 $\boldsymbol{A}=\begin{bmatrix}0&1&1&-1\\1&0&-1&1\\1&-1&0&1\\-1&1&1&0\end{bmatrix}$，求一正交矩阵 $\boldsymbol{T}$，使 $\boldsymbol{T}^{\mathrm{T}}\boldsymbol{A}\boldsymbol{T}$ 成对角形.

解 先求 $\boldsymbol{A}$ 的特征值. 由

$$|\lambda\boldsymbol{E}_4-\boldsymbol{A}|=\begin{vmatrix}\lambda&-1&-1&1\\-1&\lambda&1&-1\\-1&1&\lambda&-1\\1&-1&-1&\lambda\end{vmatrix}=(\lambda-1)^3(\lambda+3),$$

得 $\boldsymbol{A}$ 的特征值为 $\lambda_1=\lambda_2=\lambda_3=1$，$\lambda_4=-3$.

其次，求属于 1 的特征向量，把 $\lambda=1$ 代入 $(\lambda\boldsymbol{E}_4-\boldsymbol{A})\boldsymbol{x}=\boldsymbol{0}$，得

$$\begin{cases}x_1-x_2-x_3+x_4=0,\\-x_1+x_2+x_3-x_4=0,\\-x_1+x_2+x_3-x_4=0,\\x_1-x_2-x_3+x_4=0.\end{cases}$$

求得基础解系为

$$\begin{cases}\boldsymbol{\alpha}_1=(1,1,0,0)^{\mathrm{T}},\\\boldsymbol{\alpha}_2=(1,0,1,0)^{\mathrm{T}},\\\boldsymbol{\alpha}_3=(-1,0,0,1)^{\mathrm{T}}.\end{cases}$$

把它正交化，得

$$\begin{cases}\boldsymbol{\beta}_1=\boldsymbol{\alpha}_1=(1,1,0,0)^{\mathrm{T}},\\\boldsymbol{\beta}_2=\boldsymbol{\alpha}_2-\dfrac{(\boldsymbol{\alpha}_2,\boldsymbol{\beta}_1)}{(\boldsymbol{\beta}_1,\boldsymbol{\beta}_1)}\boldsymbol{\beta}_1=\left(\dfrac{1}{2},-\dfrac{1}{2},1,0\right)^{\mathrm{T}},\\\boldsymbol{\beta}_3=\boldsymbol{\alpha}_3-\dfrac{(\boldsymbol{\alpha}_3,\boldsymbol{\beta}_1)}{(\boldsymbol{\beta}_1,\boldsymbol{\beta}_1)}\boldsymbol{\beta}_1-\dfrac{(\boldsymbol{\alpha}_3,\boldsymbol{\beta}_2)}{(\boldsymbol{\beta}_2,\boldsymbol{\beta}_2)}\boldsymbol{\beta}_2=\left(-\dfrac{1}{3},\dfrac{1}{3},\dfrac{1}{3},1\right)^{\mathrm{T}}.\end{cases}$$

再单位化，得

$$\begin{cases}\boldsymbol{\eta}_1=\left(\frac{1}{\sqrt{2}},\frac{1}{\sqrt{2}},0,0\right)^{\mathrm{T}},\\ \boldsymbol{\eta}_2=\left(\frac{1}{\sqrt{6}},-\frac{1}{\sqrt{6}},\frac{2}{\sqrt{6}},0\right)^{\mathrm{T}},\\ \boldsymbol{\eta}_3=\left(-\frac{1}{\sqrt{12}},\frac{1}{\sqrt{12}},\frac{1}{\sqrt{12}},\frac{3}{\sqrt{12}}\right)^{\mathrm{T}}.\end{cases}$$

这是属于三重特征值 1 的三个标准正交的特征向量.

再求属于 -3 的特征向量. 将 $\lambda=-3$ 代入方程 $(\lambda \boldsymbol{E}_4-\boldsymbol{A})\boldsymbol{x}=\boldsymbol{0}$，求得基础解系为

$$(1,-1,-1,1)^{\mathrm{T}}.$$

把它单位化，得

$$\boldsymbol{\eta}_4=\left(\frac{1}{2},-\frac{1}{2},-\frac{1}{2},\frac{1}{2}\right)^{\mathrm{T}}.$$

特征向量 $\boldsymbol{\eta}_1,\boldsymbol{\eta}_2,\boldsymbol{\eta}_3,\boldsymbol{\eta}_4$ 构成 $\mathbf{R}^4$ 的一组标准正交基，所求的正交矩阵为

$$\boldsymbol{T}=\begin{bmatrix}\frac{1}{\sqrt{2}} & \frac{1}{\sqrt{6}} & -\frac{1}{\sqrt{12}} & \frac{1}{2}\\ \frac{1}{\sqrt{2}} & -\frac{1}{\sqrt{6}} & \frac{1}{\sqrt{12}} & -\frac{1}{2}\\ 0 & \frac{2}{\sqrt{6}} & \frac{1}{\sqrt{12}} & -\frac{1}{2}\\ 0 & 0 & \frac{3}{\sqrt{12}} & \frac{1}{2}\end{bmatrix},$$

且

$$\boldsymbol{T}^{\mathrm{T}}\boldsymbol{A}\boldsymbol{T}=\begin{bmatrix}1 & 0 & 0 & 0\\ 0 & 1 & 0 & 0\\ 0 & 0 & 1 & 0\\ 0 & 0 & 0 & -3\end{bmatrix}.$$

例题 12 设 $\boldsymbol{A}=\begin{bmatrix}1 & -2 & -4\\ -2 & x & -2\\ -4 & -2 & 1\end{bmatrix}$ 与 $\boldsymbol{\Lambda}=\begin{bmatrix}5 & 0 & 0\\ 0 & y & 0\\ 0 & 0 & -4\end{bmatrix}$ 相似，求 x 与 y 的值，并求正交阵 $\boldsymbol{P}$，使 $\boldsymbol{P}^{\mathrm{T}}\boldsymbol{A}\boldsymbol{P}=\boldsymbol{\Lambda}$.

解 因为 $\boldsymbol{A}$ 与 $\boldsymbol{\Lambda}$ 相似，故 $|\boldsymbol{A}|=|\boldsymbol{\Lambda}|$，$\operatorname{trace}(\boldsymbol{A})=\operatorname{trace}(\boldsymbol{\Lambda})$. 由此得方程组

$$\begin{cases}-15x-40=-20y,\\ x+2=y+1.\end{cases}$$

解之得$\begin{cases}x=4,\\ y=5.\end{cases}$于是 $\boldsymbol{A}=\begin{bmatrix}1&-2&-4\\-2&4&-2\\-4&-2&1\end{bmatrix}$，$\boldsymbol{\Lambda}=\begin{bmatrix}5&0&0\\0&5&0\\0&0&-4\end{bmatrix}$.

由于 $\boldsymbol{A}$ 与 $\boldsymbol{\Lambda}$ 相似，所以 $\boldsymbol{A}$ 的特征值为 $\lambda_1=\lambda_2=5$，$\lambda_3=-4$.

易求得对应于 $\lambda=5$ 的两个正交的单位特征向量为

$$\boldsymbol{\eta}_1=\begin{bmatrix}\frac{\sqrt{2}}{2}\\0\\-\frac{\sqrt{2}}{2}\end{bmatrix},\boldsymbol{\eta}_2=\begin{bmatrix}-\frac{\sqrt{2}}{6}\\\frac{2\sqrt{2}}{3}\\-\frac{\sqrt{2}}{6}\end{bmatrix};$$

对应于 $\lambda=-4$ 的单位特征向量为

$$\boldsymbol{\eta}_3=\begin{bmatrix}\frac{2}{3}\\\frac{1}{3}\\\frac{2}{3}\end{bmatrix}.$$

由于 $\boldsymbol{A}$ 为实对称矩阵，故 $\boldsymbol{\eta}_1,\boldsymbol{\eta}_2,\boldsymbol{\eta}_3$ 为正交单位向量组，从而

$$\boldsymbol{P}=\begin{bmatrix}\frac{\sqrt{2}}{2}&-\frac{\sqrt{2}}{6}&\frac{2}{3}\\0&\frac{2\sqrt{2}}{3}&\frac{1}{3}\\-\frac{\sqrt{2}}{2}&-\frac{\sqrt{2}}{6}&\frac{2}{3}\end{bmatrix}$$

为正交阵且 $\boldsymbol{P}^{\mathrm{T}}\boldsymbol{AP}=\boldsymbol{\Lambda}$.

例题 13 设 $\boldsymbol{A}$ 为 n 阶对称阵，且对任意 n 维向量 $\boldsymbol{x}$，$f(\boldsymbol{x})=\boldsymbol{x}^{\mathrm{T}}\boldsymbol{Ax}=0$. 试证：$\boldsymbol{A}=\boldsymbol{O}$.

证 用反证法. 设 $\boldsymbol{A}=(a_{ij})$，且 $\boldsymbol{A}\neq\boldsymbol{O}$. 则 $\boldsymbol{A}$ 中必有一元素 $a_{ij}\neq0$. 现取

$$\boldsymbol{e}_i=(0,\cdots,0,\underset{i}{1},0,\cdots,0)^{\mathrm{T}},\boldsymbol{e}_j=(0,\cdots,0,\underset{j}{1},0,\cdots,0)^{\mathrm{T}},$$

即 $\boldsymbol{e}_i,\boldsymbol{e}_j$ 分别为 n 阶单位矩阵 $\boldsymbol{E}_n$ 的第 i 列与第 j 列. 由条件得

$$(\boldsymbol{e}_i+\boldsymbol{e}_j)^{\mathrm{T}}\boldsymbol{A}(\boldsymbol{e}_i+\boldsymbol{e}_j)=0.$$

但上式左边$=\boldsymbol{e}_i^{\mathrm{T}}\boldsymbol{A}\boldsymbol{e}_i+\boldsymbol{e}_i^{\mathrm{T}}\boldsymbol{A}\boldsymbol{e}_j+\boldsymbol{e}_j^{\mathrm{T}}\boldsymbol{A}\boldsymbol{e}_i+\boldsymbol{e}_j^{\mathrm{T}}\boldsymbol{A}\boldsymbol{e}_j=\boldsymbol{e}_i^{\mathrm{T}}\boldsymbol{A}\boldsymbol{e}_j+\boldsymbol{e}_j^{\mathrm{T}}\boldsymbol{A}\boldsymbol{e}_i=2\boldsymbol{e}_i^{\mathrm{T}}\boldsymbol{A}\boldsymbol{e}_j=2a_{ij}\neq 0$,与假设矛盾,故 $\boldsymbol{A}=\boldsymbol{O}$.

例题 14 化二次型 $f=x_1x_2+x_1x_3-3x_2x_3$ 为标准形,并求所用的线性变换.

解 令$\begin{cases}x_1=y_1-y_2,\\x_2=y_1+y_2,\\x_3=y_3,\end{cases}$则 f 化为 $f=y_1^2-y_2^2-2y_1y_3-4y_2y_3$.

配方得

$$f=(y_1-y_3)^2-(y_2+2y_3)^2+3y_3^2.$$

令$\begin{cases}z_1=y_1-y_3,\\z_2=y_2+2y_3,\\z_3=y_3,\end{cases}$则 f 进一步化为 $f=z_1^2-z_2^2+3z_3^2$.

由$\begin{bmatrix}x_1\\x_2\\x_3\end{bmatrix}=\begin{bmatrix}1&-1&0\\1&1&0\\0&0&1\end{bmatrix}\begin{bmatrix}y_1\\y_2\\y_3\end{bmatrix}$及$\begin{bmatrix}y_1\\y_2\\y_3\end{bmatrix}=\begin{bmatrix}1&0&1\\0&1&-2\\0&0&1\end{bmatrix}\begin{bmatrix}z_1\\z_2\\z_3\end{bmatrix}$得

$$\begin{cases}x_1=z_1-z_2+3z_3,\\x_2=z_1+z_2-z_3,\\x_3=z_3.\end{cases}$$

此即为所用的线性变换,由于$\begin{vmatrix}1&-1&3\\1&1&-1\\0&0&1\end{vmatrix}=2\neq 0$,故该线性变换是可逆的.

例题 15 求一正交变换 $\boldsymbol{x}=\boldsymbol{P}\boldsymbol{y}$ 把二次型

$$f=x_1^2+4x_2^2+x_3^2-4x_1x_2-8x_1x_3-4x_2x_3$$

化为标准形.

解 f 的矩阵为$\boldsymbol{A}=\begin{bmatrix}1&-2&-4\\-2&4&-2\\-4&-2&1\end{bmatrix}$,

$\boldsymbol{A}$ 的特征多项式$|\lambda\boldsymbol{E}_3-\boldsymbol{A}|=\begin{vmatrix}\lambda-1&2&4\\2&\lambda-4&2\\4&2&\lambda-1\end{vmatrix}=(\lambda-5)^2(\lambda+4)$,

所以 $\boldsymbol{A}$ 的特征值为 $\lambda_1=\lambda_2=5$ 及 $\lambda_3=-4$.

当 $\lambda=5$ 时,解方程组 $(5\boldsymbol{E}_3-\boldsymbol{A})\boldsymbol{x}=\boldsymbol{0}$ 得一基础解系:

$$\boldsymbol{\alpha}_1=\begin{bmatrix}1\\-2\\0\end{bmatrix},\boldsymbol{\alpha}_2=\begin{bmatrix}1\\0\\-1\end{bmatrix}.$$

先正交化：

$$\begin{cases}\boldsymbol{\beta}_1=\boldsymbol{\alpha}_1=\begin{bmatrix}1\\-2\\0\end{bmatrix},\\ \boldsymbol{\beta}_2=\boldsymbol{\alpha}_2-\dfrac{(\boldsymbol{\alpha}_2,\boldsymbol{\beta}_1)}{(\boldsymbol{\beta}_1,\boldsymbol{\beta}_1)}\boldsymbol{\beta}_1=\begin{bmatrix}\dfrac{4}{5}\\ \dfrac{2}{5}\\ -1\end{bmatrix}.\end{cases}$$

再单位化：

$$\boldsymbol{\eta}_1=\begin{bmatrix}\dfrac{1}{\sqrt{5}}\\ -\dfrac{2}{\sqrt{5}}\\ 0\end{bmatrix},\boldsymbol{\eta}_2=\begin{bmatrix}\dfrac{4}{3\sqrt{5}}\\ \dfrac{2}{3\sqrt{5}}\\ -\dfrac{5}{3\sqrt{5}}\end{bmatrix}.$$

当 $\lambda=-4$ 时，解方程组 $(-4\boldsymbol{E}_3-\boldsymbol{A})\boldsymbol{x}=\boldsymbol{0}$，得基础解系：$\boldsymbol{\alpha}_3=\begin{bmatrix}2\\1\\2\end{bmatrix}$.

单位化得 $\boldsymbol{\eta}_3=\begin{bmatrix}\dfrac{2}{3}\\ \dfrac{1}{3}\\ \dfrac{2}{3}\end{bmatrix}$.

令 $$\boldsymbol{P}=\begin{bmatrix}\dfrac{1}{\sqrt{5}} & \dfrac{4}{3\sqrt{5}} & \dfrac{2}{3}\\ -\dfrac{2}{\sqrt{5}} & \dfrac{2}{3\sqrt{5}} & \dfrac{1}{3}\\ 0 & -\dfrac{5}{3\sqrt{5}} & \dfrac{2}{3}\end{bmatrix},$$

于是所求的正交变换为 $\boldsymbol{x}=\boldsymbol{P}\boldsymbol{y}$，且在此变换下，$f$ 化为 $5y_1^2+5y_2^2-4y_3^2$.

例题 16 试证：实 n 元二次型 $f(\boldsymbol{x})=\boldsymbol{x}^{\mathrm{T}}\boldsymbol{A}\boldsymbol{x}$ 在条件 $\sum_{i=1}^{n}x_i^2=1$ 下的最大值恰为其矩阵 $\boldsymbol{A}$ 的最大特征值，其中 $\boldsymbol{x}=(x_1,x_2,\cdots,x_n)^{\mathrm{T}}$.

证 因 $\boldsymbol{A}$ 为实对称阵，故存在正交阵 $\boldsymbol{P}$，使 $\boldsymbol{P}^{\mathrm{T}}\boldsymbol{A}\boldsymbol{P}=\begin{bmatrix}\lambda_1 & & & \\ & \lambda_2 & & \\ & & \ddots & \\ & & & \lambda_n\end{bmatrix}$，其中 $\lambda_1,\cdots,\lambda_n$ 是 $\boldsymbol{A}$ 的特征值，且 $\lambda_1\geqslant\lambda_2\geqslant\cdots\geqslant\lambda_n$.

作变换 $\boldsymbol{x}=\boldsymbol{P}\boldsymbol{y}$，$\boldsymbol{y}=(y_1,y_2,\cdots,y_n)^{\mathrm{T}}$，则

$$f(\boldsymbol{x})=\boldsymbol{x}^{\mathrm{T}}\boldsymbol{A}\boldsymbol{x}=(\boldsymbol{P}\boldsymbol{y})^{\mathrm{T}}\boldsymbol{A}(\boldsymbol{P}\boldsymbol{y})=\boldsymbol{y}^{\mathrm{T}}(\boldsymbol{P}^{\mathrm{T}}\boldsymbol{A}\boldsymbol{P})\boldsymbol{y}=\sum_{i=1}^{n}\lambda_i y_i^2,$$

由于 $\sum_{i=1}^{n}x_i^2=\boldsymbol{x}^{\mathrm{T}}\boldsymbol{x}=(\boldsymbol{P}\boldsymbol{y})^{\mathrm{T}}\boldsymbol{P}\boldsymbol{y}=\sum_{i=1}^{n}y_i^2$. 因此 $f(\boldsymbol{x})=\boldsymbol{x}^{\mathrm{T}}\boldsymbol{A}\boldsymbol{x}$ 在条件 $\sum_{i=1}^{n}x_i^2=1$ 下的最大值即为 $f(\boldsymbol{x})=\sum_{i=1}^{n}\lambda_i y_i^2$ 在条件 $\sum_{i=1}^{n}y_i^2=1$ 下的最大值.

显然 $f(\boldsymbol{x})=\sum_{i=1}^{n}\lambda_i y_i^2\leqslant\lambda_1$；另一方面，当 $(y_1,y_2,\cdots,y_n)^{\mathrm{T}}=(1,0,\cdots,0)^{\mathrm{T}}$ 时，$\sum_{i=1}^{n}y_i^2=1$ 且 $f(\boldsymbol{x})=\lambda_1$，故在 $\sum_{i=1}^{n}x_i^2=1$ 下 $f(\boldsymbol{x})$ 的最大值为 λ_1，即 $\boldsymbol{A}$ 的最大的特征值.

例题 17 设 $\boldsymbol{A}=(a_{ij})_{m\times n}$ 是一实矩阵，且 $\mathrm{rank}(\boldsymbol{A})=n$，试证：二次型 $f(\boldsymbol{x})=\boldsymbol{x}^{\mathrm{T}}\boldsymbol{A}^{\mathrm{T}}\boldsymbol{A}\boldsymbol{x}$ 正定，其中 $\boldsymbol{x}=(x_1,x_2,\cdots,x_n)^{\mathrm{T}}$.

证 对任意实 n 维列向量 $\boldsymbol{x}\neq\boldsymbol{0}$，$\boldsymbol{A}\boldsymbol{x}=\begin{bmatrix}y_1\\ y_2\\ \vdots\\ y_m\end{bmatrix}=\boldsymbol{y}$ 也是实向量，由 $\mathrm{rank}(\boldsymbol{A})=n$ 知 $y_1,\cdots,y_m$ 不全为零. 于是

$$f(\boldsymbol{x})=\boldsymbol{x}^{\mathrm{T}}\boldsymbol{A}^{\mathrm{T}}\boldsymbol{A}\boldsymbol{x}=(\boldsymbol{A}\boldsymbol{x})^{\mathrm{T}}(\boldsymbol{A}\boldsymbol{x})=\boldsymbol{y}^{\mathrm{T}}\boldsymbol{y}=\sum_{i=1}^{m}y_i^2>0.$$

故二次型 $f(\boldsymbol{x})=\boldsymbol{x}^{\mathrm{T}}\boldsymbol{A}^{\mathrm{T}}\boldsymbol{A}\boldsymbol{x}$ 正定.

例题 18 试证：实二次型 $ax^2+bxy+cy^2$ 正定的充要条件是 $a>0$ 且 $4ac-b^2>0$.

证 该二次型的矩阵为

$$A=\begin{bmatrix} a & \frac{b}{2} \\ \frac{b}{2} & c \end{bmatrix}.$$

$ax^2+bxy+cy^2$ 正定的充要条件是 $\boldsymbol{A}$ 的一切顺序主子式大于零，即 $a>0$，$ac-\frac{b^2}{4}>0$. 亦即 $a>0, 4ac-b^2>0$.

例题 19 设 $\boldsymbol{A}$ 为 n 阶正定阵，$\boldsymbol{B}$ 为 n 阶实对称阵，试证：$\boldsymbol{AB}$ 可对角化.

证 因为 $\boldsymbol{A}$ 正定，所以存在实可逆阵 $\boldsymbol{P}$，使 $\boldsymbol{A}=\boldsymbol{P}\boldsymbol{P}^{\mathrm{T}}$，于是

$$\boldsymbol{P}^{-1}\boldsymbol{A}\boldsymbol{B}\boldsymbol{P}=\boldsymbol{P}^{\mathrm{T}}\boldsymbol{B}\boldsymbol{P}.$$

因为 $\boldsymbol{B}$ 为实对称阵，所以 $\boldsymbol{P}^{\mathrm{T}}\boldsymbol{B}\boldsymbol{P}$ 也为实对称阵. 从而存在正交矩阵 $\boldsymbol{Q}$，使

$$\boldsymbol{Q}^{\mathrm{T}}(\boldsymbol{P}^{\mathrm{T}}\boldsymbol{B}\boldsymbol{P})\boldsymbol{Q}=\begin{bmatrix} \lambda_1 & & & \\ & \lambda_2 & & \\ & & \ddots & \\ & & & \lambda_n \end{bmatrix},$$

其中 λ_i 为 $\boldsymbol{P}^{\mathrm{T}}\boldsymbol{B}\boldsymbol{P}$ 的特征值且全为实数. 令 $\boldsymbol{C}=\boldsymbol{P}\boldsymbol{Q}$，则 $\boldsymbol{C}$ 可逆且有

$$\boldsymbol{C}^{-1}\boldsymbol{A}\boldsymbol{B}\boldsymbol{C}=\begin{bmatrix} \lambda_1 & & & \\ & \lambda_2 & & \\ & & \ddots & \\ & & & \lambda_n \end{bmatrix},$$

即 $\boldsymbol{AB}$ 可对角化.

例题 20 求立体 $x^2+y^2+3z^2-xy+3xz-yz\leqslant 1$ 的体积.

解 二次型 $f=x^2+y^2+3z^2-xy+3xz-yz$ 的矩阵为

$$\boldsymbol{A}=\begin{bmatrix} 1 & -\frac{1}{2} & \frac{3}{2} \\ -\frac{1}{2} & 1 & -\frac{1}{2} \\ \frac{3}{2} & -\frac{1}{2} & 3 \end{bmatrix}.$$

由于 $1>0$，$\begin{vmatrix} 1 & -\frac{1}{2} \\ -\frac{1}{2} & 1 \end{vmatrix}=\frac{3}{4}>0$，$|\boldsymbol{A}|=\frac{1}{2}>0$，所以 $\boldsymbol{A}$ 为正定阵. 于是，存在正交变换

$$\begin{bmatrix} x \\ y \\ z \end{bmatrix} = \boldsymbol{T}\begin{bmatrix} x' \\ y' \\ z' \end{bmatrix},$$

使 $f=\lambda_1 x'^2+\lambda_2 y'^2+\lambda_3 z'^2$. 相应地,该立体的方程变为

$$\lambda_1 x'^2+\lambda_2 y'^2+\lambda_3 z'^2 \leqslant 1,$$

其中 $\lambda_1,\lambda_2,\lambda_3$ 为 $\boldsymbol{A}$ 的特征值. 显然 $\lambda_1,\lambda_2,\lambda_3>0$,由此知该立体是椭球体,故其体积为

$$V=\frac{4\pi}{3}\frac{1}{\sqrt{\lambda_1\lambda_2\lambda_3}}=\frac{4\pi}{3}\frac{1}{\sqrt{|\boldsymbol{A}|}}=\frac{4\sqrt{2}}{3}\pi.$$

五、自测练习

A 组

1. 设矩阵 $\boldsymbol{A}=\begin{bmatrix} -1 & 4 & 3 \\ -2 & 5 & 3 \\ 2 & -4 & -2 \end{bmatrix}$,求 $\boldsymbol{A}$ 的特征值与特征向量.

2. 设 3 阶方阵 $\boldsymbol{A}$ 的特征值为 1,2,3,求 $\boldsymbol{A}^3\boldsymbol{A}^*-3\boldsymbol{E}_3$ 的特征值,其中 $\boldsymbol{A}^*$ 是 $\boldsymbol{A}$ 的伴随矩阵.

3. 设 0 是 $\boldsymbol{A}=(a_{ij})_{4\times 4}$ 的二重特征值,1 是 $\boldsymbol{A}$ 的特征值,求 $\boldsymbol{A}$ 的特征多项式 $f_{\boldsymbol{A}}(\lambda)=|\lambda\boldsymbol{E}_4-\boldsymbol{A}|$.

4. 设 $\boldsymbol{A}=\begin{bmatrix} 1 & 2 & 0 \\ 0 & 2 & 0 \\ -2 & -1 & -1 \end{bmatrix}$,求 $\boldsymbol{A}^k$ 及 $\boldsymbol{A}^{100}$,其中 $k\in\mathbf{N}_+$.

5. 设 n 阶方阵 $\boldsymbol{A},\boldsymbol{B}$ 满足 $\boldsymbol{AB}-\boldsymbol{BA}=\boldsymbol{A}$,证明:$\boldsymbol{A}$ 是奇异阵.

6. 已知 3 阶实对称矩阵 $\boldsymbol{A}$ 的特征值为 5,5,−4,且 $\boldsymbol{x}=\begin{bmatrix} 2 \\ 1 \\ 2 \end{bmatrix}$ 是对应于 $\lambda=-4$的特征向量,求矩阵 $\boldsymbol{A}$.

7. 化二次型 $f=2x_1x_2+2x_1x_3-6x_2x_3$ 为标准形,并写出非奇异线性变换.

8. 用正交的线性变换化实二次型 $f=4x_1^2+x_2^2+4x_3^2-4x_1x_2+8x_1x_3-4x_2x_3$ 为标准形.

9. 求参数 t 的范围,使实二次型

$$f(x_1,x_2,x_3)=2x_1^2+2x_2^2+2x_3^2-2tx_1x_2-2tx_1x_3-2tx_2x_3$$

为正定二次型.

10. 证明：若 $\boldsymbol{A}=(a_{ij})_{n\times n}$ 为正定阵，则

(1) $a_{ii}>0, i=1,2,\cdots,n$;

(2) $\boldsymbol{A}$ 中绝对值最大的元素必是主对角元.

11. 设 $\boldsymbol{A},\boldsymbol{B}$ 均为 n 阶正定阵，试证：$|\boldsymbol{A}+\boldsymbol{B}|>|\boldsymbol{A}|+|\boldsymbol{B}|$.

12. 设矩阵 $\boldsymbol{A}=\begin{bmatrix}3 & 2 & -2\\ -k & -1 & k\\ 4 & 2 & -3\end{bmatrix}$. 问：$k$ 为何值时，存在可逆矩阵 $\boldsymbol{P}$，使得 $\boldsymbol{P}^{-1}\boldsymbol{AP}$ 为对角矩阵？并求出矩阵 $\boldsymbol{P}$ 和相应的对角矩阵.

13. 设 $\boldsymbol{A}=\begin{bmatrix}1 & 1 & k\\ 1 & k & 1\\ k & 1 & 1\end{bmatrix}$，$\boldsymbol{\beta}=\begin{bmatrix}1\\ 1\\ -2\end{bmatrix}$. 已知线性方程组 $\boldsymbol{Ax}=\boldsymbol{\beta}$ 有解但不唯一，试求：(1) k 的值；(2) 正交矩阵 $\boldsymbol{Q}$ 使 $\boldsymbol{Q}^{-1}\boldsymbol{AQ}$ 为对角矩阵.

B 组

1. 已知 3 阶方阵 $\boldsymbol{A}$ 的特征值为 $1,-1,2$，设 $\boldsymbol{B}=\boldsymbol{A}^3-5\boldsymbol{A}^2$，求 $\boldsymbol{B}$ 的特征值及 $|\boldsymbol{A}-5\boldsymbol{E}_3|$.

2. 设 n 阶矩阵 $\boldsymbol{A},\boldsymbol{B}$ 满足 $\mathrm{rank}(\boldsymbol{A})+\mathrm{rank}(\boldsymbol{B})<n$，证明：$\boldsymbol{A}$ 与 $\boldsymbol{B}$ 有公共的特征值及公共的特征向量.

3. 设 n 阶方阵 $\boldsymbol{A}$ 可逆，试证：$\boldsymbol{A}^{-1}$ 为 $\boldsymbol{A}$ 的多项式.

4. 已知向量 $\boldsymbol{\alpha}=\begin{bmatrix}1\\ k\\ 1\end{bmatrix}$ 是矩阵 $\boldsymbol{A}=\begin{bmatrix}2 & 1 & 1\\ 1 & 2 & 1\\ 1 & 1 & 2\end{bmatrix}$ 的逆矩阵 $\boldsymbol{A}^{-1}$ 的特征向量，试求常数 k 的值.

5. 设 $\boldsymbol{A}=\begin{pmatrix}a & b\\ c & d\end{pmatrix}$ 是一个实矩阵且 $ad-bc=1$. 求证：

(1) 若 $|\mathrm{trace}(\boldsymbol{A})|>2$，则存在可逆实矩阵 $\boldsymbol{T}$ 使

$$\boldsymbol{T}^{-1}\boldsymbol{AT}=\begin{bmatrix}\lambda & 0\\ 0 & \dfrac{1}{\lambda}\end{bmatrix},$$

其中 $\lambda\neq 0,\pm 1$.

(2) 若 $|\mathrm{trace}(\boldsymbol{A})|=2$ 且 $\boldsymbol{A}\neq\pm\boldsymbol{E}_2$，则存在可逆实矩阵 $\boldsymbol{T}$，使

$$\boldsymbol{T}^{-1}\boldsymbol{AT}=\begin{bmatrix}\delta & 1\\ 0 & \delta\end{bmatrix},$$

其中 $\delta=\pm 1$.

6. 求证：若 n 阶方阵 $\boldsymbol{A}$ 有 n 个互异的特征值，则 $\boldsymbol{AB}=\boldsymbol{BA}$ 的充要条件是 $\boldsymbol{A}$ 的特征向量也是 $\boldsymbol{B}$ 的特征向量.

7. 设 $\boldsymbol{A}=\boldsymbol{\alpha}\boldsymbol{\alpha}^{\mathrm{T}}$，其中 $\boldsymbol{\alpha}=(a_1,a_2,\cdots,a_n)^{\mathrm{T}}\neq\boldsymbol{0}$. 求一非奇异矩阵 $\boldsymbol{X}$，使得 $\boldsymbol{X}^{-1}\boldsymbol{AX}$ 为对角阵，并写出该对角阵.

8. 设 $1+k\boldsymbol{u}^{\mathrm{T}}\boldsymbol{u}>0$，$\boldsymbol{u}$ 为 n 维列向量，k 为常数，证明：$\boldsymbol{B}=\boldsymbol{E}_n+k\boldsymbol{u}\boldsymbol{u}^{\mathrm{T}}$ 是正定阵.

9. 设 $\boldsymbol{A},\boldsymbol{B}$ 均为 n 阶实对称阵，且 $\boldsymbol{B}$ 是正定阵，证明：存在实非奇异矩阵 $\boldsymbol{T}$ 使得

$$\boldsymbol{T}^{\mathrm{T}}\boldsymbol{AT}=\begin{bmatrix}\lambda_1 & & & \\ & \lambda_2 & & \\ & & \ddots & \\ & & & \lambda_n\end{bmatrix},\boldsymbol{T}^{\mathrm{T}}\boldsymbol{BT}=\boldsymbol{E}_n,$$

且 $\{\lambda_i\}_{i=1}^{n}$ 为 $|\boldsymbol{A}-\lambda\boldsymbol{B}|=0$ 的根，也是 $|\boldsymbol{B}^{-1}\boldsymbol{A}-\lambda\boldsymbol{E}_n|=0$ 的根.

10. 设 $\boldsymbol{A},\boldsymbol{B}$ 均为 n 阶正定阵，证明：$\boldsymbol{AB}$ 也是正定阵的充要条件是 $\boldsymbol{AB}=\boldsymbol{BA}$.

11. 求 $f(\boldsymbol{x})=\boldsymbol{x}^{\mathrm{T}}\boldsymbol{Ax}+2\boldsymbol{y}^{\mathrm{T}}\boldsymbol{x}+c$ 的极值，其中 $\boldsymbol{A}$ 是 n 阶正定阵，$\boldsymbol{y},\boldsymbol{x}\in\mathbf{R}^n$，$c\in\mathbf{R}$.

第六章 线性空间与线性变换

一、目的要求

1. 了解 n 维线性空间、子空间、基、维数、坐标等概念.

2. 掌握基变换和坐标变换公式,会求过渡矩阵.

3. 了解线性变换的定义、基本性质和运算规律.

4. 掌握线性变换在基下的矩阵的求法以及在不同基下矩阵之间的关系.

二、内容提要

1. 线性空间的简单性质:

(1) 零元素是唯一的;

(2) 负元素是唯一的;

(3) $0\boldsymbol{\alpha}=\mathbf{0}$, $k\,\mathbf{0}=\mathbf{0}$, $(-1)\boldsymbol{\alpha}=-\boldsymbol{\alpha}$, $\forall\,\boldsymbol{\alpha}\in V, k\in\mathbf{R}$;

(4) 若 $k\boldsymbol{\alpha}=\mathbf{0}$,则 $k=0$ 或 $\boldsymbol{\alpha}=\mathbf{0}$, $\forall\,\boldsymbol{\alpha}\in V, k\in\mathbf{R}$.

2. 线性变换的简单性质(V 是线性空间,σ 是 V 的一个线性变换):

(1) $\sigma(\mathbf{0})=\mathbf{0}$, $\sigma(-\boldsymbol{\alpha})=-\sigma(\boldsymbol{\alpha})$, $\forall\,\boldsymbol{\alpha}\in V$;

(2) $\sigma\left(\sum\limits_{i=1}^{s}k_i\boldsymbol{\alpha}_i\right)=\sum\limits_{i=1}^{s}k_i\sigma(\boldsymbol{\alpha}_i)$, $\forall\,\boldsymbol{\alpha}_i\in V, i=1,2,\cdots,s$;

(3) 若 $\boldsymbol{\alpha}_1,\boldsymbol{\alpha}_2,\cdots,\boldsymbol{\alpha}_s\in V$ 线性相关,则 $\sigma(\boldsymbol{\alpha}_1),\cdots,\sigma(\boldsymbol{\alpha}_s)$ 也线性相关,反之不然;

(4) 若 $\sigma(\boldsymbol{\alpha}_1),\cdots,\sigma(\boldsymbol{\alpha}_s)$ 线性无关,则 $\boldsymbol{\alpha}_1,\boldsymbol{\alpha}_2,\cdots,\boldsymbol{\alpha}_s$ 也线性无关.

3. 线性空间 V 的非空子集 W 是 V 的子空间$\Leftrightarrow W$ 对于 V 的两种代数运算是封闭的.

4. 设 $\boldsymbol{\alpha}_1,\boldsymbol{\alpha}_2,\cdots,\boldsymbol{\alpha}_r$ 是线性空间 V 中的一组向量,则非空子集

$$W=\left\{\sum_{i=1}^{r}k_i\boldsymbol{\alpha}_i\,\middle|\,\forall\,k_i\in\mathbf{R}\right\}=L(\boldsymbol{\alpha}_1,\boldsymbol{\alpha}_2,\cdots,\boldsymbol{\alpha}_r)$$

构成 V 的一个子空间,称为由向量 $\boldsymbol{\alpha}_1,\boldsymbol{\alpha}_2,\cdots,\boldsymbol{\alpha}_r$ 生成的子空间. 关于生成子空间

及其维数有如下结果：

(1) 两个向量组生成相同的子空间⇔这两个向量组等价；

(2) $\dim(L(\boldsymbol{\alpha}_1,\boldsymbol{\alpha}_2,\cdots,\boldsymbol{\alpha}_s))=\operatorname{rank}\{\boldsymbol{\alpha}_1,\boldsymbol{\alpha}_2,\cdots,\boldsymbol{\alpha}_s\}$.

5. 设 $\boldsymbol{\alpha}_1,\boldsymbol{\alpha}_2,\cdots,\boldsymbol{\alpha}_n$ 为线性空间 V 的一个基，且 $\boldsymbol{\alpha}=x_1\boldsymbol{\alpha}_1+\cdots+x_n\boldsymbol{\alpha}_n$，则称 $(x_1,x_2,\cdots,x_n)^{\mathrm{T}}$ 为 $\boldsymbol{\alpha}$ 在该基下的坐标，且 $(x_1,\cdots,x_n)^{\mathrm{T}}$ 被 $\boldsymbol{\alpha}$ 与基 $\boldsymbol{\alpha}_1,\cdots,\boldsymbol{\alpha}_n$ 唯一确定.

6. 设 $\boldsymbol{\alpha}_1,\cdots,\boldsymbol{\alpha}_n$ 及 $\boldsymbol{\beta}_1,\cdots,\boldsymbol{\beta}_n$ 是线性空间 V 的两个基，且

$$\begin{cases}\boldsymbol{\beta}_1=a_{11}\boldsymbol{\alpha}_1+a_{21}\boldsymbol{\alpha}_2+\cdots+a_{n1}\boldsymbol{\alpha}_n,\\ \boldsymbol{\beta}_2=a_{12}\boldsymbol{\alpha}_1+a_{22}\boldsymbol{\alpha}_2+\cdots+a_{n2}\boldsymbol{\alpha}_n,\\ \qquad\vdots\\ \boldsymbol{\beta}_n=a_{1n}\boldsymbol{\alpha}_1+a_{2n}\boldsymbol{\alpha}_2+\cdots+a_{nn}\boldsymbol{\alpha}_n,\end{cases}$$

则矩阵

$$\boldsymbol{P}=\begin{bmatrix}a_{11} & a_{12} & \cdots & a_{1n}\\ a_{21} & a_{22} & \cdots & a_{2n}\\ \vdots & \vdots & & \vdots\\ a_{n1} & a_{n2} & \cdots & a_{nn}\end{bmatrix}$$

称为由基 $\boldsymbol{\alpha}_1,\cdots,\boldsymbol{\alpha}_n$ 到基 $\boldsymbol{\beta}_1,\cdots,\boldsymbol{\beta}_n$ 的过渡矩阵，且 $\boldsymbol{P}$ 既是可逆的又是唯一的.

7. 若 $\boldsymbol{\alpha}$ 在基 $\boldsymbol{\alpha}_1,\cdots,\boldsymbol{\alpha}_n$ 与基 $\boldsymbol{\beta}_1,\cdots,\boldsymbol{\beta}_n$ 下的坐标分别为 $(x_1,x_2,\cdots,x_n)$ 及 $(y_1,y_2,\cdots,y_n)$，则有坐标变换公式

$$\begin{bmatrix}x_1\\ x_2\\ \vdots\\ x_n\end{bmatrix}=\boldsymbol{P}\begin{bmatrix}y_1\\ y_2\\ \vdots\\ y_n\end{bmatrix},$$

其中 $\boldsymbol{P}$ 是由基 $\boldsymbol{\alpha}_1,\cdots,\boldsymbol{\alpha}_n$ 到基 $\boldsymbol{\beta}_1,\cdots,\boldsymbol{\beta}_n$ 的过渡矩阵.

8. 设 σ 是线性空间 V 的一个线性变换，而 $\boldsymbol{\alpha}_1,\cdots,\boldsymbol{\alpha}_n$ 是 V 的一组基，若

$$\begin{cases}\sigma(\boldsymbol{\alpha}_1)=a_{11}\boldsymbol{\alpha}_1+a_{21}\boldsymbol{\alpha}_2+\cdots+a_{n1}\boldsymbol{\alpha}_n,\\ \sigma(\boldsymbol{\alpha}_2)=a_{12}\boldsymbol{\alpha}_1+a_{22}\boldsymbol{\alpha}_2+\cdots+a_{n2}\boldsymbol{\alpha}_n,\\ \qquad\vdots\\ \sigma(\boldsymbol{\alpha}_n)=a_{1n}\boldsymbol{\alpha}_1+a_{2n}\boldsymbol{\alpha}_2+\cdots+a_{nn}\boldsymbol{\alpha}_n,\end{cases}$$

则矩阵

$$A=\begin{bmatrix} a_{11} & a_{12} & \cdots & a_{1n} \\ a_{21} & a_{22} & \cdots & a_{2n} \\ \vdots & \vdots & & \vdots \\ a_{n1} & a_{n2} & \cdots & a_{nn} \end{bmatrix}$$

称为线性变换 σ 在基 $\boldsymbol{\alpha}_1,\cdots,\boldsymbol{\alpha}_n$ 下的矩阵. 若线性变换 σ 在基 $\boldsymbol{\alpha}_1,\cdots,\boldsymbol{\alpha}_n$ 下的矩阵为 $\boldsymbol{A}$,在基 $\boldsymbol{\beta}_1,\cdots,\boldsymbol{\beta}_n$ 下的矩阵为 $\boldsymbol{B}$,则

$$\boldsymbol{P}^{-1}\boldsymbol{A}\boldsymbol{P}=\boldsymbol{B},$$

其中 $\boldsymbol{P}$ 是由基 $\boldsymbol{\alpha}_1,\cdots,\boldsymbol{\alpha}_n$ 到基 $\boldsymbol{\beta}_1,\cdots,\boldsymbol{\beta}_n$ 的过渡矩阵.

9. 设 σ,τ 在同一基下的矩阵分别为 $\boldsymbol{A},\boldsymbol{B}$,则 $\sigma+\tau,k\sigma,\sigma\tau,\sigma^m$($m$ 为正整数)在该基下的矩阵分别为 $\boldsymbol{A}+\boldsymbol{B},k\boldsymbol{A},\boldsymbol{AB},\boldsymbol{A}^m$.

10. 设线性变换 σ 在基 $\boldsymbol{\alpha}_1,\cdots,\boldsymbol{\alpha}_n$ 下的矩阵为 $\boldsymbol{A}$,又 $\boldsymbol{\alpha}$ 与 $\sigma(\boldsymbol{\alpha})$ 在该基下的坐标分别为 $\boldsymbol{x}=\begin{bmatrix} x_1 \\ \vdots \\ x_n \end{bmatrix}$,$\boldsymbol{y}=\begin{bmatrix} y_1 \\ \vdots \\ y_n \end{bmatrix}$,则 $\boldsymbol{Ax}=\boldsymbol{y}$.

11. 设 V_1 与 V_2 都是线性空间 V 的子空间,则

$V_1\cap V_2=\{\boldsymbol{\alpha}\in V\mid\boldsymbol{\alpha}\in V_1$ 且 $\boldsymbol{\alpha}\in V_2\}$ 与 $V_1+V_2=\{\boldsymbol{\alpha}_1+\boldsymbol{\alpha}_2\mid\boldsymbol{\alpha}_1\in V_1,\boldsymbol{\alpha}_2\in V_2\}$ 都是 V 的子空间.

12. 设 V_1 与 V_2 均为 V 的子空间,则

$$\dim(V_1+V_2)+\dim(V_1\cap V_2)=\dim(V_1)+\dim(V_2).$$

13. 设 $\boldsymbol{\varepsilon}_1,\cdots,\boldsymbol{\varepsilon}_n$ 是 n 维线性空间 V 的一组基,则对于 V 中任意给定的 n 个向量 $\boldsymbol{\alpha}_1,\boldsymbol{\alpha}_2,\cdots,\boldsymbol{\alpha}_n$,必存在唯一的线性变换 σ,使得

$$\sigma(\boldsymbol{\varepsilon}_i)=\boldsymbol{\alpha}_i,i=1,2,\cdots,n.$$

14. 设 $\boldsymbol{\varepsilon}_1,\boldsymbol{\varepsilon}_2,\cdots,\boldsymbol{\varepsilon}_n$ 是 n 维线性空间 V 的一组基,$\boldsymbol{A}=(a_{ij})_{n\times n}$是任一 n 阶方阵,则必存在唯一的线性变换 σ,使

$$\sigma(\boldsymbol{\varepsilon}_1,\boldsymbol{\varepsilon}_2,\cdots,\boldsymbol{\varepsilon}_n)=(\boldsymbol{\varepsilon}_1,\boldsymbol{\varepsilon}_2,\cdots,\boldsymbol{\varepsilon}_n)\boldsymbol{A}.$$

三、复习提问

1. 在线性空间定义中,运算律(vii):$(k+l)\boldsymbol{\alpha}=k\boldsymbol{\alpha}+l\boldsymbol{\alpha}$ 中,两个加号表示的加法运算各代表什么意义? 在运算律(vi):$(kl)\boldsymbol{\alpha}=k(l\boldsymbol{\alpha})$ 中,各种积表示何种运算?

答 第一个加号表示数域中数的加法运算,第二个加号表示线性空间中向量的加法运算;在 $(kl)\boldsymbol{\alpha}=k(l\boldsymbol{\alpha})$ 中,第一个积表示数域中两个数的乘法,第二、第四个积表示数与线性空间中的向量 $\boldsymbol{\alpha}$ 的数乘运算,第三个积表示数域中的数 k

与线性空间中的向量 $l\boldsymbol{\alpha}$ 的数乘运算.

2. 按通常实数域 $\mathbf{R}$ 上 3 维向量的加法及数乘运算,下列 3 维向量的集合是否是 $\mathbf{R}$ 上的线性空间? 并说明其几何意义.

(1) $V_1=\left\{(a,b,c)\left|\frac{a}{2}=\frac{b}{3}=\frac{c}{4},a,b,c\in\mathbf{R}\right.\right\}$;

(2) $V_2=\left\{(a,b,c)\left|\frac{a}{2}=\frac{b}{3}=\frac{c-1}{4},a,b,c\in\mathbf{R}\right.\right\}$;

(3) $V_3=\{(a,b,c)\mid a+b+c=0,a,b,c\in\mathbf{R}\}$;

(4) $V_4=\{(a,b,c)\mid a+b+c=1,a,b,c\in\mathbf{R}\}$.

解 (1) V_1 是 $\mathbf{R}$ 上的线性空间,其几何意义是:它表示过原点的一条直线.事实上,$V_1=\{(2t,3t,4t)\mid t\in\mathbf{R}\}$,显然它满足线性空间定义中的全部条件.

(2) V_2 不是 $\mathbf{R}$ 上的线性空间,因为它不含零向量.其几何意义是:它表示过点(0,0,1)的一条直线.

(3) V_3 是 $\mathbf{R}$ 上的线性空间,其几何意义是:它表示过原点的一个平面.

(4) V_4 不是 $\mathbf{R}$ 上的线性空间,因为它不含零向量.其几何意义是:它表示一个不过原点的平面.

3. 按给定的运算,下列集合是否构成 $\mathbf{R}$ 上的线性空间?

(1) 常微分方程 $y'''+3y''+2y'+y=0$ 的全体解,对通常函数的加法及数与函数的乘法;

(2) 线性方程 $x_1+3x_2+2x_3+x_4=0$ 的全体解,对通常 4 维向量的加法及数乘[这里将方程的每个解 x_1,x_2,x_3,x_4 视为一个 4 维向量(x_1,x_2,x_3,x_4)].

答 (1)与(2)均构成 $\mathbf{R}$ 上的线性空间.

4. 向量空间的基和维数是怎样定义的?

答 给定向量空间 V 的一组向量 $\boldsymbol{\alpha}_1,\cdots,\boldsymbol{\alpha}_n$,若满足条件:(i) 线性无关;(ii) 每个向量 $\boldsymbol{v}\in V$ 皆可由 $\boldsymbol{\alpha}_1,\cdots,\boldsymbol{\alpha}_n$ 线性表示,即存在数 $\lambda_1,\lambda_2,\cdots,\lambda_n$ 使得 $\boldsymbol{v}=\lambda_1\boldsymbol{\alpha}_1+\cdots+\lambda_n\boldsymbol{\alpha}_n$.则称这组向量为空间 V 的一组基,而上面展开式中的系数 $(\lambda_1,\cdots,\lambda_n)^{\mathrm{T}}$ 称为向量 $\boldsymbol{v}$ 在这组基下的坐标.向量空间 V 的任一基中所含向量的个数,称为空间 V 的维数,记为 $\dim(V)$.

5. 设 $V=\mathbf{R}^3$,判断 V 的下列子集哪些是 V 的子空间.

(1) 令 $\mathbf{A}=\begin{bmatrix}1&2&1\\0&1&-1\\0&2&-2\end{bmatrix}$,$W_1=\{\mathbf{A}\boldsymbol{x}=\mathbf{0}$的所有解$\}$;

(2) 令 $\mathbf{A}=\begin{bmatrix}1 & 2 & 1\\0 & 1 & -1\\0 & 2 & -2\end{bmatrix}$,$\boldsymbol{\beta}=\begin{bmatrix}0\\0\\1\end{bmatrix}$,$W_2=\{$线性方程组 $\mathbf{A}\boldsymbol{x}=\boldsymbol{\beta}$ 的所有解$\}$.

答 W_1 是 V 的子空间,W_2 不是 V 的子空间.

6. 请问 $W_1=\{(a,2a,3a)\mid a\in\mathbf{R}\}$ 是 $V=\mathbf{R}^3$ 的子空间吗？若是,请给出 W_1 的一组基及 W_1 的维数.

答 W_1 是 V 的子空间,向量 $\boldsymbol{\xi}=(1,2,3)$ 为 W_1 的一组基,$\dim(W_1)=1$.

7. 判断下列命题是否正确：

设 σ 是线性空间 V 的一个变换,

(1) 若 σ 还保持 V 中向量的加法,则 σ 是一个线性变换；

(2) 若 σ 保持 V 中向量的线性组合,则 σ 是一个线性变换；

(3) 若 σ 可将线性相关的向量变成线性无关的向量,则 σ 是一个线性变换；

(4) 若 σ 将线性相关的向量变成线性相关的向量,则 σ 是一个线性变换.

答 (2)正确,(1)(3)(4)均不正确.

8. 判断下列命题是否正确：

设 σ 是线性空间 V 的一个线性变换,

(1) 若 $\boldsymbol{\alpha}_1,\boldsymbol{\alpha}_2,\cdots,\boldsymbol{\alpha}_s$ 线性无关,则 $\sigma(\boldsymbol{\alpha}_1),\sigma(\boldsymbol{\alpha}_2),\cdots,\sigma(\boldsymbol{\alpha}_s)$ 也线性无关；

(2) 若 $\sigma(\boldsymbol{\alpha}_1),\sigma(\boldsymbol{\alpha}_2),\cdots,\sigma(\boldsymbol{\alpha}_s)$ 线性无关,则 $\boldsymbol{\alpha}_1,\boldsymbol{\alpha}_2,\cdots,\boldsymbol{\alpha}_s$ 也线性无关；

(3) 若 $\sigma(\boldsymbol{\alpha}_1),\sigma(\boldsymbol{\alpha}_2),\cdots,\sigma(\boldsymbol{\alpha}_s)$ 线性相关,则 $\boldsymbol{\alpha}_1,\boldsymbol{\alpha}_2,\cdots,\boldsymbol{\alpha}_s$ 也线性相关；

(4) 若 $\sigma(\boldsymbol{\gamma})$ 可以由 $\sigma(\boldsymbol{\alpha})$ 与 $\sigma(\boldsymbol{\beta})$ 线性表示,则 $\boldsymbol{\gamma}$ 也可以由 $\boldsymbol{\alpha},\boldsymbol{\beta}$ 线性表示.

答 (2)正确,(1)(3)(4)均不正确.

9. 设数域 $\mathbf{R}$ 上 3 维线性空间 V 的线性变换 σ 关于基 $\boldsymbol{\varepsilon}_1,\boldsymbol{\varepsilon}_2,\boldsymbol{\varepsilon}_3$ 的矩阵为

$$\mathbf{A}=\begin{bmatrix}a_{11} & a_{12} & a_{13}\\a_{21} & a_{22} & a_{23}\\a_{31} & a_{32} & a_{33}\end{bmatrix}.$$

则 σ 在基 $\boldsymbol{\varepsilon}_2,\boldsymbol{\varepsilon}_3,k\boldsymbol{\varepsilon}_1(k\neq0)$ 下的矩阵为

(1) $\begin{bmatrix}ka_{11} & a_{21} & a_{31}\\ka_{12} & a_{22} & a_{32}\\ka_{13} & a_{23} & a_{33}\end{bmatrix}$;　　(2) $\begin{bmatrix}a_{21} & a_{22} & a_{23}\\a_{31} & a_{32} & a_{33}\\\frac{1}{k}a_{11} & \frac{1}{k}a_{12} & \frac{1}{k}a_{13}\end{bmatrix}$;

(3) $\begin{bmatrix}a_{22} & a_{23} & a_{21}\\a_{32} & a_{33} & a_{31}\\\frac{1}{k}a_{12} & \frac{1}{k}a_{13} & \frac{1}{k}a_{11}\end{bmatrix}$;　　(4) $\begin{bmatrix}a_{22} & a_{23} & ka_{21}\\a_{32} & a_{33} & ka_{31}\\\frac{1}{k}a_{12} & \frac{1}{k}a_{13} & a_{11}\end{bmatrix}$.

答　(4)正确.

10. 设 $\boldsymbol{\varepsilon}_1,\boldsymbol{\varepsilon}_2,\cdots,\boldsymbol{\varepsilon}_n$ 与 $\boldsymbol{\varepsilon}_1',\boldsymbol{\varepsilon}_2',\cdots,\boldsymbol{\varepsilon}_n'$ 是 n 维线性空间 V 的两组基,且有

$$\begin{cases}\boldsymbol{\varepsilon}_1'=a_{11}\boldsymbol{\varepsilon}_1+a_{21}\boldsymbol{\varepsilon}_2+\cdots+a_{n1}\boldsymbol{\varepsilon}_n,\\ \boldsymbol{\varepsilon}_2'=a_{12}\boldsymbol{\varepsilon}_1+a_{22}\boldsymbol{\varepsilon}_2+\cdots+a_{n2}\boldsymbol{\varepsilon}_n,\\ \qquad\vdots\\ \boldsymbol{\varepsilon}_n'=a_{1n}\boldsymbol{\varepsilon}_1+a_{2n}\boldsymbol{\varepsilon}_2+\cdots+a_{nn}\boldsymbol{\varepsilon}_n,\end{cases}$$

而

$$\mathbf{A}=\begin{bmatrix}a_{11}&a_{21}&\cdots&a_{n1}\\a_{12}&a_{22}&\cdots&a_{n2}\\\vdots&\vdots&&\vdots\\a_{1n}&a_{2n}&\cdots&a_{nn}\end{bmatrix},$$

则由基 $\boldsymbol{\varepsilon}_1',\boldsymbol{\varepsilon}_2',\cdots,\boldsymbol{\varepsilon}_n'$ 到基 $\boldsymbol{\varepsilon}_1,\boldsymbol{\varepsilon}_2,\cdots,\boldsymbol{\varepsilon}_n$ 的过渡矩阵为

(1) $\mathbf{A}$;　　(2) $\mathbf{A}^{\mathrm{T}}$;　　(3) $\mathbf{A}^{-1}$;　　(4) $(\mathbf{A}^{\mathrm{T}})^{-1}$.

答　(4)正确.

11. 说明 xOy 平面上变换 $\sigma\left(\begin{bmatrix}x\\y\end{bmatrix}\right)=\mathbf{A}\begin{bmatrix}x\\y\end{bmatrix}$ 的几何意义,其中

(1) $\mathbf{A}=\begin{bmatrix}-1&0\\0&1\end{bmatrix}$;　　(2) $\mathbf{A}=\begin{bmatrix}0&0\\0&1\end{bmatrix}$;

(3) $\mathbf{A}=\begin{bmatrix}0&1\\1&0\end{bmatrix}$;　　(4) $\mathbf{A}=\begin{bmatrix}0&1\\-1&0\end{bmatrix}$.

答　(1) $\sigma\left(\begin{bmatrix}x\\y\end{bmatrix}\right)=\begin{bmatrix}-1&0\\0&1\end{bmatrix}\begin{bmatrix}x\\y\end{bmatrix}=\begin{bmatrix}-x\\y\end{bmatrix}$,故 σ 是关于 y 轴对称的变换;

(2) $\sigma\left(\begin{bmatrix}x\\y\end{bmatrix}\right)=\begin{bmatrix}0&0\\0&1\end{bmatrix}\begin{bmatrix}x\\y\end{bmatrix}=\begin{bmatrix}0\\y\end{bmatrix}$,故 σ 是向 y 轴投影的变换;

(3) $\sigma\left(\begin{bmatrix}x\\y\end{bmatrix}\right)=\begin{bmatrix}0&1\\1&0\end{bmatrix}\begin{bmatrix}x\\y\end{bmatrix}=\begin{bmatrix}y\\x\end{bmatrix}$,故 σ 是关于直线 $y=x$ 对称的变换;

(4) $\sigma\left(\begin{bmatrix}x\\y\end{bmatrix}\right)=\begin{bmatrix}0&1\\-1&0\end{bmatrix}\begin{bmatrix}x\\y\end{bmatrix}=\begin{bmatrix}y\\-x\end{bmatrix}$,故 σ 是顺时针旋转 90°的变换.

四、例题分析

例题 1　设 $V=\{(a,b)\mid a,b\in\mathbf{R}\}=\mathbf{R}^2$. 对如下规定的⊕,⊙来说,$V$ 是 $\mathbf{R}$ 上的线性空间吗?

(1) $(a_1,b_1)\oplus(a_2,b_2)=\left(a_1a_2,\dfrac{b_1}{b_2}\right)$,

$k\odot(a,b)=(0,0)$.

(2) $(a_1,b_1)\oplus(a_2,b_2)=(a_1+a_2,b_1b_2)$,

$k\odot(a,b)=(ka,kb)$.

解 注意到在(1)中,若$(3,2),(1,0)\in V$,但$(3,2)\oplus(1,0)=\left(3,\dfrac{2}{0}\right)$无意义.这说明$\oplus$不是$V$的加法运算,因此对(1)中规定的$\oplus$,$\odot$,$V$不是$\mathbf{R}$上的线性空间.

对(2),容易验证$\oplus$,$\odot$是V的两个运算,且V中的零向量$\mathbf{0}=(0,1)$,但在V中不是每个向量都有负向量,比如$(2,0)$就没有负向量.这样,对(2)中规定的$\oplus$,$\odot$来说,V也不是$\mathbf{R}$上的线性空间.

例题 2 在$\mathbf{R}^3$中求向量$\boldsymbol{\alpha}=\begin{bmatrix}3\\7\\1\end{bmatrix}$在基

$$\boldsymbol{\alpha}_1=\begin{bmatrix}1\\3\\5\end{bmatrix},\boldsymbol{\alpha}_2=\begin{bmatrix}6\\3\\2\end{bmatrix},\boldsymbol{\alpha}_3=\begin{bmatrix}3\\1\\0\end{bmatrix}$$

下的坐标.

解 设$\boldsymbol{\alpha}=x_1\boldsymbol{\alpha}_1+x_2\boldsymbol{\alpha}_2+x_3\boldsymbol{\alpha}_3$.将其增广矩阵作初等行变换可得

$$[\boldsymbol{\alpha}_1,\boldsymbol{\alpha}_2,\boldsymbol{\alpha}_3,\boldsymbol{\alpha}]=\begin{bmatrix}1&6&3&3\\3&3&1&7\\5&2&0&1\end{bmatrix}\sim\begin{bmatrix}1&0&0&33\\0&1&0&-82\\0&0&1&154\end{bmatrix}.$$

故$x_1=33,x_2=-82,x_3=154$.所以$\boldsymbol{\alpha}$在基$\boldsymbol{\alpha}_1,\boldsymbol{\alpha}_2,\boldsymbol{\alpha}_3$下的坐标为$\begin{bmatrix}33\\-82\\154\end{bmatrix}$.

例题 3 已知实数域$\mathbf{R}$上的所有2阶矩阵,对于矩阵的加法与数量乘法,构成$\mathbf{R}$上的4维线性空间,记作$V=\mathbf{R}^{2\times2}$.

(1) 分别证明:

$$\boldsymbol{\alpha}_1=\begin{bmatrix}1&0\\0&0\end{bmatrix},\boldsymbol{\alpha}_2=\begin{bmatrix}1&1\\0&0\end{bmatrix},\boldsymbol{\alpha}_3=\begin{bmatrix}1&1\\1&0\end{bmatrix},\boldsymbol{\alpha}_4=\begin{bmatrix}1&1\\1&1\end{bmatrix}\text{与}$$

$$\boldsymbol{\beta}_1=\begin{bmatrix}-1&1\\1&1\end{bmatrix},\boldsymbol{\beta}_2=\begin{bmatrix}1&-1\\1&1\end{bmatrix},\boldsymbol{\beta}_3=\begin{bmatrix}1&1\\-1&1\end{bmatrix},\boldsymbol{\beta}_4=\begin{bmatrix}1&1\\1&-1\end{bmatrix}$$

均为$\mathbf{R}^{2\times2}$的基.

(2) 对于 $\mathbf{R}^{2\times2}$ 中的任意元素 $\boldsymbol{\alpha}=\begin{bmatrix}a_{11} & a_{12}\\ a_{21} & a_{22}\end{bmatrix}$,求 $\boldsymbol{\alpha}$ 在基 $\boldsymbol{\alpha}_1,\boldsymbol{\alpha}_2,\boldsymbol{\alpha}_3,\boldsymbol{\alpha}_4$ 下的坐标;

(3) 求由基 $\boldsymbol{\alpha}_1,\boldsymbol{\alpha}_2,\boldsymbol{\alpha}_3,\boldsymbol{\alpha}_4$ 到 $\boldsymbol{\beta}_1,\boldsymbol{\beta}_2,\boldsymbol{\beta}_3,\boldsymbol{\beta}_4$ 的过渡矩阵 $\mathbf{A}$.

解 (1) 设 $x_1\boldsymbol{\alpha}_1+x_2\boldsymbol{\alpha}_2+x_3\boldsymbol{\alpha}_3+x_4\boldsymbol{\alpha}_4=\boldsymbol{O}$,即

$$x_1\begin{bmatrix}1 & 0\\ 0 & 0\end{bmatrix}+x_2\begin{bmatrix}1 & 1\\ 0 & 0\end{bmatrix}+x_3\begin{bmatrix}1 & 1\\ 1 & 0\end{bmatrix}+x_4\begin{bmatrix}1 & 1\\ 1 & 1\end{bmatrix}=\begin{bmatrix}0 & 0\\ 0 & 0\end{bmatrix},$$

也即

$$\begin{bmatrix}x_1+x_2+x_3+x_4 & x_2+x_3+x_4\\ x_3+x_4 & x_4\end{bmatrix}=\begin{bmatrix}0 & 0\\ 0 & 0\end{bmatrix},$$

所以

$$\begin{cases}x_1+x_2+x_3+x_4=0,\\ x_2+x_3+x_4=0,\\ x_3+x_4=0,\\ x_4=0.\end{cases}$$

由此可得 $x_1=x_2=x_3=x_4=0$,即 $\boldsymbol{\alpha}_1,\boldsymbol{\alpha}_2,\boldsymbol{\alpha}_3,\boldsymbol{\alpha}_4$ 线性无关,它们构成 $\mathbf{R}^{2\times2}$ 的一组基.

类似地,设 $x_1\boldsymbol{\beta}_1+x_2\boldsymbol{\beta}_2+x_3\boldsymbol{\beta}_3+x_4\boldsymbol{\beta}_4=\boldsymbol{O}$,即

$$x_1\begin{bmatrix}-1 & 1\\ 1 & 1\end{bmatrix}+x_2\begin{bmatrix}1 & -1\\ 1 & 1\end{bmatrix}+x_3\begin{bmatrix}1 & 1\\ -1 & 1\end{bmatrix}+x_4\begin{bmatrix}1 & 1\\ 1 & -1\end{bmatrix}=\begin{bmatrix}0 & 0\\ 0 & 0\end{bmatrix},$$

可得到

$$\begin{cases}-x_1+x_2+x_3+x_4=0,\\ x_1-x_2+x_3+x_4=0,\\ x_1+x_2-x_3+x_4=0,\\ x_1+x_2+x_3-x_4=0.\end{cases}$$

该齐次线性方程组的系数行列式

$$\begin{vmatrix}-1 & 1 & 1 & 1\\ 1 & -1 & 1 & 1\\ 1 & 1 & -1 & 1\\ 1 & 1 & 1 & -1\end{vmatrix}=-6\neq0.$$

因此,方程组只有零解 $x_1=x_2=x_3=x_4=0$,从而 $\boldsymbol{\beta}_1,\boldsymbol{\beta}_2,\boldsymbol{\beta}_3,\boldsymbol{\beta}_4$ 线性无关,为 $\mathbf{R}^{2\times2}$ 的一组基.

(2) 设 $\boldsymbol{\alpha}=x_1\boldsymbol{\alpha}_1+x_2\boldsymbol{\alpha}_2+x_3\boldsymbol{\alpha}_3+x_4\boldsymbol{\alpha}_4$,即

$$x_1\begin{bmatrix}1 & 0\\ 0 & 0\end{bmatrix}+x_2\begin{bmatrix}1 & 1\\ 0 & 0\end{bmatrix}+x_3\begin{bmatrix}1 & 1\\ 1 & 0\end{bmatrix}+x_4\begin{bmatrix}1 & 1\\ 1 & 1\end{bmatrix}=\begin{bmatrix}a_{11} & a_{12}\\ a_{21} & a_{22}\end{bmatrix},$$

得到
$$\begin{cases}x_1+x_2+x_3+x_4=a_{11},\\x_2+x_3+x_4=a_{12},\\x_3+x_4=a_{21},\\x_4=a_{22},\end{cases}$$

故
$$\begin{cases}x_1=a_{11}-a_{12},\\x_2=a_{12}-a_{21},\\x_3=a_{21}-a_{22},\\x_4=a_{22}.\end{cases}$$

所以 $\boldsymbol{\alpha}$ 在基 $\boldsymbol{\alpha}_1,\boldsymbol{\alpha}_2,\boldsymbol{\alpha}_3,\boldsymbol{\alpha}_4$ 下的坐标为$(a_{11}-a_{12},a_{12}-a_{21},a_{21}-a_{22},a_{22})^{\mathrm{T}}$.

(3) 由(2)的结果可知：$\boldsymbol{\beta}_1,\boldsymbol{\beta}_2,\boldsymbol{\beta}_3,\boldsymbol{\beta}_4$ 在基 $\boldsymbol{\alpha}_1,\boldsymbol{\alpha}_2,\boldsymbol{\alpha}_3,\boldsymbol{\alpha}_4$ 下的坐标分别为$(-2,0,0,1)^{\mathrm{T}},(2,-2,0,1)^{\mathrm{T}},(0,2,-2,1)^{\mathrm{T}},(0,0,2,-1)^{\mathrm{T}}$. 即

$$\boldsymbol{\beta}_1=-2\boldsymbol{\alpha}_1+\boldsymbol{\alpha}_4,$$
$$\boldsymbol{\beta}_2=2\boldsymbol{\alpha}_1-2\boldsymbol{\alpha}_2+\boldsymbol{\alpha}_4,$$
$$\boldsymbol{\beta}_3=2\boldsymbol{\alpha}_2-2\boldsymbol{\alpha}_3+\boldsymbol{\alpha}_4,$$
$$\boldsymbol{\beta}_4=2\boldsymbol{\alpha}_3-\boldsymbol{\alpha}_4,$$

因此

$$(\boldsymbol{\beta}_1,\boldsymbol{\beta}_2,\boldsymbol{\beta}_3,\boldsymbol{\beta}_4)=(\boldsymbol{\alpha}_1,\boldsymbol{\alpha}_2,\boldsymbol{\alpha}_3,\boldsymbol{\alpha}_4)\begin{bmatrix}-2&2&0&0\\0&-2&2&0\\0&0&-2&2\\1&1&1&-1\end{bmatrix},$$

即过渡矩阵 $\boldsymbol{A}=\begin{bmatrix}-2&2&0&0\\0&-2&2&0\\0&0&-2&2\\1&1&1&-1\end{bmatrix}$.

例题 4 在 $\mathbf{R}^4$ 中，求由向量 $\boldsymbol{\alpha}_1,\boldsymbol{\alpha}_2,\boldsymbol{\alpha}_3,\boldsymbol{\alpha}_4$ 生成的线性子空间的维数和一组基. 其中 $\boldsymbol{\alpha}_1=(2,1,-1,-2)^{\mathrm{T}},\boldsymbol{\alpha}_2=(1,0,-3,2)^{\mathrm{T}},\boldsymbol{\alpha}_3=(2,2,1,-1)^{\mathrm{T}},\boldsymbol{\alpha}_4=(3,3,3,-5)^{\mathrm{T}}$.

解 由 $\boldsymbol{\alpha}_1,\boldsymbol{\alpha}_2,\boldsymbol{\alpha}_3,\boldsymbol{\alpha}_4$ 生成的子空间的维数即为该向量组的秩，其基即为该向量组的一个极大线性无关组.

对矩阵$[\boldsymbol{\alpha}_1,\boldsymbol{\alpha}_2,\boldsymbol{\alpha}_3,\boldsymbol{\alpha}_4]$作初等变换可得

$$\begin{bmatrix} 2 & 1 & 2 & 3 \\ 1 & 0 & 2 & 3 \\ -1 & -3 & 1 & 3 \\ -2 & 2 & -1 & -5 \end{bmatrix} \sim \begin{bmatrix} 1 & 1 & 0 & 0 \\ 0 & 1 & -2 & -3 \\ 0 & 0 & 1 & 1 \\ 0 & 0 & 0 & 0 \end{bmatrix}.$$

从而知 $\boldsymbol{\alpha}_1, \boldsymbol{\alpha}_2, \boldsymbol{\alpha}_3, \boldsymbol{\alpha}_4$ 生成的子空间的维数为 3，$\boldsymbol{\alpha}_1, \boldsymbol{\alpha}_2, \boldsymbol{\alpha}_3$ 为其一组基.

例题 5 试求齐次线性方程组

$$\begin{cases} 2x_1 + x_2 - x_3 + x_4 - 3x_5 = 0, \\ x_1 + x_2 - x_3 + x_5 = 0 \end{cases}$$

的解空间的维数和一组基.

解 齐次线性方程组 $\mathbf{A}\mathbf{x} = \mathbf{0}$ 的解空间 S 的维数为 $n - \text{rank}(\mathbf{A})$，其基础解系是解空间 S 的一个基.

对方程组的系数矩阵作初等行变换得

$$\mathbf{A} = \begin{bmatrix} 2 & 1 & -1 & 1 & -3 \\ 1 & 1 & -1 & 0 & 1 \end{bmatrix} \sim \begin{bmatrix} 1 & 0 & 0 & 1 & -4 \\ 0 & 1 & -1 & -1 & 5 \end{bmatrix},$$

故 $\text{rank}(\mathbf{A}) = 2$，基础解系为 $(0, -1, 1, 0, 0)^{\mathrm{T}}, (-1, 1, 0, 1, 0)^{\mathrm{T}}, (4, -5, 0, 0, 1)^{\mathrm{T}}$.

所以解空间 S 的维数为 3，S 的一组基为

$\boldsymbol{\alpha}_1 = (0, -1, 1, 0, 0)^{\mathrm{T}}, \boldsymbol{\alpha}_2 = (-1, 1, 0, 1, 0)^{\mathrm{T}}, \boldsymbol{\alpha}_3 = (4, -5, 0, 0, 1)^{\mathrm{T}}$.

例题 6 求实数域上由矩阵 $\mathbf{A}$ 的全体实系数多项式组成的线性空间 V 的维数与一组基，其中

$$\mathbf{A} = \begin{bmatrix} 1 & & \\ & w & \\ & & w^2 \end{bmatrix}, w = \frac{-1 + \sqrt{3}\mathrm{i}}{2}.$$

解 因为

$$\mathbf{A}^2 = \begin{bmatrix} 1 & & \\ & w^2 & \\ & & w^4 \end{bmatrix} = \begin{bmatrix} 1 & & \\ & w^2 & \\ & & w \end{bmatrix},$$

$$\mathbf{A}^3 = \begin{bmatrix} 1 & & \\ & w^3 & \\ & & w^6 \end{bmatrix} = \begin{bmatrix} 1 & & \\ & 1 & \\ & & 1 \end{bmatrix} = \boldsymbol{E}_3,$$

所以 $\begin{cases} \mathbf{A}^{3k} = \boldsymbol{E}_3, \\ \mathbf{A}^{3k+1} = \mathbf{A}, \\ \mathbf{A}^{3k+2} = \mathbf{A}^2, \end{cases}$ 其中 $k \in \mathbf{N}_+$. 于是有

$$f(\mathbf{A}) = \sum_{i=1}^{\infty} a_i \mathbf{A}^i = \sum_{i=0}^{2} b_i \mathbf{A}^i, \forall a_i, b_i \in \mathbf{R}.$$

因为 $\boldsymbol{E}_3,\boldsymbol{A},\boldsymbol{A}^2$ 线性无关，所以 $\dim(V)=3$，且 $\boldsymbol{E}_3,\boldsymbol{A},\boldsymbol{A}^2$ 是 V 的一组基.

例题 7 设 $W=\{\boldsymbol{x}\mid\boldsymbol{x}\in\mathbf{R}^4,x_1-2x_2+3x_3-4x_4=0\}$.

(1) 求子空间 W 的一组标准正交基；

(2) 把 W 的一组标准正交基扩充为 $\mathbf{R}^4$ 的一组标准正交基.

解 (1) 由 $x_1-2x_2+3x_3-4x_4=0$ 得

$$\boldsymbol{x}=\begin{bmatrix}x_1\\x_2\\x_3\\x_4\end{bmatrix}=\begin{bmatrix}2x_2-3x_3+4x_4\\x_2\\x_3\\x_4\end{bmatrix}=x_2\begin{bmatrix}2\\1\\0\\0\end{bmatrix}+x_3\begin{bmatrix}-3\\0\\1\\0\end{bmatrix}+x_4\begin{bmatrix}4\\0\\0\\1\end{bmatrix}.$$

因此 $\boldsymbol{\alpha}_1=(2,1,0,0)^{\mathrm{T}},\boldsymbol{\alpha}_2=(-3,0,1,0)^{\mathrm{T}},\boldsymbol{\alpha}_3=(4,0,0,1)^{\mathrm{T}}$ 是 W 的一组基.

先正交化，取

$$\boldsymbol{\xi}_1=\boldsymbol{\alpha}_1,$$

$$\boldsymbol{\xi}_2=\boldsymbol{\alpha}_2-\frac{(\boldsymbol{\alpha}_2,\boldsymbol{\xi}_1)}{(\boldsymbol{\xi}_1,\boldsymbol{\xi}_1)}\boldsymbol{\xi}_1=\left(-\frac{3}{5},\frac{6}{5},1,0\right)^{\mathrm{T}},$$

$$\boldsymbol{\xi}_3=\boldsymbol{\alpha}_3-\frac{(\boldsymbol{\alpha}_3,\boldsymbol{\xi}_1)}{(\boldsymbol{\xi}_1,\boldsymbol{\xi}_1)}\boldsymbol{\xi}_1-\frac{(\boldsymbol{\alpha}_3,\boldsymbol{\xi}_2)}{(\boldsymbol{\xi}_2,\boldsymbol{\xi}_2)}\boldsymbol{\xi}_2=\left(\frac{2}{7},-\frac{4}{7},\frac{6}{7},1\right)^{\mathrm{T}}.$$

再单位化，有

$$\boldsymbol{\eta}_1=\frac{1}{|\boldsymbol{\xi}_1|}\boldsymbol{\xi}_1=\left(\frac{2}{\sqrt{5}},\frac{1}{\sqrt{5}},0,0\right)^{\mathrm{T}},$$

$$\boldsymbol{\eta}_2=\frac{1}{|\boldsymbol{\xi}_2|}\boldsymbol{\xi}_2=\left(-\frac{3}{\sqrt{70}},\frac{6}{\sqrt{70}},\frac{5}{\sqrt{70}},0\right)^{\mathrm{T}},$$

$$\boldsymbol{\eta}_3=\frac{1}{|\boldsymbol{\xi}_3|}\boldsymbol{\xi}_3=\left(\frac{2}{\sqrt{105}},\frac{-4}{\sqrt{105}},\frac{6}{\sqrt{105}},\frac{7}{\sqrt{105}}\right)^{\mathrm{T}}.$$

$\boldsymbol{\eta}_1,\boldsymbol{\eta}_2,\boldsymbol{\eta}_3$ 就是 W 的一组标准正交基.

(2) 取 $\boldsymbol{\alpha}_4=(1,1,1,1)^{\mathrm{T}}$，因为 $|[\boldsymbol{\alpha}_1,\boldsymbol{\alpha}_2,\boldsymbol{\alpha}_3,\boldsymbol{\alpha}_4]|\neq0$，所以 $\boldsymbol{\alpha}_1,\boldsymbol{\alpha}_2,\boldsymbol{\alpha}_3,\boldsymbol{\alpha}_4$ 是 $\mathbf{R}^4$ 的一组基，取

$$\boldsymbol{\xi}_4=\boldsymbol{\alpha}_4-\sum_{i=1}^{3}\frac{(\boldsymbol{\alpha}_4,\boldsymbol{\xi}_i)}{(\boldsymbol{\xi}_i,\boldsymbol{\xi}_i)}\boldsymbol{\xi}_i=\left(-\frac{1}{15},\frac{2}{15},-\frac{1}{5},\frac{4}{15}\right)^{\mathrm{T}},$$

$$\boldsymbol{\eta}_4=\frac{1}{|\boldsymbol{\xi}_4|}\boldsymbol{\xi}_4=\left(-\frac{1}{\sqrt{30}},\frac{2}{\sqrt{30}},-\frac{3}{\sqrt{30}},\frac{4}{\sqrt{30}}\right)^{\mathrm{T}}.$$

$\boldsymbol{\eta}_1,\boldsymbol{\eta}_2,\boldsymbol{\eta}_3,\boldsymbol{\eta}_4$ 就是 $\mathbf{R}^4$ 的一组标准正交基.

例题 8 判定下列变换是否为 $\mathbf{R}^3$ 上的线性变换：

(1) $\sigma\left(\begin{bmatrix}a_1\\a_2\\a_3\end{bmatrix}\right)=\begin{bmatrix}2a_1-a_2\\a_2+a_3\\a_1\end{bmatrix}$;

(2) $\sigma\left(\begin{bmatrix}a_1\\a_2\\a_3\end{bmatrix}\right)=\begin{bmatrix}a_1\\a_2^2\\3a_3\end{bmatrix}$.

解 设 $\boldsymbol{\alpha},\boldsymbol{\beta}\in\mathbf{R}^3,k\in\mathbf{R}$,其中 $\boldsymbol{\alpha}=\begin{bmatrix}a_1\\a_2\\a_3\end{bmatrix},\boldsymbol{\beta}=\begin{bmatrix}b_1\\b_2\\b_3\end{bmatrix}$.

(1) $\sigma(\boldsymbol{\alpha}+\boldsymbol{\beta})=\sigma\left(\begin{bmatrix}a_1+b_1\\a_2+b_2\\a_3+b_3\end{bmatrix}\right)=\begin{bmatrix}2(a_1+b_1)-(a_2+b_2)\\(a_2+b_2)+(a_3+b_3)\\a_1+b_1\end{bmatrix}$

$$=\begin{bmatrix}2a_1-a_2\\a_2+a_3\\a_1\end{bmatrix}+\begin{bmatrix}2b_1-b_2\\b_2+b_3\\b_1\end{bmatrix}=\sigma(\boldsymbol{\alpha})+\sigma(\boldsymbol{\beta}),$$

$$\sigma(k\boldsymbol{\alpha})=\sigma\left(\begin{bmatrix}ka_1\\ka_2\\ka_3\end{bmatrix}\right)=\begin{bmatrix}2ka_1-ka_2\\ka_2+ka_3\\ka_1\end{bmatrix}=k\begin{bmatrix}2a_1-a_2\\a_2+a_3\\a_1\end{bmatrix}=k\sigma(\boldsymbol{\alpha}).$$

因此 σ 是 $\mathbf{R}^3$ 上的一个线性变换.

(2) $\sigma(\boldsymbol{\alpha}+\boldsymbol{\beta})=\sigma\left(\begin{bmatrix}a_1+b_1\\a_2+b_2\\a_3+b_3\end{bmatrix}\right)=\begin{bmatrix}a_1+b_1\\(a_2+b_2)^2\\3(a_3+b_3)\end{bmatrix}$,而

$$\sigma(\boldsymbol{\alpha})+\sigma(\boldsymbol{\beta})=\begin{bmatrix}a_1\\a_2^2\\3a_3\end{bmatrix}+\begin{bmatrix}b_1\\b_2^2\\3b_3\end{bmatrix}=\begin{bmatrix}a_1+b_1\\a_2^2+b_2^2\\3(a_3+b_3)\end{bmatrix}.$$

由于 a_2,b_2 为任意实数,则当 $a_2\neq0$ 且 $b_2\neq0$ 时,有 $(a_2+b_2)^2\neq a_2^2+b_2^2$,从而 $\sigma(\boldsymbol{\alpha}+\boldsymbol{\beta})\neq\sigma(\boldsymbol{\alpha})+\sigma(\boldsymbol{\beta})$,因此 σ 不是 $\mathbf{R}^3$ 上的线性变换.

例题 9 在实数域上所有 2 阶矩阵所构成的线性空间 $\mathbf{R}^{2\times2}$ 中,定义变换

$$\sigma(\boldsymbol{\alpha})=\boldsymbol{\gamma\alpha}-\boldsymbol{\alpha\gamma},$$

其中 $\boldsymbol{\alpha}$ 是 $\mathbf{R}^{2\times2}$ 中的任一元素,$\boldsymbol{\gamma}$ 为 $\mathbf{R}^{2\times2}$ 中一个固定的元素.

(1) 证明：σ 是 $\mathbf{R}^{2\times 2}$ 上的一个线性变换；

(2) 对于 $\mathbf{R}^{2\times 2}$ 的一组基 $\boldsymbol{\alpha}_1=\begin{bmatrix}1&0\\0&0\end{bmatrix}$，$\boldsymbol{\alpha}_2=\begin{bmatrix}0&1\\0&0\end{bmatrix}$，$\boldsymbol{\alpha}_3=\begin{bmatrix}0&0\\1&0\end{bmatrix}$，$\boldsymbol{\alpha}_4=\begin{bmatrix}0&0\\0&1\end{bmatrix}$，求 σ 在这组基下的矩阵.

(1) **证** 设任意 $\boldsymbol{\alpha},\boldsymbol{\beta}\in\mathbf{R}^{2\times 2}$，$k\in\mathbf{R}$，有

$$\sigma(\boldsymbol{\alpha}+\boldsymbol{\beta})=\boldsymbol{\gamma}(\boldsymbol{\alpha}+\boldsymbol{\beta})-(\boldsymbol{\alpha}+\boldsymbol{\beta})\boldsymbol{\gamma}=\boldsymbol{\gamma\alpha}+\boldsymbol{\gamma\beta}-\boldsymbol{\alpha\gamma}-\boldsymbol{\beta\gamma}=(\boldsymbol{\gamma\alpha}-\boldsymbol{\alpha\gamma})+(\boldsymbol{\gamma\beta}-\boldsymbol{\beta\gamma})$$
$$=\sigma(\boldsymbol{\alpha})+\sigma(\boldsymbol{\beta}),$$

$$\sigma(k\boldsymbol{\alpha})=\boldsymbol{\gamma}(k\boldsymbol{\alpha})-(k\boldsymbol{\alpha})\boldsymbol{\gamma}=k(\boldsymbol{\gamma\alpha}-\boldsymbol{\alpha\gamma})=k\sigma(\boldsymbol{\alpha}).$$

因此，σ 是 $\mathbf{R}^{2\times 2}$ 上的一个线性变换.

(2) 设 $\boldsymbol{\gamma}=\begin{bmatrix}a_{11}&a_{12}\\a_{21}&a_{22}\end{bmatrix}$，则

$$\sigma(\boldsymbol{\alpha}_1)=\boldsymbol{\gamma\alpha}_1-\boldsymbol{\alpha}_1\boldsymbol{\gamma}=\begin{bmatrix}a_{11}&a_{12}\\a_{21}&a_{22}\end{bmatrix}\begin{bmatrix}1&0\\0&0\end{bmatrix}-\begin{bmatrix}1&0\\0&0\end{bmatrix}\begin{bmatrix}a_{11}&a_{12}\\a_{21}&a_{22}\end{bmatrix}$$
$$=\begin{bmatrix}a_{11}&0\\a_{21}&0\end{bmatrix}-\begin{bmatrix}a_{11}&a_{12}\\0&0\end{bmatrix}=\begin{bmatrix}0&-a_{12}\\a_{21}&0\end{bmatrix}$$
$$=-a_{12}\boldsymbol{\alpha}_2+a_{21}\boldsymbol{\alpha}_3,$$

$$\sigma(\boldsymbol{\alpha}_2)=\boldsymbol{\gamma\alpha}_2-\boldsymbol{\alpha}_2\boldsymbol{\gamma}=\begin{bmatrix}a_{11}&a_{12}\\a_{21}&a_{22}\end{bmatrix}\begin{bmatrix}0&1\\0&0\end{bmatrix}-\begin{bmatrix}0&1\\0&0\end{bmatrix}\begin{bmatrix}a_{11}&a_{12}\\a_{21}&a_{22}\end{bmatrix}$$
$$=\begin{bmatrix}0&a_{11}\\0&a_{21}\end{bmatrix}-\begin{bmatrix}a_{21}&a_{22}\\0&0\end{bmatrix}=\begin{bmatrix}-a_{21}&a_{11}-a_{22}\\0&a_{21}\end{bmatrix}$$
$$=-a_{21}\boldsymbol{\alpha}_1+(a_{11}-a_{22})\boldsymbol{\alpha}_2+a_{21}\boldsymbol{\alpha}_4,$$

$$\sigma(\boldsymbol{\alpha}_3)=\boldsymbol{\gamma\alpha}_3-\boldsymbol{\alpha}_3\boldsymbol{\gamma}=\begin{bmatrix}a_{11}&a_{12}\\a_{21}&a_{22}\end{bmatrix}\begin{bmatrix}0&0\\1&0\end{bmatrix}-\begin{bmatrix}0&0\\1&0\end{bmatrix}\begin{bmatrix}a_{11}&a_{12}\\a_{21}&a_{22}\end{bmatrix}$$
$$=\begin{bmatrix}a_{12}&0\\a_{22}&0\end{bmatrix}-\begin{bmatrix}0&0\\a_{11}&a_{12}\end{bmatrix}=\begin{bmatrix}a_{12}&0\\a_{22}-a_{11}&-a_{12}\end{bmatrix}$$
$$=a_{12}\boldsymbol{\alpha}_1+(a_{22}-a_{11})\boldsymbol{\alpha}_3-a_{12}\boldsymbol{\alpha}_4,$$

$$\sigma(\boldsymbol{\alpha}_4)=\boldsymbol{\gamma\alpha}_4-\boldsymbol{\alpha}_4\boldsymbol{\gamma}=\begin{bmatrix}a_{11}&a_{12}\\a_{21}&a_{22}\end{bmatrix}\begin{bmatrix}0&0\\0&1\end{bmatrix}-\begin{bmatrix}0&0\\0&1\end{bmatrix}\begin{bmatrix}a_{11}&a_{12}\\a_{21}&a_{22}\end{bmatrix}$$
$$=\begin{bmatrix}0&a_{12}\\0&a_{22}\end{bmatrix}-\begin{bmatrix}0&0\\a_{21}&a_{22}\end{bmatrix}=\begin{bmatrix}0&a_{12}\\-a_{21}&0\end{bmatrix}$$
$$=a_{12}\boldsymbol{\alpha}_2-a_{21}\boldsymbol{\alpha}_3.$$

令

$$\mathbf{A}=\begin{bmatrix}0 & -a_{21} & a_{12} & 0\\ -a_{12} & a_{11}-a_{22} & 0 & a_{12}\\ a_{21} & 0 & a_{22}-a_{11} & -a_{21}\\ 0 & a_{21} & -a_{12} & 0\end{bmatrix},$$

则有

$$\begin{aligned}\sigma(\boldsymbol{\alpha}_1,\boldsymbol{\alpha}_2,\boldsymbol{\alpha}_3,\boldsymbol{\alpha}_4)&=(\sigma(\boldsymbol{\alpha}_1),\sigma(\boldsymbol{\alpha}_2),\sigma(\boldsymbol{\alpha}_3),\sigma(\boldsymbol{\alpha}_4))\\&=(\boldsymbol{\alpha}_1,\boldsymbol{\alpha}_2,\boldsymbol{\alpha}_3,\boldsymbol{\alpha}_4)\mathbf{A}.\end{aligned}$$

因此 σ 在基 $\boldsymbol{\alpha}_1,\boldsymbol{\alpha}_2,\boldsymbol{\alpha}_3,\boldsymbol{\alpha}_4$ 下的矩阵为 $\mathbf{A}$.

例题 10 设 3 维线性空间 V 的线性变换 σ 在基 $\boldsymbol{\varepsilon}_1,\boldsymbol{\varepsilon}_2,\boldsymbol{\varepsilon}_3$ 下的矩阵为

$$\mathbf{A}=\begin{bmatrix}a_{11} & a_{12} & a_{13}\\ a_{21} & a_{22} & a_{23}\\ a_{31} & a_{32} & a_{33}\end{bmatrix},$$

求 σ 在基 $\boldsymbol{\varepsilon}_1-\boldsymbol{\varepsilon}_3,\boldsymbol{\varepsilon}_2,\boldsymbol{\varepsilon}_3$ 下的矩阵.

解 设 $\boldsymbol{\sigma}$ 在基 $\boldsymbol{\varepsilon}_1-\boldsymbol{\varepsilon}_3,\boldsymbol{\varepsilon}_2,\boldsymbol{\varepsilon}_3$ 下的矩阵为 $\boldsymbol{B}$. 因为

$$(\boldsymbol{\varepsilon}_1-\boldsymbol{\varepsilon}_3,\boldsymbol{\varepsilon}_2,\boldsymbol{\varepsilon}_3)=(\boldsymbol{\varepsilon}_1,\boldsymbol{\varepsilon}_2,\boldsymbol{\varepsilon}_3)\begin{bmatrix}1 & 0 & 0\\ 0 & 1 & 0\\ -1 & 0 & 1\end{bmatrix},$$

令 $\boldsymbol{X}=\begin{bmatrix}1 & 0 & 0\\ 0 & 1 & 0\\ -1 & 0 & 1\end{bmatrix}$,则

$$\begin{aligned}\boldsymbol{B}=\boldsymbol{X}^{-1}\mathbf{A}\boldsymbol{X}&=\begin{bmatrix}1 & 0 & 0\\ 0 & 1 & 0\\ 1 & 0 & 1\end{bmatrix}\begin{bmatrix}a_{11} & a_{12} & a_{13}\\ a_{21} & a_{22} & a_{23}\\ a_{31} & a_{32} & a_{33}\end{bmatrix}\begin{bmatrix}1 & 0 & 0\\ 0 & 1 & 0\\ -1 & 0 & 1\end{bmatrix}\\&=\begin{bmatrix}a_{11}-a_{13} & a_{12} & a_{13}\\ a_{21}-a_{23} & a_{22} & a_{23}\\ a_{11}+a_{31}-a_{13}-a_{33} & a_{12}+a_{32} & a_{13}+a_{33}\end{bmatrix}.\end{aligned}$$

例题 11 在 $\mathbf{R}^3$ 中,求基 $\boldsymbol{\varepsilon}_1=(1,0,1)^{\mathrm{T}},\boldsymbol{\varepsilon}_2=(2,1,0)^{\mathrm{T}},\boldsymbol{\varepsilon}_3=(1,1,1)^{\mathrm{T}}$ 到基 $\boldsymbol{\eta}_1=(1,2,-1)^{\mathrm{T}},\boldsymbol{\eta}_2=(2,2,-1)^{\mathrm{T}},\boldsymbol{\eta}_3=(2,-1,-1)^{\mathrm{T}}$ 的过渡矩阵,并求向量 $\boldsymbol{\xi}=(1,0,0)^{\mathrm{T}}$ 在基 $\boldsymbol{\varepsilon}_1,\boldsymbol{\varepsilon}_2,\boldsymbol{\varepsilon}_3$ 下的坐标.

解 设 $\boldsymbol{\eta}_i=\sum\limits_{i=1}^{3}x_i\boldsymbol{\varepsilon}_i$,则

$$\boldsymbol{\eta}_i=(\boldsymbol{\varepsilon}_1,\boldsymbol{\varepsilon}_2,\boldsymbol{\varepsilon}_3)\begin{bmatrix}x_1\\ x_2\\ x_3\end{bmatrix},$$

不妨设

$$(\boldsymbol{\eta}_1,\boldsymbol{\eta}_2,\boldsymbol{\eta}_3)=(\boldsymbol{\varepsilon}_1,\boldsymbol{\varepsilon}_2,\boldsymbol{\varepsilon}_3)\boldsymbol{A},\boldsymbol{\xi}=(\boldsymbol{\varepsilon}_1,\boldsymbol{\varepsilon}_2,\boldsymbol{\varepsilon}_3)\begin{bmatrix}y_1\\y_2\\y_3\end{bmatrix}.$$

所以 $\boldsymbol{A}=(\boldsymbol{\varepsilon}_1,\boldsymbol{\varepsilon}_2,\boldsymbol{\varepsilon}_3)^{-1}(\boldsymbol{\eta}_1,\boldsymbol{\eta}_2,\boldsymbol{\eta}_3)=\begin{bmatrix}1&2&1\\0&1&1\\1&0&1\end{bmatrix}^{-1}\begin{bmatrix}1&2&2\\2&2&-1\\-1&-1&-1\end{bmatrix}$

$$=\frac{1}{2}\begin{bmatrix}-4&-3&3\\2&3&3\\2&1&-5\end{bmatrix},$$

$$\begin{bmatrix}y_1\\y_2\\y_3\end{bmatrix}=(\boldsymbol{\varepsilon}_1,\boldsymbol{\varepsilon}_2,\boldsymbol{\varepsilon}_3)^{-1}\boldsymbol{\xi}=\frac{1}{2}\begin{bmatrix}1&-2&1\\1&0&-1\\-1&2&1\end{bmatrix}\begin{bmatrix}1\\0\\0\end{bmatrix}=\begin{bmatrix}\frac{1}{2}\\\frac{1}{2}\\-\frac{1}{2}\end{bmatrix}.$$

例题 12 令 V 是 $\mathbf{R}$ 上一切 4×1 矩阵所构成的集合对通常矩阵的加法和数乘所作成的线性空间，取

$$\boldsymbol{A}=\begin{bmatrix}1&-1&5&-1\\1&1&-2&3\\3&-1&8&1\\1&3&-9&7\end{bmatrix},$$

对于 $\boldsymbol{\xi}\in V$，令 $\sigma(\boldsymbol{\xi})=\boldsymbol{A\xi}$，求线性变换 σ 的核及象的维数.

解 σ 的核 $\mathrm{Ker}(\sigma)=\{\boldsymbol{\xi}\in V\mid\boldsymbol{A\xi}=\boldsymbol{0}\}$，即方程组 $\boldsymbol{Ax}=\boldsymbol{0}$ 的解空间，所以 $\dim(\mathrm{Ker}(\sigma))=4-\mathrm{rank}(A)$. 但

$$\boldsymbol{A}\sim\begin{bmatrix}1&-1&5&-1\\0&2&-7&4\\0&2&-7&4\\0&4&-14&8\end{bmatrix},$$

所以 $\mathrm{rank}(\boldsymbol{A})=2$，$\dim(\mathrm{Ker}(\sigma))=4-2=2$，$\sigma$ 的象 $\mathrm{Im}(\sigma)=\{\boldsymbol{A\xi}\mid\boldsymbol{\xi}\in V\}$，即 $\boldsymbol{A}$ 的列空间，故 $\dim(\mathrm{Im}(\sigma))=\mathrm{rank}(\boldsymbol{A})=2$.

五、自测练习

A 组

1. 设 $V_1=L(\boldsymbol{\alpha}_1,\boldsymbol{\alpha}_2)$（由 $\boldsymbol{\alpha}_1,\boldsymbol{\alpha}_2$ 生成的子空间），$V_2=L(\boldsymbol{\beta}_1,\boldsymbol{\beta}_2,\boldsymbol{\beta}_3)$，试证 $V_1=V_2$，其中 $\boldsymbol{\alpha}_1=\begin{bmatrix}1\\1\\0\\0\end{bmatrix}$，$\boldsymbol{\alpha}_2=\begin{bmatrix}1\\0\\1\\1\end{bmatrix}$，$\boldsymbol{\beta}_1=\begin{bmatrix}2\\-1\\3\\3\end{bmatrix}$，$\boldsymbol{\beta}_2=\begin{bmatrix}0\\1\\-1\\-1\end{bmatrix}$，$\boldsymbol{\beta}_3=\begin{bmatrix}4\\-1\\5\\5\end{bmatrix}$.

2. 试证给出的向量组 $\boldsymbol{\alpha}_1=\begin{bmatrix}1\\1\\0\end{bmatrix}$，$\boldsymbol{\alpha}_2=\begin{bmatrix}1\\0\\1\end{bmatrix}$，$\boldsymbol{\alpha}_3=\begin{bmatrix}0\\1\\1\end{bmatrix}$ 是 $\mathbf{R}^3$ 的基，并对 $\mathbf{R}^3$ 的任一向量 $\boldsymbol{x}=\begin{bmatrix}x_1\\x_2\\x_3\end{bmatrix}$，求 $\boldsymbol{x}$ 在此基下的坐标.

3. 已知 $\boldsymbol{\alpha}_1=1,\boldsymbol{\alpha}_2=x,\boldsymbol{\alpha}_3=x^2$ 为线性空间 $\mathbf{R}[x]_3$（实数域上所有次数小于 3 的一元多项式的集合）的一组基.

(1) 证明：$\boldsymbol{\beta}_1=1,\boldsymbol{\beta}_2=x+1,\boldsymbol{\beta}_3=(x+1)(x+2)$ 也是 $\mathbf{R}[x]_3$ 的一组基；

(2) 对于 $\mathbf{R}[x]_3$ 中的任意元素 $\boldsymbol{\alpha}=ax^2+bx+c$，求其在基 $\boldsymbol{\beta}_1,\boldsymbol{\beta}_2,\boldsymbol{\beta}_3$ 下的坐标；

(3) 求由基 $\boldsymbol{\alpha}_1,\boldsymbol{\alpha}_2,\boldsymbol{\alpha}_3$ 到基 $\boldsymbol{\beta}_1,\boldsymbol{\beta}_2,\boldsymbol{\beta}_3$ 的过渡矩阵；

(4) 若已知 $\mathbf{R}[x]_3$ 中的元素 $\boldsymbol{\beta}$ 在基 $\boldsymbol{\beta}_1,\boldsymbol{\beta}_2,\boldsymbol{\beta}_3$ 下的坐标为 $\begin{bmatrix}3\\-2\\1\end{bmatrix}$，求 $\boldsymbol{\beta}$ 在基 $\boldsymbol{\alpha}_1,\boldsymbol{\alpha}_2,\boldsymbol{\alpha}_3$ 下的坐标.

4. 设 $\mathrm{C}[a,b]$ 为闭区间 $[a,b]$ 上的全体连续函数所组成的实数域上的线性空间. 在 $\mathrm{C}[a,b]$ 上定义变换

$$\sigma(f(x))=\int_a^x f(t)\mathrm{d}t,f(x)\in \mathrm{C}[a,b].$$

试判定 σ 是否为 $\mathrm{C}[a,b]$ 上的线性变换.

5. 给定 $\mathbf{R}^3$ 的两组基：

$$\boldsymbol{\varepsilon}_1=\begin{bmatrix}1\\0\\1\end{bmatrix},\boldsymbol{\varepsilon}_2=\begin{bmatrix}2\\1\\0\end{bmatrix},\boldsymbol{\varepsilon}_3=\begin{bmatrix}1\\1\\1\end{bmatrix} \text{和}\ \boldsymbol{\eta}_1=\begin{bmatrix}1\\2\\-1\end{bmatrix},\boldsymbol{\eta}_2=\begin{bmatrix}2\\2\\-1\end{bmatrix},\boldsymbol{\eta}_3=\begin{bmatrix}2\\-1\\-1\end{bmatrix},$$

定义线性变换 $\sigma(\boldsymbol{\varepsilon}_i)=\boldsymbol{\eta}_i, i=1,2,3$. 分别求 σ 在基 $\boldsymbol{\varepsilon}_1,\boldsymbol{\varepsilon}_2,\boldsymbol{\varepsilon}_3$ 与基 $\boldsymbol{\eta}_1,\boldsymbol{\eta}_2,\boldsymbol{\eta}_3$ 下的矩阵.

6. 在线性空间 $\mathbf{R}^3$ 中,定义变换

$$\sigma(\boldsymbol{\alpha})=\sigma\left(\begin{bmatrix}a_1\\a_2\\a_3\end{bmatrix}\right)=\begin{bmatrix}a_1+a_2\\a_1-a_2\\a_3\end{bmatrix}.$$

(1) 证明:σ 为 $\mathbf{R}^3$ 的一个线性变换;

(2) 求 σ 在基 $\boldsymbol{\varepsilon}_1=\begin{bmatrix}1\\0\\0\end{bmatrix},\boldsymbol{\varepsilon}_2=\begin{bmatrix}0\\1\\0\end{bmatrix},\boldsymbol{\varepsilon}_3=\begin{bmatrix}0\\0\\1\end{bmatrix}$ 下的矩阵 $\mathbf{A}$;

(3) 求 σ 在基 $\boldsymbol{\alpha}_1=\begin{bmatrix}1\\0\\0\end{bmatrix},\boldsymbol{\alpha}_2=\begin{bmatrix}1\\1\\0\end{bmatrix},\boldsymbol{\alpha}_3=\begin{bmatrix}1\\1\\1\end{bmatrix}$ 下的矩阵 $\boldsymbol{B}$;

(4) 设 $\boldsymbol{C}$ 为由基 $\boldsymbol{\varepsilon}_1,\boldsymbol{\varepsilon}_2,\boldsymbol{\varepsilon}_3$ 到基 $\boldsymbol{\alpha}_1,\boldsymbol{\alpha}_2,\boldsymbol{\alpha}_3$ 的过渡矩阵,验证:$\boldsymbol{B}=\boldsymbol{C}^{-1}\boldsymbol{AC}$.

7. 设 V 为 $\mathbf{R}^3$ 中形如 $\boldsymbol{\alpha}=\begin{bmatrix}a\\a\\b\end{bmatrix}$ 的所有向量组成的线性子空间,试求 V 的维数和两组不同的基.

8. 设 $\boldsymbol{\alpha}_1,\cdots,\boldsymbol{\alpha}_n$ 是 $n(n\geqslant 1)$ 维线性空间 V 中的 n 个向量,V 中每个向量都可由它们线性表示,求证:$\boldsymbol{\alpha}_1,\cdots,\boldsymbol{\alpha}_n$ 是 V 的一组基.

9. 设 $\boldsymbol{A}\in\mathbf{R}^{n\times n}$,令 $S(\boldsymbol{A})=\{\boldsymbol{B}\in\mathbf{R}^{n\times n}\mid\boldsymbol{AB}=\boldsymbol{O}\}$. 试证:

(1) $S(\mathbf{A})$是 $\mathbf{R}^{n\times n}$的一个子空间;

(2) 求 $S(\mathbf{A})$的维数及一组基,其中 $\mathbf{A}=\begin{bmatrix}1&0&0\\0&0&1\\0&0&0\end{bmatrix}$.

10. 设 $U=\{(a,b,c,d)\mid b+c+d=0\}$,$V=\{(a,b,c,d)\mid a+b=0,c=2d\}$是 $\mathbf{R}^4$ 的两个子空间,求下列子空间的维数和基:

(1) U;(2) V;(3) $U\cap V$.

11. 在 $\mathbf{R}^n$ 中,对任一向量 $\boldsymbol{\alpha}$,设 $\boldsymbol{\alpha}$ 在基 $\boldsymbol{\alpha}_1,\boldsymbol{\alpha}_2,\cdots,\boldsymbol{\alpha}_n$ 下的坐标为 $\begin{bmatrix}x_1\\x_2\\\vdots\\x_n\end{bmatrix}$,在基

$\boldsymbol{\beta}_1,\boldsymbol{\beta}_2,\cdots,\boldsymbol{\beta}_n$ 下的坐标为 $\begin{bmatrix} y_1 \\ y_2 \\ \vdots \\ y_n \end{bmatrix}$，且两组基下的坐标有如下关系：$y_1=x_1, y_2=x_2-x_1,\cdots,y_n=x_n-x_{n-1}$. 求 $\mathbf{R}^n$ 中的基变换公式.

B 组

1. 令 $w=\dfrac{-1+\sqrt{3}\mathrm{i}}{2}$，$Q(w)=\{a+bw\,|\,a,b\in\mathbf{Q}\}$，其中 $\mathbf{Q}$ 为有理数域，$Q(w)$ 中元素的加法及数乘运算分别为通常的加法及乘法. 试证：$Q(w)$ 关于这两种运算构成 $\mathbf{Q}$ 上的线性空间，并求 $Q(w)$ 的维数和一组基.

2. 设 $\boldsymbol{\alpha}_1,\boldsymbol{\alpha}_2,\cdots,\boldsymbol{\alpha}_n$ 是实数域上的线性空间 V 的一个基，$\mathbf{A}$ 是 $\mathbf{R}$ 上一个 $n\times s$ 矩阵，令 $(\boldsymbol{\beta}_1,\cdots,\boldsymbol{\beta}_s)=(\boldsymbol{\alpha}_1,\boldsymbol{\alpha}_2,\cdots,\boldsymbol{\alpha}_n)\mathbf{A}$. 试证：$\operatorname{rank}\{\boldsymbol{\beta}_1,\boldsymbol{\beta}_2,\cdots,\boldsymbol{\beta}_s\}=\operatorname{rank}(\mathbf{A})$.

3. 设 $\boldsymbol{P}$ 是线性空间 V 的基 $\boldsymbol{\alpha}_1,\cdots,\boldsymbol{\alpha}_n$ 到基 $\boldsymbol{\beta}_1,\cdots,\boldsymbol{\beta}_n$ 的过渡矩阵，试证：V 中存在关于前后两组基有相同坐标的非零向量的充要条件是 $|\boldsymbol{E}_n-\boldsymbol{P}|=0$.

4. 设 $\boldsymbol{\varepsilon}_1,\boldsymbol{\varepsilon}_2,\boldsymbol{\varepsilon}_3,\boldsymbol{\varepsilon}_4$ 是线性空间 V 的一组基，V 的线性变换 σ 在这组基下的矩阵为

$$\mathbf{A}=\begin{bmatrix} 1 & 0 & 1 & 0 \\ 1 & -1 & 2 & 1 \\ 2 & -1 & 3 & 1 \\ -1 & 2 & -3 & -2 \end{bmatrix},$$

求：(1) σ 的值域及其一组基；

(2) σ 的核及其一组基.

5. 六个线性无关函数 $\varepsilon_1=\mathrm{e}^{ax}\cos bx$，$\varepsilon_2=\mathrm{e}^{ax}\sin bx$，$\varepsilon_3=x\mathrm{e}^{ax}\cos bx$，$\varepsilon_4=x\mathrm{e}^{ax}\sin bx$，$\varepsilon_5=\dfrac{1}{2}x^2\mathrm{e}^{ax}\cos bx$，$\varepsilon_6=\dfrac{1}{2}x^2\mathrm{e}^{ax}\sin bx$ 的所有实系数线性组合构成实数域上一个 6 维线性空间. 求微分变换 D 在基 $\boldsymbol{\varepsilon}_i$ $(i=1,2,\cdots,6)$ 下的矩阵.

6. 设 σ 是线性空间 V 的一个线性变换，并且 $\sigma^2=\sigma$，试证：

(1) $\operatorname{Ker}(\sigma)=\{\boldsymbol{\xi}-\sigma(\boldsymbol{\xi})\,|\,\boldsymbol{\xi}\in V\}$；

(2) $V=\operatorname{Ker}(\sigma)\oplus\operatorname{Im}(\sigma)$.

7. 设 $\boldsymbol{\gamma}_1,\cdots,\boldsymbol{\gamma}_n$ 是 n 维线性空间 V 的一个基，$\boldsymbol{\alpha}_j=\sum\limits_{i=1}^{n}a_{ij}\boldsymbol{\gamma}_i$，$\boldsymbol{\beta}_j=\sum\limits_{i=1}^{n}b_{ij}\boldsymbol{\gamma}_i$，$j=1,2,\cdots,n$，并且 $\boldsymbol{\alpha}_1,\cdots,\boldsymbol{\alpha}_n$ 线性无关，又设 σ 是 V 的一个线性变换，使得 $\sigma(\boldsymbol{\alpha}_j)=\boldsymbol{\beta}_j$，$j=1,2,\cdots,n$. 求 σ 关于基 $\boldsymbol{\gamma}_1,\boldsymbol{\gamma}_2,\cdots,\boldsymbol{\gamma}_n$ 的矩阵.

8. 设 σ 是线性空间 $\mathbf{R}^2$ 的一个线性变换，它在基 $\boldsymbol{\varepsilon}_1=\begin{bmatrix}1\\0\end{bmatrix},\boldsymbol{\varepsilon}_2=\begin{bmatrix}0\\1\end{bmatrix}$下的矩阵为$\begin{bmatrix}2&1\\-1&0\end{bmatrix}$，试求 $\sigma^{-k}(k\geqslant 2)$在 $\mathbf{R}^2$ 的基 $\boldsymbol{\alpha}_1=-(k-1)\boldsymbol{\varepsilon}_1+k\boldsymbol{\varepsilon}_2,\boldsymbol{\alpha}_2=-k\boldsymbol{\varepsilon}_1+(k+1)\boldsymbol{\varepsilon}_2$ 下的矩阵.

9. 设 W 是 $\mathbf{R}^n$ 的一个非空子空间，而对于 W 的每一个向量$(a_1,a_2,\cdots,a_n)^{\mathrm{T}}$来说，或者 $a_1=a_2=\cdots=a_n=0$，或者每一个 $a_i,i=1,2,\cdots,n$ 都不等于零，证明：$\dim(W)=1$.

模拟试题一

一、填空题(4 分×5=20 分)

1. 如果$\begin{vmatrix} a_{11} & a_{12} & a_{13} \\ a_{21} & a_{22} & a_{23} \\ a_{31} & a_{32} & a_{33} \end{vmatrix}=3$,那么$\begin{vmatrix} 3a_{31} & a_{11}+2a_{21} & a_{11} \\ 3a_{32} & a_{12}+2a_{22} & a_{12} \\ 3a_{33} & a_{13}+2a_{23} & a_{13} \end{vmatrix}=$______.

2. 设 $\boldsymbol{A},\boldsymbol{B}$ 都是 3 阶方阵,$|\boldsymbol{A}|=8$,且 $\boldsymbol{AB}=\begin{bmatrix} 1 & -2 & 3 \\ 0 & 1 & 2 \\ 0 & 2 & 4 \end{bmatrix}$,则 $|\boldsymbol{B}|=$________.

3. 设 $\boldsymbol{E}(i,j(\lambda))$是将单位矩阵第 j 行的 λ 倍加至第 i 行所得的初等方阵,则 $[\boldsymbol{E}(i,j(\lambda))]^{-1}=$________.

4. 设 $\boldsymbol{G}$ 是 4 阶方阵,且$|\boldsymbol{G}|=-2$,则$|\boldsymbol{G}^*|=$________.

5. 设矩阵 $\boldsymbol{A}=\begin{bmatrix} 2 & -2 & 0 \\ -2 & 1 & -2 \\ 0 & -2 & 0 \end{bmatrix}$,则 $\boldsymbol{A}$ 的 3 个特征值是________.

二、选择题(4 分×5=20 分)

1. 设 $\boldsymbol{A}=\begin{bmatrix} x_1 & b_1 & c_1 \\ x_2 & b_2 & c_2 \\ x_3 & b_3 & c_3 \end{bmatrix}$,$\boldsymbol{B}=\begin{bmatrix} y_1 & b_1 & c_1 \\ y_2 & b_2 & c_2 \\ y_3 & b_3 & c_3 \end{bmatrix}$,且$|\boldsymbol{A}|=2$,$|\boldsymbol{B}|=-7$,则$|\boldsymbol{A}+\boldsymbol{B}|$等于 (　　)

(A) 5　　(B) -5　　(C) -10　　(D) -20

2. 已知 $\boldsymbol{A}$ 为 n 阶方阵,$\boldsymbol{E}$ 为 n 阶单位矩阵,$(\boldsymbol{A}-\boldsymbol{E})^2=3(\boldsymbol{A}+\boldsymbol{E})^2$,现有 4 个结论:

(1) $\boldsymbol{A}$ 可逆;　　(2) $\boldsymbol{A}+\boldsymbol{E}$ 可逆;

(3) $\boldsymbol{A}+2\boldsymbol{E}$ 可逆;　　(4) $\boldsymbol{A}+3\boldsymbol{E}$ 可逆.

其中正确的有 (　　)

(A) 1 个　　(B) 2 个　　(C) 3 个　　(D) 4 个

3. $a=2$ 是向量组 $\boldsymbol{\alpha}_1=(1,1,-1,1)^{\mathrm{T}}$,$\boldsymbol{\alpha}_2=(1,0,a,0)^{\mathrm{T}}$,$\boldsymbol{\alpha}_3=(1,2,2,a)^{\mathrm{T}}$ 线性无关的 ( )

(A) 充分但非必要条件　　(B) 必要但非充分条件

(C) 充要条件　　(D) 既不充分也非必要条件

4. 设 $\mathbf{A}$ 为 4×3 矩阵,$\boldsymbol{\alpha}$ 是齐次线性方程组 $\mathbf{A}^{\mathrm{T}}\boldsymbol{x}=\mathbf{0}$ 的基础解系,则 $R(\mathbf{A})$ 等于 ( )

(A) 1　　(B) 2　　(C) 3　　(D) 4

5. 已知向量 $\boldsymbol{\alpha}=(-1,1,k)^{\mathrm{T}}$ 是矩阵 $\mathbf{A}=\begin{bmatrix}4 & 6 & 0\\ -3 & -5 & 0\\ -3 & -6 & 1\end{bmatrix}$ 的逆矩阵 $\mathbf{A}^{-1}$ 的特征向量,则 k 的值为 ( )

(A) -2　　(B) -1　　(C) 0　　(D) 1

三、(10 分)

计算行列式 $D=\begin{vmatrix}a & b & c & d\\ b & -a & d & -c\\ c & -d & -a & b\\ d & c & -b & -a\end{vmatrix}$.

四、(10 分)

解下列矩阵方程,求 $\boldsymbol{X}$.

$$\begin{bmatrix}3 & -1\\ 5 & -2\end{bmatrix}\boldsymbol{X}\begin{bmatrix}0 & 1\\ 2 & 0\end{bmatrix}=\begin{bmatrix}1 & 2\\ 0 & 3\end{bmatrix}.$$

五、(10 分)

求向量组 $\boldsymbol{\alpha}_1=(5,2,-3,1)^{\mathrm{T}}$,$\boldsymbol{\alpha}_2=(4,1,-2,3)^{\mathrm{T}}$,$\boldsymbol{\alpha}_3=(1,1,-1,-2)^{\mathrm{T}}$,$\boldsymbol{\alpha}_4=(3,4,-1,2)^{\mathrm{T}}$ 的一个极大无关组,并把其余向量用这个最大无关组线性表示.

六、(10 分)

已知线性方程组

$$\begin{cases} x_1+x_2+x_3+x_4+x_5=1, \\ 3x_1+2x_2+x_3+x_4-3x_5=a, \\ x_2+2x_3+2x_4+6x_5=3, \\ 5x_1+4x_2+3x_3+3x_4-x_5=b. \end{cases}$$

试问：a,b 为何值时，此方程组有解？求出对应的齐次方程组的一个基础解系，并在有解的情况下，写出此方程组的通解.

七、(10 分)

求正交变换，把二次型 $f=x_1^2+2x_2^2-4x_1x_2-4x_1x_3$ 化为标准形，给出所用的变换.

八、(10 分)

设 n 阶矩阵 $\boldsymbol{A}$ 的伴随矩阵为 $\boldsymbol{A}^*$，证明：$(a\boldsymbol{A})^*=a^{n-1}\boldsymbol{A}^*$（$a$ 为实常数）.

模拟试题二

一、填空题(4 分×5=20 分)

1. 设矩阵 $\boldsymbol{A}=\begin{bmatrix}1&2&3&4\\2&3&4&5\\3&4&5&x\end{bmatrix}$，且已知 $\boldsymbol{A}$ 的秩为 3，则 x 的取值范围是________.

2. 已知向量组 $\boldsymbol{\alpha}_1=(1,a_1,a_1^2)^{\mathrm{T}}$，$\boldsymbol{\alpha}_2=(1,a_2,a_2^2)^{\mathrm{T}}$，$\boldsymbol{\alpha}_3=(1,a_3,a_3^2)^{\mathrm{T}}$，则当常数 a_1,a_2,a_3 满足________________时，该向量组线性无关.

3. 设 $\boldsymbol{A}=\begin{bmatrix}1&2&-2\\4&t&3\\3&-1&1\end{bmatrix}$，$\boldsymbol{B}$ 为 3 阶非零矩阵，且 $\boldsymbol{AB}=\boldsymbol{O}$，则 $t=$________.

4. 设 $\boldsymbol{A}$ 为 3 阶矩阵，其特征值为 $3,-1,\dfrac{1}{2}$，则其伴随矩阵 $\boldsymbol{A}^*$ 的特征值是________.

5. 二次型 $f=4x_1^2+4x_2^2-x_3^2+2x_4^2$ 化为 $f=y_1^2+y_2^2+y_3^2-y_4^2$ 的可逆线性变

换为________________________.

二、选择题(4 分×5=20 分)

1. 行列式$\begin{vmatrix} a_{11}+x & a_{12}+x & a_{13}+x \\ a_{21}+x & a_{22}+x & a_{23}+x \\ a_{31}+x & a_{32}+x & a_{33}+x \end{vmatrix}$展开式中 x 的最高次数是 ( )

(A) 0　(B) 1　(C) 2　(D) 3

2. 已知 $\boldsymbol{A}$ 是 n 阶矩阵,且满足关系式 $\boldsymbol{A}^2+3\boldsymbol{A}+4\boldsymbol{E}=\boldsymbol{O}$,则$(\boldsymbol{A}+\boldsymbol{E})^{-1}$等于 ( )

(A) $\boldsymbol{A}^{-1}+\boldsymbol{E}$　(B) $\boldsymbol{E}+\frac{1}{2}\boldsymbol{A}$

(C) $-\boldsymbol{E}-\frac{1}{2}\boldsymbol{A}$　(D) $\boldsymbol{A}+4\boldsymbol{E}$

3. $\boldsymbol{A}$ 是 3 阶可逆矩阵,且各列元素之和均为 2,则 ( )

(A) $\boldsymbol{A}$ 必有特征值 2　(B) $\boldsymbol{A}^{-1}$必有特征值 2

(C) $\boldsymbol{A}$ 必有特征值-2　(D) $\boldsymbol{A}^{-1}$必有特征值-2

4. 设向量 $\boldsymbol{\beta}$ 可由 $\boldsymbol{\alpha}_1,\boldsymbol{\alpha}_2,\cdots,\boldsymbol{\alpha}_s$ 线性表示,但不能由向量组(Ⅰ):$\boldsymbol{\alpha}_1,\boldsymbol{\alpha}_2,\cdots,\boldsymbol{\alpha}_{s-1}$线性表示,记向量组(Ⅱ):$\boldsymbol{\alpha}_1,\boldsymbol{\alpha}_2,\cdots,\boldsymbol{\alpha}_{s-1},\boldsymbol{\beta}$,则 $\boldsymbol{\alpha}$ ( )

(A) 不能由(Ⅰ),也不能由(Ⅱ)线性表示

(B) 不能由(Ⅰ),但可由(Ⅱ)线性表示

(C) 可由(Ⅰ),也可由(Ⅱ)线性表示

(D) 可由(Ⅰ),但不能由(Ⅱ)线性表示

5. 设 $\boldsymbol{A}$ 为 $m\times n$ 非零矩阵,方程 $\boldsymbol{Ax}=\boldsymbol{0}$ 存在非零解的充要条件是 ( )

(A) $\boldsymbol{A}$ 的行向量线性无关　(B) $\boldsymbol{A}$ 的行向量线性相关

(C) $\boldsymbol{A}$ 的列向量线性无关　(D) $\boldsymbol{A}$ 的列向量线性相关

三、(10 分)

计算行列式 $D=\begin{vmatrix} a_1 & 0 & b_1 & 0 \\ 0 & a_2 & 0 & b_2 \\ c_1 & 0 & d_1 & 0 \\ 0 & c_2 & 0 & d_2 \end{vmatrix}$.

四、(10 分)

求向量组 $\boldsymbol{\alpha}_1=(1,1,1,4)^{\mathrm{T}},\boldsymbol{\alpha}_2=(2,1,3,5)^{\mathrm{T}},\boldsymbol{\alpha}_3=(1,-1,3,-2)^{\mathrm{T}},\boldsymbol{\alpha}_4=$

$(3,1,5,6)^T$ 的一个极大无关组,并将其余向量用这个极大无关组线性表示.

五、(10 分)

a 取何值时,方程组$\begin{cases} x_1+x_2+x_3+x_4+x_5=a, \\ x_1+2x_3+3x_4+2x_5=3, \\ 4x_1+5x_2+3x_3+2x_4+3x_5=2, \\ x_1+x_4+2x_5=1 \end{cases}$有解?求 a 取该值时方程组的通解.

六、(10 分)

设 $\boldsymbol{A}=\begin{bmatrix} 0 & 1 & 0 \\ a & 0 & c \\ b & 0 & \frac{1}{2} \end{bmatrix}$.

(1) a,b,c 满足什么条件时,$R(\boldsymbol{A})=3$?

(2) a,b,c 取何值时,$\boldsymbol{A}$ 是对称矩阵?

(3) 取 a,b,c 的一组值,使 $\boldsymbol{A}$ 为正交矩阵.

七、(10 分)

用施密特正交化法将向量组 $\boldsymbol{\alpha}_1=(1,2,2,-1)^T$,$\boldsymbol{\alpha}_2=(1,1,-5,3)^T$,$\boldsymbol{\alpha}_3=(3,2,8,-7)^T$ 化为单位正交向量组.

八、(10 分)

设 n 阶矩阵 $\boldsymbol{A}$ 的伴随矩阵为 $\boldsymbol{A}^*$,证明:$(\boldsymbol{A}^*)^T=(\boldsymbol{A}^T)^*$.

模拟试题三

一、填空题(4 分×5=20 分)

1. 设$\boldsymbol{A}=\begin{pmatrix} a & b \\ c & d \end{pmatrix}$,其中$ad-bc\neq 0$,则$\boldsymbol{A}^{-1}=$________________.

2. 设$\boldsymbol{A}=(\boldsymbol{\alpha},\boldsymbol{\gamma}_1,\boldsymbol{\gamma}_2)$,$\boldsymbol{B}=(\boldsymbol{\beta},\boldsymbol{\gamma}_1,\boldsymbol{\gamma}_2)$均是3阶方阵,$\boldsymbol{\alpha},\boldsymbol{\beta},\boldsymbol{\gamma}_1,\boldsymbol{\gamma}_2$是3维列向量,若$|\boldsymbol{A}|=2$,$|\boldsymbol{B}|=3$,则$|\boldsymbol{A}+2\boldsymbol{B}|=$________.

3. 设向量组$\boldsymbol{\alpha}_1=(1-t,3,0)^{\mathrm{T}}$,$\boldsymbol{\alpha}_2=(0,2-t,2)^{\mathrm{T}}$,$\boldsymbol{\alpha}_3=(-1-t,5,0)^{\mathrm{T}}$线性相关,则$t=$________.

4. 设a_1,a_2,a_3是3个两两不同的数,$\boldsymbol{A}=\begin{vmatrix} 1 & a_1 & a_1^2 \\ 1 & a_2 & a_2^2 \\ 1 & a_3 & a_3^2 \end{vmatrix}$,则$\boldsymbol{A}$的秩是________.

5. 设$\boldsymbol{A}=\begin{vmatrix} -1 & 2 & 2 \\ 2 & -1 & -2 \\ 2 & -2 & -1 \end{vmatrix}$,则$\boldsymbol{E}+\boldsymbol{A}^{-1}$的特征值是________.

二、选择题(4 分×5=20 分)

1. 方程$f(x)=\begin{vmatrix} x & x-1 & x-4 \\ 2x & 2x-1 & 2x-3 \\ 3x & 3x-3 & 3x-5 \end{vmatrix}=0$的根的个数是 ( )

(A) 0 (B) 1 (C) 2 (D) 3

2. 设n阶方阵$\boldsymbol{A},\boldsymbol{B},\boldsymbol{C}$满足$\boldsymbol{ABC}=\boldsymbol{E}$,其中$\boldsymbol{E}$是$n$阶单位矩阵,则下列等式中一定正确的是 ( )

(A) $\boldsymbol{BAC}=\boldsymbol{E}$ (B) $\boldsymbol{ACB}=\boldsymbol{E}$ (C) $\boldsymbol{CBA}=\boldsymbol{E}$ (D) $\boldsymbol{BCA}=\boldsymbol{E}$

3. 设矩阵$\boldsymbol{A}=\begin{bmatrix} a_1b_1 & a_1b_2 & \cdots & a_1b_n \\ a_2b_1 & a_2b_2 & \cdots & a_2b_n \\ \vdots & \vdots & & \vdots \\ a_nb_1 & a_nb_2 & \cdots & a_nb_n \end{bmatrix}$ $(a_{ij}\neq 0,i,j=1,2,\cdots,n)$,

则矩阵 $\boldsymbol{A}$ 的秩为 ( )

(A) 0　　(B) 1　　(C) n　　(D) 无法确定

4. 向量组 $\boldsymbol{\alpha}_1=(1,2,3,4)^{\mathrm{T}},\boldsymbol{\alpha}_2=(1,3,4,5)^{\mathrm{T}},\boldsymbol{\alpha}_3=(2,6,7,7)^{\mathrm{T}},\boldsymbol{\alpha}_4=(2,4,6,8)^{\mathrm{T}}$ 的最大线性无关组是 ( )

(A) $\boldsymbol{\alpha}_1,\boldsymbol{\alpha}_2,\boldsymbol{\alpha}_4$　　(B) $\boldsymbol{\alpha}_1,\boldsymbol{\alpha}_3,\boldsymbol{\alpha}_4$

(C) $\boldsymbol{\alpha}_1,\boldsymbol{\alpha}_2,\boldsymbol{\alpha}_3$　　(D) $\boldsymbol{\alpha}_1,\boldsymbol{\alpha}_2$

5. 设 $\boldsymbol{\alpha}_1,\boldsymbol{\alpha}_2,\boldsymbol{\alpha}_3$ 均为 3 维向量,$\boldsymbol{\alpha}_2,\boldsymbol{\alpha}_3$ 线性无关,$\boldsymbol{\alpha}_1=\boldsymbol{\alpha}_2-2\boldsymbol{\alpha}_3$,$\boldsymbol{A}=(\boldsymbol{\alpha}_1,\boldsymbol{\alpha}_2,\boldsymbol{\alpha}_3)$,$\boldsymbol{b}=\boldsymbol{\alpha}_1+2\boldsymbol{\alpha}_2+3\boldsymbol{\alpha}_3$. k 为任意常数,则线性方程组 $\boldsymbol{Ax}=\boldsymbol{b}$ 的通解为 ( )

(A) $k(1,-1,2)^{\mathrm{T}}+(1,2,3)^{\mathrm{T}}$　　(B) $k(1,2,3)^{\mathrm{T}}+(1,-1,2)^{\mathrm{T}}$

(C) $k(1,1,-2)^{\mathrm{T}}+(1,2,3)^{\mathrm{T}}$　　(D) $k(1,2,3)^{\mathrm{T}}+(1,1,-2)^{\mathrm{T}}$

三、(10 分)

计算 n 阶行列式
$$\begin{vmatrix} a & b & 0 & \cdots & 0 & 0 \\ 0 & a & b & \cdots & 0 & 0 \\ 0 & 0 & a & \cdots & 0 & 0 \\ \vdots & \vdots & \vdots & & \vdots & \vdots \\ 0 & 0 & 0 & \cdots & a & b \\ b & 0 & 0 & \cdots & 0 & a \end{vmatrix}.$$

四、(10 分)

已知向量 $\boldsymbol{\alpha}_1=(2,1,4,0)^{\mathrm{T}},\boldsymbol{\alpha}_2=(-1,-1,2,2)^{\mathrm{T}},\boldsymbol{\alpha}_3=(3,2,5,4)^{\mathrm{T}}$,求两个单位向量,使它们同时与 $\boldsymbol{\alpha}_1,\boldsymbol{\alpha}_2,\boldsymbol{\alpha}_3$ 正交.

五、(10 分)

设 $\boldsymbol{\alpha}_1,\boldsymbol{\alpha}_2,\cdots,\boldsymbol{\alpha}_n$ 为 $\mathbf{R}^n$ 的一个基,证明:$\boldsymbol{\alpha}_1,\boldsymbol{\alpha}_1+\boldsymbol{\alpha}_2,\cdots,\boldsymbol{\alpha}_1+\boldsymbol{\alpha}_2+\cdots+\boldsymbol{\alpha}_n$ 也是 $\mathbf{R}^n$ 的一个基. 又如果向量 $\boldsymbol{x}$ 关于前一个基的坐标为$(n,n-1,\cdots,2,1)^{\mathrm{T}}$,求 $\boldsymbol{x}$ 关于后一个基的坐标.

六、(10 分)

已知非齐次线性方程组$\begin{cases} ax_1+x_2+x_3=4, \\ x_1+bx_2+x_3=3, \\ x_1+2bx_2+x_3=4, \end{cases}$ 当 a,b 取何值时,方程组无解、有唯一解、有无穷多解?有解时,求出方程组的解.

七、(10 分)

已知 $\boldsymbol{A}=\begin{bmatrix}2 & -2 & 0\\ -2 & 1 & -2\\ 0 & -2 & 0\end{bmatrix}$,求:

(1) $\boldsymbol{A}$ 的特征值和全部特征向量;

(2) 正交变换 $\boldsymbol{T}$,使 $\boldsymbol{T}^{\mathrm{T}}\boldsymbol{AT}$ 为对角矩阵.

八、(10 分)

证明:如果 $\boldsymbol{A},\boldsymbol{B}$ 均为 n 阶可逆矩阵,那么 $(\boldsymbol{A}+\boldsymbol{B})^{-1}=\boldsymbol{A}^{-1}-\boldsymbol{A}^{-1}\cdot(\boldsymbol{A}^{-1}+\boldsymbol{B}^{-1})^{-1}\boldsymbol{A}^{-1}$.

模拟试题四

一、填空题(4 分×5=20 分)

1. 如果方程组 $\begin{cases}ax_1+x_2+x_3=0,\\ x_1+ax_2-x_3=0,\\ 2x_1-x_2+x_3=0\end{cases}$ 有非零解,那么 $a=$________.

2. 设 $\boldsymbol{A}=\begin{pmatrix}3 & -1\\ 0 & 2\end{pmatrix}$,$\boldsymbol{B}=\begin{pmatrix}a & b\\ c & d\end{pmatrix}$,那么当 a,b 为任意常数,且 $d=$________,$c=$________时,总有 $\boldsymbol{AB}=\boldsymbol{BA}$.

3. 如果 $\boldsymbol{\alpha}_1,\boldsymbol{\alpha}_2,\boldsymbol{\alpha}_3$ 线性无关,那么当 l,m 满足________时,$l\boldsymbol{\alpha}_2-\boldsymbol{\alpha}_1,m\boldsymbol{\alpha}_3-\boldsymbol{\alpha}_2,\boldsymbol{\alpha}_1-\boldsymbol{\alpha}_3$ 线性无关.

4. 设 3 阶矩阵 $\boldsymbol{A}$ 的特征值为 $2,-3,1$,且 $\boldsymbol{B}=\boldsymbol{A}^3-5\boldsymbol{A}^2$,则 $\boldsymbol{B}$ 的特征值为________________.

5. 如果二次型 $f=-2x_1^2-x_2^2-x_3^2+2tx_2x_3$ 负定,那么 t 的取值范围是________.

二、选择题(4 分×5=20 分)

1. 设 3 阶方阵 $\boldsymbol{A},\boldsymbol{B}$ 满足关系式 $\boldsymbol{A}^{-1}\boldsymbol{BA}=6\boldsymbol{A}+\boldsymbol{BA}$,且

$$A=\begin{bmatrix}\frac{1}{7}&0&0\\0&\frac{1}{4}&0\\0&0&\frac{1}{3}\end{bmatrix},$$

则 $\boldsymbol{B}$ 为 ( )

(A) $\begin{bmatrix}1&0&0\\0&2&0\\0&0&3\end{bmatrix}$ (B) $\begin{bmatrix}3&0&0\\0&2&1\\0&0&1\end{bmatrix}$ (C) $\begin{bmatrix}0&0&1\\0&2&0\\3&0&0\end{bmatrix}$ (D) $\begin{bmatrix}6&0&0\\0&\frac{1}{3}&0\\0&0&\frac{1}{2}\end{bmatrix}$

2. 设 $\boldsymbol{A}=\begin{bmatrix}3&-1&1\\2&0&1\\1&-1&2\end{bmatrix}$，则 $\boldsymbol{A}$ 的对应于特征值 2 的一个特征向量是 ( )

(A) $(1,0,1)^{\mathrm{T}}$ (B) $(1,-1,0)^{\mathrm{T}}$ (C) $(0,1,-1)^{\mathrm{T}}$ (D) $(1,1,0)^{\mathrm{T}}$

3. 若向量 $\boldsymbol{\alpha},\boldsymbol{\beta},\boldsymbol{\gamma}$ 线性无关，$\boldsymbol{\alpha},\boldsymbol{\beta},\boldsymbol{\delta}$ 线性相关，则 ( )

(A) $\boldsymbol{\alpha}$ 必可由 $\boldsymbol{\beta},\boldsymbol{\gamma},\boldsymbol{\delta}$ 线性表示 (B) $\boldsymbol{\beta}$ 必不可由 $\boldsymbol{\alpha},\boldsymbol{\gamma},\boldsymbol{\delta}$ 线性表示

(C) $\boldsymbol{\delta}$ 必可由 $\boldsymbol{\alpha},\boldsymbol{\beta},\boldsymbol{\gamma}$ 线性表示 (D) $\boldsymbol{\delta}$ 必不可由 $\boldsymbol{\alpha},\boldsymbol{\beta},\boldsymbol{\gamma}$ 线性表示

4. 设线性方程组 $\begin{cases}x_1+x_2+kx_3=4,\\-x_1+kx_2+x_3=k^2,\\x_1-x_2+2x_3=-4\end{cases}$ 有唯一解，则 ( )

(A) $k=4$ (B) $k\neq-1$

(C) $k\neq4$ (D) $k\neq-1$ 且 $k\neq4$

5. 如果二次型 $f=ax_1^2+bx_2^2+ax_3^2+2cx_1x_3$ 正定，那么 a,b,c 应满足 ( )

(A) $a>0,b+c>0$ (B) $a>0,b>0,c>0$

(C) $|a|>0,b>0$ (D) $a>|c|,b>0$

三、(10 分)

证明：$D_n=\begin{vmatrix}\cos\alpha&1&0&\cdots&0&0\\1&2\cos\alpha&1&\cdots&0&0\\\vdots&\vdots&\vdots&&\vdots&\vdots\\0&0&0&\cdots&(n-1)\cos\alpha&1\\0&0&0&\cdots&1&n\cos\alpha\end{vmatrix}=\cos n\alpha.$

四、(10 分)

求$\begin{cases} x_1-2x_2+x_3-x_4+x_5=0, \\ 2x_1+x_2-x_3+x_4-3x_5=0, \\ 3x_1-2x_2-x_3+4x_4-2x_5=0, \\ 2x_1-5x_2+x_3-2x_4+2x_5=0 \end{cases}$的基础解系.

五、(10 分)

求矩阵 $\boldsymbol{A}=\begin{bmatrix} -4 & -10 & 0 \\ 1 & 3 & 0 \\ 3 & 6 & 1 \end{bmatrix}$的特征值和特征向量.

六、(10 分)

若 $\boldsymbol{A}$ 是 2 阶正交矩阵,且 $\boldsymbol{A}^2=\boldsymbol{E}$,求 $\boldsymbol{A}$ 的一般形式.

七、(10 分)

设 $\boldsymbol{A}=\begin{bmatrix} 1 & 2 \\ 0 & 1 \end{bmatrix}$,$\boldsymbol{B}=\begin{bmatrix} 2 & 7 \\ 1 & 4 \end{bmatrix}$,$\boldsymbol{C}=\begin{bmatrix} 4 & -7 \\ -1 & 2 \end{bmatrix}$,
求$(\boldsymbol{A}+\boldsymbol{A}^2+\boldsymbol{A}^3+\cdots+\boldsymbol{A}^{10})(\boldsymbol{BC}-\boldsymbol{A})$.

八、(10 分)

设 $\boldsymbol{A}$ 为 n 阶可逆方阵,且 $\boldsymbol{A}\sim\boldsymbol{B}$,证明:$\boldsymbol{B}$ 也可逆,且 $\boldsymbol{A}^{-1}\sim\boldsymbol{B}^{-1}$.

模拟试题五

一、填空题(4 分×5=20 分)

1. 4 阶行列式的展开式中,含有 a_{41} 的项共有________个.
2. 设 $\boldsymbol{A}$ 为 n 阶矩阵,且存在正整数 k,使 $\boldsymbol{A}^k=\boldsymbol{O}$,那么 $(\boldsymbol{E}-\boldsymbol{A})^{-1}=$ ________________.
3. 对任意向量组 $\boldsymbol{\beta}_1,\boldsymbol{\beta}_2$,如果 $\boldsymbol{\alpha}_1=\boldsymbol{\beta}_1-\boldsymbol{\beta}_2$,$\boldsymbol{\alpha}_2=\boldsymbol{\beta}_1+2\boldsymbol{\beta}_2$,$\boldsymbol{\alpha}_3=5\boldsymbol{\beta}_1-2\boldsymbol{\beta}_2$,那么

$\boldsymbol{\alpha}_1,\boldsymbol{\alpha}_2,\boldsymbol{\alpha}_3$ 一定线性________.

4. 当 $\lambda=$________时,方程组 $\begin{cases}x_1+2x_2-x_3=4,\\ x_2+2x_3=2,\\ (\lambda-1)(\lambda-2)x_3=(\lambda-3)(\lambda-4)\end{cases}$ 无解.

5. 设 $\boldsymbol{A}=\begin{bmatrix}1&-2&1\\2&1&-1\\1&3&-2\\3&-1&0\end{bmatrix}$,$\boldsymbol{x}=(x_1,x_2,x_3)^{\mathrm{T}}$,$\boldsymbol{b}=(-1,-1,0,-2)^{\mathrm{T}}$,已知线性方程组 $\boldsymbol{Ax}=\boldsymbol{b}$ 有解,则行列式 $|(\boldsymbol{A},\boldsymbol{b})|=$________.

二、选择题(4 分×5=20 分)

1. 在 $f(x)=\begin{vmatrix}1&-1&x+1\\1&x-1&1\\x+1&-1&1\end{vmatrix}$ 中,x^2 的系数为 ( )

(A) 1　(B) -1　(C) 0　(D) 2

2. 设 $\boldsymbol{A}=\begin{bmatrix}1&2&3\\x&y&z\\0&0&1\end{bmatrix}$ 的 3 个特征值为 1,2,3,则 ( )

(A) $x=2,y=4,z=1$　(B) $x=-1,y=4,z$ 为任意实数

(C) $x=4,y=-1,z$ 为任意实数　(D) $x=4,y=2,z$ 为任意实数

3. 已知向量 $\boldsymbol{\alpha}_1,\boldsymbol{\alpha}_2,\boldsymbol{\alpha}_3$ 线性无关,则线性无关的向量组是 ( )

(A) $\boldsymbol{\alpha}_2-\boldsymbol{\alpha}_1,\boldsymbol{\alpha}_3-\boldsymbol{\alpha}_2,\boldsymbol{\alpha}_1-\boldsymbol{\alpha}_3$　(B) $\boldsymbol{\alpha}_1+\boldsymbol{\alpha}_2,\boldsymbol{\alpha}_2+\boldsymbol{\alpha}_3,\boldsymbol{\alpha}_3-\boldsymbol{\alpha}_1$

(C) $\boldsymbol{\alpha}_1+\boldsymbol{\alpha}_2,\boldsymbol{\alpha}_2+\boldsymbol{\alpha}_3,\boldsymbol{\alpha}_3+\boldsymbol{\alpha}_1$　(D) $\boldsymbol{\alpha}_1+3\boldsymbol{\alpha}_2,\boldsymbol{\alpha}_1-5\boldsymbol{\alpha}_2,5\boldsymbol{\alpha}_1+7\boldsymbol{\alpha}_2$

4. 若矩阵 $\boldsymbol{A}=\begin{bmatrix}1&x&1\\x&1&y\\1&y&1\end{bmatrix}$ 与 $\boldsymbol{B}=\begin{bmatrix}0&0&0\\0&1&0\\0&0&2\end{bmatrix}$ 相似,则 x,y 满足 ( )

(A) $x=0,y=0$　(B) $x=0$ 或 $y=0$

(C) $x=y$　(D) $x\neq y$

5. 设线性方程组

(Ⅰ) $\begin{cases}x_1+x_2=0,\\ x_2-x_4=0;\end{cases}$　(Ⅱ) $\begin{cases}x_1-x_2+x_3=0,\\ x_2-x_3+tx_4=0.\end{cases}$

k 为任意常数,则 ( )

(A) $t=1$ 时,(Ⅰ),(Ⅱ)有非零公共解 $k(-1,1,2,1)^{\mathrm{T}}$

(B) $t\neq1$ 时,(Ⅰ),(Ⅱ)有非零公共解 $k(-1,1,2,1)^{T}$

(C) t 为任意实数时,(Ⅰ),(Ⅱ)有非零公共解 $k(0,1,0,1)^{T}$

(D) (Ⅰ),(Ⅱ)无非零公共解

三、(10 分)

计算 $D_n=\begin{vmatrix} a & 0 & 0 & \cdots & 0 & 1 \\ 0 & a & 0 & \cdots & 0 & 0 \\ \vdots & \vdots & \vdots & & \vdots & \vdots \\ 1 & 0 & 0 & \cdots & 0 & a \end{vmatrix}$.

四、(10 分)

设 $\boldsymbol{A}=\begin{bmatrix} 2 & 1 & 5 \\ 3 & 2 & 2 \\ 4 & 3 & 3 \end{bmatrix}$,$\boldsymbol{B}=\begin{bmatrix} -1 & -3 & -2 \\ -5 & -1 & 2 \\ -1 & 1 & -5 \end{bmatrix}$,求 $\boldsymbol{A}^2+\boldsymbol{B}^2+\boldsymbol{AB}+\boldsymbol{BA}$.

五、(10 分)

解方程组:$\begin{cases} x_1+3x_2-2x_3+2x_4=4, \\ 2x_1+6x_2-4x_3+5x_4=9, \\ -x_1-3x_2+3x_3-x_4=-2, \\ x_3+2x_4=3. \end{cases}$

六、(10 分)

设 $\boldsymbol{A}$ 是 4 阶矩阵,$\boldsymbol{A}^*$ 为 $\boldsymbol{A}$ 的伴随矩阵,$\boldsymbol{\alpha}_1$,$\boldsymbol{\alpha}_2$ 是齐次线性方程组 $\boldsymbol{Ax}=\boldsymbol{0}$ 的两个线性无关的解,求 $R(\boldsymbol{A}^*)$.

七、(10 分)

用正交变换化二次型 $f=8x_1x_3+2x_1x_4+2x_2x_3+8x_2x_4$ 为标准型,并给出所用的正交变换.

八、(10 分)

设 $\boldsymbol{A}$ 是实对称矩阵,m 是正整数,若 $\boldsymbol{A}^m=\boldsymbol{O}$,证明:$\boldsymbol{A}=\boldsymbol{O}$.

模拟试题六

一、填空题(4 分×5=20 分)

1. 方程$\begin{vmatrix} a & b & c & d+x \\ a & b & c+x & d \\ a & b+x & c & d \\ a+x & b & c & d \end{vmatrix}=0$的根为________.

2. 设$\boldsymbol{A}=\begin{bmatrix} 0 & 1 & 0 & 0 \\ 1 & 0 & 0 & 0 \\ 0 & 0 & 0 & 1 \\ 0 & 0 & 1 & 0 \end{bmatrix}$,则$\boldsymbol{A}^{-1}=$________.

3. 若矩阵$\boldsymbol{A}=(\boldsymbol{\alpha}_1,\boldsymbol{\alpha}_2,\boldsymbol{\alpha}_3,\boldsymbol{\alpha}_4)$经初等行变换变为$\begin{bmatrix} 1 & -2 & 6 & 3 \\ 0 & -1 & -1 & 4 \\ 0 & 0 & 3 & 0 \\ 0 & 0 & 0 & 0 \end{bmatrix}$,则$\boldsymbol{\alpha}_1$,$\boldsymbol{\alpha}_2$,$\boldsymbol{\alpha}_3$线性________,$\boldsymbol{\alpha}_1$,$\boldsymbol{\alpha}_2$,$\boldsymbol{\alpha}_4$线性________.

4. 设$\boldsymbol{A}=\begin{bmatrix} 1 & 2 & -2 \\ 4 & t & 3 \\ 3 & -1 & 1 \end{bmatrix}$,$\boldsymbol{B}$为 3 阶非零矩阵,且$\boldsymbol{AB}=\boldsymbol{O}$,则$t=$________.

5. 已知$\boldsymbol{A}=\begin{bmatrix} 2 & 0 & 0 \\ 0 & 0 & 1 \\ 0 & 1 & x \end{bmatrix}$,$\boldsymbol{B}=\begin{bmatrix} 2 & 0 & 0 \\ 0 & y & 0 \\ 0 & 0 & -1 \end{bmatrix}$相似,则$x=$________,$y=$________.

二、选择题(4 分×5=20 分)

1. 若行列式$\begin{vmatrix} 1 & a & -2 \\ 8 & 3 & 5 \\ -1 & 4 & 6 \end{vmatrix}$的元素$a_{21}$的代数余子式$A_{21}=10$,则$a$的值等于　　(　　)

(A) 0　　(B) -3　　(C) $\frac{1}{3}$　　(D) 无法确定

2. 已知 $\boldsymbol{A}=\boldsymbol{B}^2-\boldsymbol{B}$,其中 $\boldsymbol{B}$ 为 n 阶方阵

$$\begin{bmatrix} 1 & 2 & 3 & \cdots & n-1 & n \\ 0 & 1 & 0 & \cdots & 0 & 0 \\ 0 & 0 & 1 & \cdots & 0 & 0 \\ \vdots & \vdots & \vdots & & \vdots & \vdots \\ 0 & 0 & 0 & \cdots & 0 & 1 \end{bmatrix},$$

则 n 阶方阵 $\boldsymbol{A}$ 的秩为　　(　　)

(A) 0　　(B) 1　　(C) $n-1$　　(D) n

3. 设向量组 $\boldsymbol{\alpha}_1,\boldsymbol{\alpha}_2,\boldsymbol{\alpha}_3$ 线性无关,向量 $\boldsymbol{\beta}_1$ 能由 $\boldsymbol{\alpha}_1,\boldsymbol{\alpha}_2,\boldsymbol{\alpha}_3$ 线性表出,向量 $\boldsymbol{\beta}_2$ 不能由 $\boldsymbol{\alpha}_1,\boldsymbol{\alpha}_2,\boldsymbol{\alpha}_3$ 线性表出,则必有　　(　　)

(A) $\boldsymbol{\alpha}_1,\boldsymbol{\alpha}_2,\boldsymbol{\beta}_1$ 线性相关　　(B) $\boldsymbol{\alpha}_1,\boldsymbol{\alpha}_2,\boldsymbol{\beta}_1$ 线性无关

(C) $\boldsymbol{\alpha}_1,\boldsymbol{\alpha}_2,\boldsymbol{\beta}_2$ 线性相关　　(D) $\boldsymbol{\alpha}_1,\boldsymbol{\alpha}_2,\boldsymbol{\beta}_2$ 线性无关

4. 已知 $\boldsymbol{A}$ 为 3 阶方阵,$\boldsymbol{A}^*$ 为其伴随矩阵,且有 $|\boldsymbol{A}+2\boldsymbol{E}|=0$,$|\boldsymbol{A}-2\boldsymbol{E}|=0$,$|2\boldsymbol{A}-\boldsymbol{E}|=0$,则 $|\boldsymbol{A}^*|$ 等于　　(　　)

(A) 4　　(B) -4　　(C) 2　　(D) -2

5. 设 $\boldsymbol{A}$ 为 n 阶可逆矩阵,λ 是 $\boldsymbol{A}$ 的一个特征值,则 $\boldsymbol{A}$ 的伴随矩阵 $\boldsymbol{A}^*$ 的特征值之一是　　(　　)

(A) $\lambda^{-1}|\boldsymbol{A}|^n$　　(B) $\lambda^{-1}|\boldsymbol{A}|$　　(C) $\lambda|\boldsymbol{A}|$　　(D) $\lambda|\boldsymbol{A}|^n$

三、(10 分)

计算 n 阶行列式 $D_n=\begin{vmatrix} 0 & 1 & 2 & \cdots & n-1 \\ 1 & 0 & 1 & \cdots & n-2 \\ 2 & 0 & 0 & \cdots & n-3 \\ \vdots & \vdots & \vdots & & \vdots \\ n-1 & n-2 & n-3 & \cdots & 0 \end{vmatrix}$.

四、(10 分)

设 $\boldsymbol{A}$ 为 3 阶矩阵,$|\boldsymbol{A}|=\frac{1}{2}$,求 $|(3\boldsymbol{A})^{-1}-2\boldsymbol{A}^*|$.

五、(10 分)

证明:方程组$\begin{cases}x_1+2x_2=a_1,\\x_2+2x_3=a_2,\\x_3+2x_4=a_3,\\x_1+3x_2+x_3-2x_4=a_4\end{cases}$有解的充要条件是$a_1+a_2=a_3+a_4$.

六、(10 分)

已知向量组(Ⅰ),(Ⅱ)的秩相等,并且(Ⅰ)可由(Ⅱ)线性表示,证明:(Ⅰ)与(Ⅱ)等价.

七、(10 分)

已知二次型$f=2x_1^2+3x_2^2+3x_3^2+2ax_2x_3\ (a>0)$经正交变换化为标准形$y_1^2+2y_2^2+5y_3^2$,求$a$的值及正交变换矩阵.

八、(10 分)

设$\boldsymbol{A}$为n阶矩阵,证明:$(\boldsymbol{A}^*)^*=|\boldsymbol{A}|^{n-2}\boldsymbol{A}$,其中$n$为大于 2 的整数.

模拟试题七

一、填空题(4 分×5=20 分)

1. 设$\boldsymbol{A},\boldsymbol{B}$为 3 阶矩阵,如果$|\boldsymbol{A}|=5$,$\boldsymbol{B}=3(\boldsymbol{A}^{-1})^2-(2\boldsymbol{A}^2)^{-1}$,那么$|\boldsymbol{B}|=$________.

2. 设$\boldsymbol{A},\boldsymbol{B}$为$n$阶矩阵,则$|\boldsymbol{A}+\boldsymbol{AB}|=0$的充要条件是______________.

3. 向量$\boldsymbol{\alpha}=\begin{bmatrix}1\\2\\1\end{bmatrix}$在基$\boldsymbol{\alpha}_1=\begin{bmatrix}1\\-1\\-1\end{bmatrix}$,$\boldsymbol{\alpha}_2=\begin{bmatrix}-1\\1\\-1\end{bmatrix}$,$\boldsymbol{\alpha}_3=\begin{bmatrix}-1\\-1\\1\end{bmatrix}$下的坐标是______________.

4. 如果对于方程组$\begin{cases}x_1+2x_2-2x_3=0,\\2x_1-x_2+kx_3=0,\\3x_1+x_2-x_3=0\end{cases}$的系数矩阵 $\boldsymbol{A}$,存在非零矩阵 $\boldsymbol{B}$,使 $\boldsymbol{AB}=\boldsymbol{O}$,那么 $k=$________.

5. n 阶矩阵 $\boldsymbol{A}$ 的 n 次幂 $\boldsymbol{A}^n\to\boldsymbol{O}(n\to\infty)$的充要条件是 $\boldsymbol{A}$ 的全部特征值的绝对值都________.

二、选择题(4 分×5=20 分)

1. 如果 $\boldsymbol{A},\boldsymbol{B}$ 都是 n 阶矩阵,且 $\boldsymbol{AB}$ 不可逆,那么 (　　)

(A) $\boldsymbol{A}$ 不可逆　　(B) $\boldsymbol{B}$ 不可逆

(C) $\boldsymbol{A},\boldsymbol{B}$ 都不可逆　　(D) $\boldsymbol{A},\boldsymbol{B}$ 中有一个不可逆

2. 设 $\boldsymbol{A},\boldsymbol{B},\boldsymbol{C}$ 均为 n 阶矩阵,则下列结论正确的是 (　　)

(A) 若 $\boldsymbol{A}\neq\boldsymbol{B}$,则 $|\boldsymbol{A}|\neq|\boldsymbol{B}|$

(B) 若 $\boldsymbol{A}=\boldsymbol{BC}$,则 $\boldsymbol{A}^{\mathrm{T}}=\boldsymbol{B}^{\mathrm{T}}\boldsymbol{C}^{\mathrm{T}}$

(C) 若 $\boldsymbol{A}=\boldsymbol{BC}$,则 $|\boldsymbol{A}|=|\boldsymbol{B}||\boldsymbol{C}|$

(D) 若 $\boldsymbol{A}=\boldsymbol{B}+\boldsymbol{C}$,则 $|\boldsymbol{A}|\leqslant|\boldsymbol{B}|+|\boldsymbol{C}|$

3. 下列矩阵中,与对角阵$\begin{bmatrix}1&0&0\\0&1&0\\0&0&2\end{bmatrix}$相似的矩阵是 (　　)

(A) $\begin{bmatrix}1&0&2\\0&2&1\\0&0&1\end{bmatrix}$　(B) $\begin{bmatrix}1&1&0\\0&2&1\\0&0&1\end{bmatrix}$　(C) $\begin{bmatrix}1&0&1\\0&1&0\\0&0&2\end{bmatrix}$　(D) $\begin{bmatrix}1&1&0\\0&1&0\\0&0&2\end{bmatrix}$

4. 设 $\boldsymbol{\alpha}_1=(1,-1,0,a_1)^{\mathrm{T}},\boldsymbol{\alpha}_2=(0,1,0,a_2)^{\mathrm{T}},\boldsymbol{\alpha}_3=(0,0,1,a_3)^{\mathrm{T}},\boldsymbol{\alpha}_4=(0,2,0,a_4)^{\mathrm{T}}$,则 (　　)

(A) $\boldsymbol{\alpha}_1,\boldsymbol{\alpha}_2,\boldsymbol{\alpha}_3,\boldsymbol{\alpha}_4$ 必线性相关

(B) $\boldsymbol{\alpha}_1,\boldsymbol{\alpha}_2,\boldsymbol{\alpha}_3,\boldsymbol{\alpha}_4$ 必线性无关

(C) $\boldsymbol{\alpha}_1,\boldsymbol{\alpha}_2,\boldsymbol{\alpha}_3$ 必线性无关

(D) $\boldsymbol{\alpha}_2,\boldsymbol{\alpha}_3,\boldsymbol{\alpha}_4$ 必线性相关

5. 设 $\boldsymbol{A}$ 是 $m\times n$ 矩阵,则下列命题正确的是 (　　)

(A) 若 $R(\boldsymbol{A})=n$,则 $\boldsymbol{Ax}=\boldsymbol{b}$ 有唯一解

(B) 若 $R(\boldsymbol{A})<n$,则 $\boldsymbol{Ax}=\boldsymbol{b}$ 有无穷多组解

(C) 若 $R(\boldsymbol{A},\boldsymbol{b})=m$,则 $\boldsymbol{Ax}=\boldsymbol{b}$ 有解

(D) 若 $R(\boldsymbol{A})=m$,则 $\boldsymbol{Ax}=\boldsymbol{b}$ 有解

三、(10 分)

计算行列式 $D_n=\begin{vmatrix} x_1 & a_{12} & a_{13} & \cdots & a_{1n} \\ x_1 & x_2 & a_{23} & \cdots & a_{2n} \\ x_1 & x_2 & x_3 & \cdots & a_{3n} \\ \vdots & \vdots & \vdots & & \vdots \\ x_1 & x_2 & x_3 & \cdots & x_n \end{vmatrix}$.

四、(10 分)

设 $\boldsymbol{A}=\begin{bmatrix} 2 & -1 & 2 \\ 3 & 2 & 0 \\ 0 & 1 & 3 \end{bmatrix}$，$\boldsymbol{B}=\begin{bmatrix} 2 & -3 & 1 \\ -1 & 0 & -1 \\ 0 & 2 & 1 \end{bmatrix}$，求 $\boldsymbol{A}^2-4\boldsymbol{B}^2$.

五、(10 分)

解方程组 $\begin{cases} x_1+2x_2+3x_3-x_4=1, \\ 3x_1+2x_2+x_3-x_4=1, \\ 2x_1+3x_2+x_3+x_4=1, \\ 2x_1+2x_2+2x_3-x_4=1, \\ 5x_1+5x_2+2x_3=2. \end{cases}$

六、(10 分)

设 $\boldsymbol{A}=\begin{bmatrix} 1 & 0 & 1 \\ 0 & 1 & 0 \\ 1 & 0 & 1 \end{bmatrix}$，求一正交矩阵 $\boldsymbol{T}$，使 $\boldsymbol{T}^{\mathrm{T}}\boldsymbol{A}\boldsymbol{T}$ 为对角矩阵，并写出此对角矩阵.

七、(10 分)

用正交变换化二次曲面方程 $2x^2+y^2-4xy-4yz=1$ 为标准方程，并指明这是何种二次曲面.

八、(10 分)

若 n 阶实对称矩阵 $\boldsymbol{A}$ 的所有特征值的绝对值都等于 1，证明：$\boldsymbol{A}$ 是正交矩阵.

模拟试题八

一、填空题(4 分×5=20 分)

1. 方程 $\begin{vmatrix} 1 & 1 & 1 & 1 \\ 1 & 2 & 3 & x \\ 1 & 4 & 9 & x^2 \\ 1 & 8 & 27 & x^3 \end{vmatrix}=0$ 的实数根是________.

2. 设 $\boldsymbol{A}$ 为 3 阶方阵，$|\boldsymbol{A}|=\dfrac{1}{2}$，则 $|(2\boldsymbol{A}^*)^{-1}|=$________.

3. 设 3 阶矩阵 $\boldsymbol{A}=(\boldsymbol{a},\boldsymbol{c}_1,\boldsymbol{c}_2)$，$\boldsymbol{B}=(\boldsymbol{b},\boldsymbol{c}_1,\boldsymbol{c}_2)$，且 $|\boldsymbol{A}|=3$，$|\boldsymbol{B}|=5$，则 $|\boldsymbol{A}+\boldsymbol{B}|=$________.

4. 设 $\boldsymbol{\gamma}_1,\boldsymbol{\gamma}_2,\cdots,\boldsymbol{\gamma}_r$ 是 $\boldsymbol{Ax}=\boldsymbol{0}$ 的基础解系，$\boldsymbol{a}_1,\boldsymbol{a}_2,\cdots,\boldsymbol{a}_n$ 为 $\boldsymbol{A}$ 的 n 个列向量，若 $\boldsymbol{\beta}=\boldsymbol{a}_1+\boldsymbol{a}_2+\cdots+\boldsymbol{a}_n$，则方程组 $\boldsymbol{Ax}=\boldsymbol{\beta}$ 的通解为________________.

5. 设矩阵 $\boldsymbol{A}=\begin{bmatrix} 1 & 0 & 1 \\ 0 & 2 & 0 \\ 1 & 0 & x \end{bmatrix}$ 有一个特征值为 0，则 $x=$________，$\boldsymbol{A}$ 的另一个特征值是________.

二、选择题(4 分×5=20 分)

1. 设 $\boldsymbol{A}$ 是 3 阶矩阵，且 $|\boldsymbol{A}|=\dfrac{1}{2}$，则 $|(2\boldsymbol{A})^{-1}+\boldsymbol{A}^*|$ 等于 (　　)

(A) $\dfrac{1}{2}$　　(B) 2　　(C) 5　　(D) $\dfrac{125}{4}$

2. 设矩阵 $\boldsymbol{A}=\begin{bmatrix} 1 & 2 & -2 \\ 4 & t & 3 \\ 3 & -1 & 1 \end{bmatrix}$，$\boldsymbol{B}$ 为 3 阶非零矩阵，且 $\boldsymbol{AB}=\boldsymbol{O}$，则 t 的值等于 (　　)

(A) 0　　(B) 3　　(C) -3　　(D) 无法确定

3. 向量组 $\boldsymbol{\alpha}_1=(1,1,2)^{\mathrm{T}}$，$\boldsymbol{\alpha}_2=(3,t,1)^{\mathrm{T}}$，$\boldsymbol{\alpha}_3=(0,2,-t)^{\mathrm{T}}$ 线性无关的充分必要条件是 (　　)

(A) $t=5$ 或 $t=-2$　　(B) $t\neq 5$ 且 $t\neq -2$

(C) $t\neq -5$ 或 $t\neq -2$　　(D) (A),(B),(C)均不正确

4. 设 $\boldsymbol{A}$ 是 $m\times n$ 矩阵,$R(\boldsymbol{A})=r$,$\boldsymbol{B}$ 是 m 阶可逆方阵,$\boldsymbol{C}$ 是 m 阶不可逆方阵,且 $R(\boldsymbol{C})<r$,则　　(　　)

(A) $\boldsymbol{BAx}=\boldsymbol{0}$的基础解系由 $n-m$ 个向量组成

(B) $\boldsymbol{BAx}=\boldsymbol{0}$的基础解系由 $n-r$ 个向量组成

(C) $\boldsymbol{CAx}=\boldsymbol{0}$的基础解系由 $n-m$ 个向量组成

(D) $\boldsymbol{CAx}=\boldsymbol{0}$的基础解系由 $n-r$ 个向量组成

5. 如果 3 阶矩阵 $\boldsymbol{A},\boldsymbol{B}$ 相似,$\boldsymbol{A}$ 的特征值为$\frac{1}{2},\frac{1}{4},\frac{1}{6}$,那么$|\boldsymbol{B}^{-1}-\boldsymbol{E}|$等于　　(　　)

(A) 48　　(B) 15　　(C) 6　　(D) $\frac{1}{48}$

三、(10 分)

计算行列式$\begin{vmatrix} -1 & 1 & 1 & 1 & x \\ 1 & -1 & 1 & 1 & y \\ 1 & 1 & -1 & 1 & z \\ 1 & 1 & 1 & -1 & u \\ x & y & z & u & 0 \end{vmatrix}$.

四、(10 分)

解方程组$\begin{cases} x_1+x_2+2x_3-4x_4+2x_5=5, \\ 3x_1+4x_2-2x_3-3x_4+x_5=2, \\ 4x_1+7x_2-16x_3+11x_4-7x_5=-19, \\ 5x_1+7x_2-6x_3-2x_4=-1. \end{cases}$

五、(10 分)

已知 $\boldsymbol{A}=\begin{bmatrix} 1 & 2 & 0 \\ 0 & 2 & 0 \\ -2 & -1 & -1 \end{bmatrix}$,求 $\boldsymbol{A}^{100}$.

六、(10 分)

用正交变换化二次型 $f=8x_1x_3+2x_1x_4+2x_3x_3+8x_2x_4$ 为标准形,并给出

所用的正交变换.

七、(10 分)

求向量组 $\boldsymbol{\alpha}_1=(1,2,1,3)^{\mathrm{T}}$,$\boldsymbol{\alpha}_2=(4,-1,-5,-6)^{\mathrm{T}}$,$\boldsymbol{\alpha}_3=(1,-3,-4,-7)^{\mathrm{T}}$ 的秩,并求一个最大无关组.

八、(10 分)

设 $\boldsymbol{A}$ 为 $n\times m$ 矩阵,$\boldsymbol{B}$ 为 $m\times n$ 矩阵,证明:n 阶矩阵 $\boldsymbol{AB}$ 与 m 阶矩阵 $\boldsymbol{BA}$ 有相同的非零特征值.

模拟试题九

一、填空题(4 分×5=20 分)

1. 如果 $D=\begin{vmatrix} a_{11} & a_{12} & a_{13} \\ a_{21} & a_{22} & a_{23} \\ a_{31} & a_{32} & a_{33} \end{vmatrix}=m\neq 0$,则

$$D_1=\begin{vmatrix} 4a_{11} & 5a_{11}-2a_{12} & a_{13} \\ 4a_{21} & 5a_{21}-2a_{22} & a_{23} \\ 4a_{31} & 5a_{31}-2a_{32} & a_{33} \end{vmatrix}=\_\_\_\_\_\_\_\_.$$

2. 设 $\boldsymbol{A}$ 为 5 阶方阵,且 $R(\boldsymbol{A})=3$,则 $R(\boldsymbol{A}^*)=$________.

3. 设 $\boldsymbol{A}=(\boldsymbol{\alpha},\boldsymbol{\gamma}_1,\boldsymbol{\gamma}_2)$,$\boldsymbol{B}=(\boldsymbol{\beta},\lambda\boldsymbol{\gamma}_1,\mu\boldsymbol{\gamma}_2)$,其中 $\boldsymbol{\alpha},\boldsymbol{\beta},\boldsymbol{\gamma}_1,\boldsymbol{\gamma}_2$ 均是 3 维列向量,λ,μ 是两个不为零的实数,若 $|\boldsymbol{A}|=a$,$|\boldsymbol{B}|=b$,则 $|\boldsymbol{A}+\boldsymbol{B}|=$________________.

4. 设 $\boldsymbol{A}=\begin{bmatrix} 1 & 2 & 3 \\ 0 & 1 & 2 \\ 2 & -1 & 1 \end{bmatrix}$,则使方程 $\boldsymbol{Ax}=\boldsymbol{b}$ 有解的所有向量 $\boldsymbol{b}$ 是________.

5. 设 3 阶矩阵 $\boldsymbol{A}$ 有一个特征值为 1,且 $|\boldsymbol{A}|=0$ 及 $\boldsymbol{A}$ 的主对角线元素的和为 0,则 $\boldsymbol{A}$ 的其余两个特征值为________.

二、选择题(4 分×5=20 分)

1. 设 $D=\begin{vmatrix} 1 & 2 & 1 \\ 3 & 4 & 5 \\ 3 & 1 & -1 \end{vmatrix}$,则 $A_{21}+A_{22}+A_{23}$ 的值等于 ( )

(A) 0　　(B) 18　　(C) 4　　(D) 12

2. 设 $\boldsymbol{A}$ 是 n 阶可逆矩阵,$\boldsymbol{A}^*$ 是 $\boldsymbol{A}$ 的伴随矩阵,则 $(\boldsymbol{A}^*)^*$ 为 ( )

(A) $|\boldsymbol{A}|^{n-1}\boldsymbol{A}$　　(B) $|\boldsymbol{A}|^{n-2}\boldsymbol{A}$　　(C) $|\boldsymbol{A}|^{n+1}\boldsymbol{A}$　　(D) $|\boldsymbol{A}|^{n+2}\boldsymbol{A}$

3. $\boldsymbol{\alpha}_1=(1,0,0,0)^{\mathrm{T}}$,$\boldsymbol{\alpha}_2=(2,-1,1,-1)^{\mathrm{T}}$,$\boldsymbol{\alpha}_3=(0,1,-1,a)^{\mathrm{T}}$,$\boldsymbol{\beta}=(3,-2,b,-2)^{\mathrm{T}}$,$\boldsymbol{\beta}$ 不能由 $\boldsymbol{\alpha}_1,\boldsymbol{\alpha}_2,\boldsymbol{\alpha}_3$ 线性表示,则 ( )

(A) $b\neq 2$　　(B) $a\neq 1$　　(C) $b=2$　　(D) $a=1$

4. 设 $\boldsymbol{A}$ 是 4×3 矩阵,$\boldsymbol{B}$ 是 3×4 矩阵,则下列结论正确的是 ( )

(A) $\boldsymbol{ABx}=\boldsymbol{0}$ 必有非零解　　(B) $\boldsymbol{ABx}=\boldsymbol{0}$ 只有零解

(C) $\boldsymbol{BAx}=\boldsymbol{0}$ 必有非零解　　(D) $\boldsymbol{BAx}=\boldsymbol{0}$ 只有零解

5. 若 n 阶矩阵 $\boldsymbol{A}$ 与某对角矩阵相似,则 ( )

(A) $R(\boldsymbol{A})=n$　　(B) $\boldsymbol{A}$ 是实对称矩阵

(C) $\boldsymbol{A}$ 有 n 个不同的特征值　　(D) $\boldsymbol{A}$ 有 n 个线性无关的特征向量

三、(10 分)

计算 n 阶行列式 $D_n=\begin{vmatrix} 1 & 2 & 3 & \cdots & n-1 & n \\ 1 & -1 & 0 & \cdots & 0 & 0 \\ 0 & 2 & -2 & \cdots & 0 & 0 \\ \vdots & \vdots & \vdots & & \vdots & \vdots \\ 0 & 0 & 0 & \cdots & n-1 & 1-n \end{vmatrix}$.

四、(10 分)

设 $\boldsymbol{A}=\begin{bmatrix} 1 & 1 & 3 & 1 & 0 & 0 \\ 2 & 3 & 7 & 0 & 1 & 0 \\ 3 & 4 & 9 & 0 & 0 & 1 \\ 1 & 0 & 0 & 1 & -3 & 2 \\ 0 & 1 & 0 & -3 & 0 & 1 \\ 0 & 0 & 1 & 1 & 1 & -1 \end{bmatrix}$, $\boldsymbol{B}=\begin{bmatrix} 1 & -3 & 2 & 1 & 0 & 0 \\ -3 & 0 & 1 & 0 & 1 & 0 \\ 1 & 1 & -1 & 0 & 0 & 1 \\ 1 & 0 & 0 & 1 & 1 & 3 \\ 0 & 1 & 0 & 2 & 3 & 7 \\ 0 & 0 & 1 & 3 & 4 & 9 \end{bmatrix}$.

试用矩阵分块法求 $\boldsymbol{AB}$.

五、(10 分)

求解方程组$\begin{cases}2x_1+x_2+x_3=2,\\x_1+3x_2+x_3=5,\\x_1+x_2+5x_3=-7,\\x_1+3x_2-3x_3=13.\end{cases}$

六、(10 分)

若 n 阶方阵 $\mathbf{A}$ 的每行元素之和为常数 a,验证:a 是 $\mathbf{A}$ 的一个特征值,并求相应的一个特征向量.

七、(10 分)

验证 $\boldsymbol{\alpha}_1=(1,-1,0)^{\mathrm{T}}$,$\boldsymbol{\alpha}_2=(2,1,3)^{\mathrm{T}}$,$\boldsymbol{\alpha}_3=(3,1,2)^{\mathrm{T}}$ 为 $\mathbf{R}^3$ 的一个基,并把 $\boldsymbol{\beta}_1=(5,0,7)^{\mathrm{T}}$,$\boldsymbol{\beta}_2=(-9,-8,-13)^{\mathrm{T}}$ 用这个基表示.

八、(10 分)

设 $\mathbf{A}$ 是 $m\times n$ 矩阵,试证明:方程组 $\mathbf{Ax}=\mathbf{0}$ 与方程组$(\mathbf{A}^{\mathrm{T}}\mathbf{A})\mathbf{x}=\mathbf{0}$在实数域 $\mathbf{R}$ 上同解.

模拟试题十

一、填空题(4 分×5=20 分)

1. $\begin{vmatrix}1&0&2&1\\4&-1&x&0\\2&2&-1&0\\1&5&-2&1\end{vmatrix}$中元素 x 的代数余子式是________.

2. 设矩阵 $\mathbf{A}=\begin{bmatrix}0&1&0&0\\0&0&1&0\\0&0&0&1\\0&0&0&0\end{bmatrix}$,则 $\mathbf{A}^3$ 的秩为______.

3. 设矩阵 $\boldsymbol{A}=\begin{bmatrix}2 & 1\\ -1 & 2\end{bmatrix}$，$\boldsymbol{E}$ 为 2 阶单位矩阵，矩阵 $\boldsymbol{B}$ 满足 $\boldsymbol{BA}=\boldsymbol{B}+2\boldsymbol{E}$，则 $|\boldsymbol{B}|=$________.

4. 设 $\boldsymbol{\alpha}_1,\boldsymbol{\alpha}_2,\boldsymbol{\alpha}_3$ 均为 3 维列向量，记矩阵 $\boldsymbol{A}=(\boldsymbol{\alpha}_1,\boldsymbol{\alpha}_2,\boldsymbol{\alpha}_3)$，$\boldsymbol{B}=(\boldsymbol{\alpha}_1+\boldsymbol{\alpha}_2+\boldsymbol{\alpha}_3,\boldsymbol{\alpha}_1+\boldsymbol{\alpha}_2+4\boldsymbol{\alpha}_3,\boldsymbol{\alpha}_1+3\boldsymbol{\alpha}_2+9\boldsymbol{\alpha}_3)$，若 $|\boldsymbol{A}|=1$，则 $|\boldsymbol{B}|=$________.

5. 从 $\mathbf{R}^2$ 的基 $\boldsymbol{\alpha}_1=\begin{bmatrix}1\\0\end{bmatrix}$，$\boldsymbol{\alpha}_2=\begin{bmatrix}1\\-1\end{bmatrix}$ 到基 $\boldsymbol{\beta}_1=\begin{bmatrix}1\\1\end{bmatrix}$，$\boldsymbol{\beta}_2=\begin{bmatrix}1\\2\end{bmatrix}$ 的过渡矩阵为________________.

二、选择题(4 分×5=20 分)

1. 设 $\boldsymbol{A}$ 是 3 阶方阵，将 $\boldsymbol{A}$ 的第 1 列与第 2 列交换得 $\boldsymbol{B}$，再把 $\boldsymbol{B}$ 的第 2 列加到第 3 列得 $\boldsymbol{C}$，则满足 $\boldsymbol{AQ}=\boldsymbol{C}$ 的可逆矩阵$\boldsymbol{Q}$为 (　　)

(A) $\begin{bmatrix}0 & 1 & 0\\ 1 & 0 & 0\\ 1 & 0 & 1\end{bmatrix}$　(B) $\begin{bmatrix}0 & 1 & 0\\ 1 & 0 & 1\\ 0 & 0 & 1\end{bmatrix}$　(C) $\begin{bmatrix}0 & 1 & 0\\ 1 & 0 & 0\\ 0 & 1 & 1\end{bmatrix}$　(D) $\begin{bmatrix}0 & 1 & 1\\ 1 & 0 & 0\\ 0 & 0 & 1\end{bmatrix}$

2. 设有齐次线性方程组 $\boldsymbol{Ax}=\boldsymbol{0}$ 和 $\boldsymbol{Bx}=\boldsymbol{0}$，其中 $\boldsymbol{A},\boldsymbol{B}$ 均为 $m\times n$ 矩阵，现有下列 4 个命题：

(1) 若 $\boldsymbol{Ax}=\boldsymbol{0}$的解均是 $\boldsymbol{Bx}=\boldsymbol{0}$的解，则 $R(\boldsymbol{A})\geqslant R(\boldsymbol{B})$；

(2) 若 $R(\boldsymbol{A})\geqslant R(\boldsymbol{B})$，则 $\boldsymbol{Ax}=\boldsymbol{0}$的解均是 $\boldsymbol{Bx}=\boldsymbol{0}$的解；

(3) 若 $\boldsymbol{Ax}=\boldsymbol{0}$与 $\boldsymbol{Bx}=\boldsymbol{0}$同解，则 $R(\boldsymbol{A})=R(\boldsymbol{B})$；

(4) 若 $R(\boldsymbol{A})=R(\boldsymbol{B})$，则 $\boldsymbol{Ax}=\boldsymbol{0}$与 $\boldsymbol{Bx}=\boldsymbol{0}$同解.

其中正确的是 (　　)

(A) (1)(2)　(B) (1)(3)　(C) (2)(4)　(D) (3)(4)

3. 设 λ_1,λ_2 是矩阵 $\boldsymbol{A}$ 的两个不同的特征值，对应的特征向量分别为 $\boldsymbol{\alpha}_1,\boldsymbol{\alpha}_2$，则 $\boldsymbol{\alpha}_1,\boldsymbol{A}(\boldsymbol{\alpha}_1+\boldsymbol{\alpha}_2)$线性无关的充分必要条件是 (　　)

(A) $\lambda_1\neq 0$　(B) $\lambda_2\neq 0$　(C) $\lambda_1=0$　(D) $\lambda_2=0$

4. 设 $\boldsymbol{A}$ 为 $n(n\geqslant 2)$阶可逆矩阵，交换 $\boldsymbol{A}$ 的第 1 行与第 2 行得矩阵 $\boldsymbol{B}$，$\boldsymbol{A}^*$，$\boldsymbol{B}^*$ 分别为 $\boldsymbol{A},\boldsymbol{B}$ 的伴随矩阵，则 (　　)

(A) 交换 $\boldsymbol{A}^*$ 的第 1 列与第 2 列得 $\boldsymbol{B}^*$

(B) 交换 $\boldsymbol{A}^*$ 的第 1 行与第 2 行得 $\boldsymbol{B}^*$

(C) 交换 $\boldsymbol{A}^*$ 的第 1 列与第 2 列得 $-\boldsymbol{B}^*$

(D) 交换 $\boldsymbol{A}^*$ 的第 1 行与第 2 行得 $-\boldsymbol{B}^*$

5. 设 $\boldsymbol{\alpha}_1,\boldsymbol{\alpha}_2,\cdots,\boldsymbol{\alpha}_n$ 均为 n 维列向量，$\boldsymbol{A}$ 是 $m\times n$ 矩阵，下列说法正确的是 (　　)

(A) 若 $\boldsymbol{\alpha}_1,\boldsymbol{\alpha}_2,\cdots,\boldsymbol{\alpha}_n$ 线性相关，则 $\boldsymbol{A\alpha}_1,\boldsymbol{A\alpha}_2,\cdots,\boldsymbol{A\alpha}_n$ 线性相关

(B) 若 $\boldsymbol{\alpha}_1,\boldsymbol{\alpha}_2,\cdots,\boldsymbol{\alpha}_n$ 线性相关，则 $\boldsymbol{A\alpha}_1,\boldsymbol{A\alpha}_2,\cdots,\boldsymbol{A\alpha}_n$ 线性无关

(C) 若 $\boldsymbol{\alpha}_1,\boldsymbol{\alpha}_2,\cdots,\boldsymbol{\alpha}_n$ 线性无关，则 $\boldsymbol{A\alpha}_1,\boldsymbol{A\alpha}_2,\cdots,\boldsymbol{A\alpha}_n$ 线性相关

(D) 若 $\boldsymbol{\alpha}_1,\boldsymbol{\alpha}_2,\cdots,\boldsymbol{\alpha}_n$ 线性无关，则 $\boldsymbol{A\alpha}_1,\boldsymbol{A\alpha}_2,\cdots,\boldsymbol{A\alpha}_n$ 线性无关

三、(10 分)

已知非齐次线性方程组

$$\begin{cases}x_1+x_2+x_3+x_4=-1,\\4x_1+3x_2+5x_3-x_4=-1,\\ax_1+x_2+3x_3+bx_4=1\end{cases}$$

有 3 个线性无关的解.

(1) 证明：方程组系数矩阵 $\boldsymbol{A}$ 的秩 $R(\boldsymbol{A})=2$；

(2) 求 a,b 的值及方程组的通解.

四、(10 分)

已知二次型 $f(x_1,x_2,x_3)=(1-a)x_1^2+(1-a)x_2^2+2x_3^2+2(1+a)x_1x_2$ 的秩为 2.

(1) 求 a 的值；

(2) 求正交变换 $\boldsymbol{x}=\boldsymbol{Q}\,\boldsymbol{y}$，把 $f(x_1,x_2,x_3)$ 化为标准形；

(3) 求方程 $f(x_1,x_2,x_3)=0$ 的解.

五、(10 分)

设实对称矩阵 $\boldsymbol{A}$ 的各行元素之和均为 3，向量 $\boldsymbol{\alpha}_1=(-1,2,-1)^{\mathrm{T}}$，$\boldsymbol{\alpha}_2=(0,-1,1)^{\mathrm{T}}$ 是线性方程组 $\boldsymbol{Ax}=\boldsymbol{0}$ 的两个解.

(1) 求 $\boldsymbol{A}$ 的特征值与特征向量；

(2) 求正交矩阵 $\boldsymbol{Q}$ 和对角矩阵 $\boldsymbol{\Lambda}$，使得 $\boldsymbol{Q}^{\mathrm{T}}\boldsymbol{A}\,\boldsymbol{Q}=\boldsymbol{\Lambda}$.

六、(10 分)

设有向量组(Ⅰ)：$\boldsymbol{\alpha}_1=(1,0,2)^{\mathrm{T}}$，$\boldsymbol{\alpha}_2=(1,1,3)^{\mathrm{T}}$，$\boldsymbol{\alpha}_3=(1,-1,a+2)^{\mathrm{T}}$ 和向量组(Ⅱ)：$\boldsymbol{\beta}_1=(1,2,a+3)^{\mathrm{T}}$，$\boldsymbol{\beta}_2=(a,1,a+6)^{\mathrm{T}}$，$\boldsymbol{\beta}_3=(2,1,a+4)^{\mathrm{T}}$，试问：当 a 为何值时，向量组(Ⅰ)与向量组(Ⅱ)等价？当 a 为何值时，向量组(Ⅰ)与(Ⅱ)不

等价？

七、（10 分）

设矩阵 $\mathbf{A}=\begin{bmatrix}2&1&1\\1&2&1\\1&1&a\end{bmatrix}$ 可逆，向量 $\boldsymbol{\alpha}=\begin{bmatrix}1\\b\\1\end{bmatrix}$ 是矩阵 $\mathbf{A}^*$ 的一个特征向量，λ 是 $\boldsymbol{\alpha}$ 对应的特征值，其中 $\mathbf{A}^*$ 为 $\mathbf{A}$ 的伴随矩阵，试求 a,b 和 λ 的值.

八、（10 分）

设有齐次方程组

$$\begin{cases}(1+a)x_1+x_2+\cdots+x_n=0,\\2x_1+(2+a)x_2+\cdots+2x_n=0,\\\qquad\vdots\\nx_1+nx_2+\cdots+(n+a)x_n=0.\end{cases}$$

试问 a 为何值时，该方程有非零解？并求出通解.

参考答案

第一章　行列式

A 组

1. $i=8, k=3$.　**2.** $D_2=(-1)^{\frac{n(n-1)}{2}}D_1$.　**3.** $a_1a_2\cdots a_n+(-1)^{n+1}b_1b_2\cdots b_n$.

4. $(a_2a_3-b_2b_3)(a_1a_4-b_1b_4)$.

5. $x=0$ 时，$D_n=a_1a_2\cdots a_n$；$x=a_i(i=1,2,\cdots,n)$时，$D_n=a_i\prod\limits_{j\neq i}(a_j-a_i)$；

$x\neq 0$，且 $x\neq a_i(i=1,2,\cdots,n)$ 时，$D_n=x(a_1-x)\cdots(a_n-x)\left(\frac{1}{x}+\frac{1}{a_1-x}+\cdots+\frac{1}{a_n-x}\right)$.

6. $a(a+x)^n$.　**7.** 略.

B 组

1. 解：将第 2,3,4 列都加到第 1 列上去，并按第 1 列展开，得到

$$D_4=\begin{vmatrix}1 & a & 0 & 0\\ 0 & 1-a & a & 0\\ 0 & -1 & 1-a & a\\ -a & 0 & -1 & 1-a\end{vmatrix}=D_3+(-1)^{4+1}\cdot(-a)\cdot a^3=D_3+a^4.$$

类似地，有 $D_3=D_2-a^3$. 而 $D_2=\begin{vmatrix}1-a & a\\ -1 & 1-a\end{vmatrix}=1-a+a^2$，因此 $D_4=1-a+a^2-a^3+a^4$.

2. 解：从第 n 行开始依次将下一行减去上一行，有

$$D_n=\begin{vmatrix}1 & 2 & 3 & \cdots & n-1 & n\\ 1 & -1 & -1 & \cdots & -1 & -1\\ 1 & 1 & -1 & \cdots & -1 & -1\\ \vdots & \vdots & \vdots & & \vdots & \vdots\\ 1 & 1 & 1 & \cdots & 1 & -1\end{vmatrix},$$

再从第 1 行开始依次将上一行减去下一行，有

$$D_n=\begin{vmatrix}0 & 3 & 4 & \cdots & n & n+1\\ 0 & -2 & 0 & \cdots & 0 & 0\\ 0 & 0 & -2 & \cdots & 0 & 0\\ \vdots & \vdots & \vdots & & \vdots & \vdots\\ 1 & 1 & 1 & \cdots & 1 & -1\end{vmatrix},$$

利用展开定理可得

$$D_n=1\times(-1)^{n+1}\begin{vmatrix}3&4&5&\cdots&n&n+1\\-2&0&0&\cdots&0&0\\0&-2&0&\cdots&0&0\\\vdots&\vdots&\vdots&&\vdots&\vdots\\0&0&0&\cdots&-2&0\end{vmatrix}$$

$$=(-1)^{n+1}\cdot(n+1)\cdot(-1)^{1+n-1}\begin{vmatrix}-2&0&0&\cdots&0\\0&-2&0&\cdots&0\\\vdots&\vdots&\vdots&&\vdots\\0&0&0&\cdots&-2\end{vmatrix}$$

$$=(-1)^{n+1}\cdot(-1)^{n}\cdot(-2)^{n-2}\cdot(n+1)=(-1)^{n-1}\cdot(n+1)2^{n-2}.$$

3. 解法一：将第 1 行的 -1 倍加到其他各行上去，得到

$$D_n=\begin{vmatrix}x_1&a_2&a_3&\cdots&a_n\\a_1-x_1&x_2-a_2&0&\cdots&0\\a_1-x_1&0&x_3-a_3&\cdots&0\\\vdots&\vdots&\vdots&&\vdots\\a_1-x_1&0&0&\cdots&x_n-a_n\end{vmatrix},$$

在第 $j(j=1,2,\cdots,n)$ 列中提出 x_j-a_j，得

$$D_n=(x_1-a_1)\cdots(x_n-a_n)\begin{vmatrix}\dfrac{x_1}{x_1-a_1}&\dfrac{a_2}{x_2-a_2}&\dfrac{a_3}{x_3-a_3}&\cdots&\dfrac{a_n}{x_n-a_n}\\-1&1&0&\cdots&0\\-1&0&1&\cdots&0\\\vdots&\vdots&\vdots&&\\-1&0&0&\cdots&1\end{vmatrix}$$

$$=\prod_{j=1}^{n}(x_j-a_j)\begin{vmatrix}1+\sum\limits_{k=1}^{n}\dfrac{a_k}{x_k-a_k}&\dfrac{a_2}{x_2-a_2}&\dfrac{a_3}{x_3-a_3}&\cdots&\dfrac{a_n}{x_n-a_n}\\0&1&0&\cdots&0\\0&0&1&\cdots&0\\\vdots&\vdots&\vdots&&\vdots\\0&0&0&\cdots&1\end{vmatrix}$$

$$=\left(1+\sum_{k=1}^{n}\frac{a_k}{x_k-a_k}\right)\cdot\prod_{j=1}^{n}(x_j-a_j).$$

解法二：考虑到 D_n 中除对角线元素外，任意一列的元素都是相同的，因此可在原行列式的基础上增加一行一列(即升一阶)，并在保持原行列式值不变的情况下计算行列式.

$$D_n=\begin{vmatrix}1 & a_1 & a_2 & a_3 & \cdots & a_n\\ 0 & x_1 & a_2 & a_3 & \cdots & a_n\\ 0 & a_1 & x_2 & a_3 & \cdots & a_n\\ 0 & a_1 & a_2 & x_3 & \cdots & a_n\\ \vdots & \vdots & \vdots & \vdots & & \vdots\\ 0 & a_1 & a_2 & a_3 & \cdots & x_n\end{vmatrix}$$

$$=\begin{vmatrix}1 & a_1 & a_2 & a_3 & \cdots & a_n\\ -1 & x_1-a_1 & 0 & 0 & \cdots & 0\\ -1 & 0 & x_2-a_2 & 0 & \cdots & 0\\ -1 & 0 & 0 & x_3-a_3 & \cdots & 0\\ \vdots & \vdots & \vdots & \vdots & & \vdots\\ -1 & 0 & 0 & 0 & \cdots & x_n-a_n\end{vmatrix}$$

$$=\begin{vmatrix}1+\sum_{k=1}^{n}\frac{a_k}{x_k-a_k} & a_1 & a_2 & \cdots & a_n\\ 0 & x_1-a_1 & 0 & \cdots & 0\\ 0 & 0 & x_2-a_2 & \cdots & 0\\ \vdots & \vdots & \vdots & & \vdots\\ 0 & 0 & 0 & \cdots & x_n-a_n\end{vmatrix}$$

$$=\left(1+\sum_{k=1}^{n}\frac{a_k}{x_k-a_k}\right)(x_1-a_1)(x_2-a_2)\cdots(x_n-a_n)$$

$$=\left(1+\sum_{k=1}^{n}\frac{a_k}{x_k-a_k}\right)\prod_{j=1}^{n}(x_j-a_j).$$

4. 解：$D_n=\begin{vmatrix}x & a & \cdots & a\\ -a & x & \cdots & a\\ \vdots & \vdots & & \vdots\\ -a & -a & \cdots & -a+(x+a)\end{vmatrix}$

$$=\begin{vmatrix}x & a & \cdots & a\\ -a & x & \cdots & a\\ \vdots & \vdots & & \vdots\\ -a & -a & \cdots & -a\end{vmatrix}+\begin{vmatrix}x & a & \cdots & a\\ -a & x & \cdots & a\\ \vdots & \vdots & & \vdots\\ -a & -a & \cdots & x+a\end{vmatrix},$$

将第一个行列式的第 n 行分别加到其余各行上，第二个行列式按第 n 列展开，得

$$D_n=-a(x-a)^{n-1}+(x+a)D_{n-1}. \qquad (1)$$

另外

$$D_n=\begin{vmatrix}x & a & \cdots & a\\ -a & x & \cdots & a\\ \vdots & \vdots & & \vdots\\ -a & -a & \cdots & a+(x-a)\end{vmatrix},$$

参考答案

用类似上面的方法可得

$$D_n=a(x+a)^{n-1}+(x-a)D_{n-1}. \tag{2}$$

将(1)式与(2)式联立,解得

$$D_n=\frac{(x+a)^n+(x-a)^n}{2}.$$

5. 解:由于不知 D_n 的值,不妨先计算 D_1,D_2,D_3,然后对 D_n 的值进行推测,采用数学归纳法证明.

由于 $D_1=2a,D_2=\begin{vmatrix}2a & a^2\\ 1 & 2a\end{vmatrix}=3a^2,D_3=\begin{vmatrix}2a & a^2 & 0\\ 1 & 2a & a^2\\ 0 & 1 & 2a\end{vmatrix}=4a^3$,由此推测 $D_n=(n+1)a^n$.

下面用数学归纳法证明.

当 $n=1$ 时,$D_1=2a$,结论成立.假设结论对于小于等于 $n-1$ 的自然数都成立,下证结论对 n 的情形也成立.

将 D_n 按第 1 列展开,得

$$D_n=2a\begin{vmatrix}2a & a^2 & 0 & \cdots & 0 & 0\\ 1 & 2a & a^2 & \cdots & 0 & 0\\ 0 & 1 & 2a & \cdots & 0 & 0\\ \vdots & \vdots & \vdots & & \vdots & \vdots\\ 0 & 0 & 0 & \cdots & 2a & a^2\\ 0 & 0 & 0 & \cdots & 1 & 2a\end{vmatrix}-\begin{vmatrix}a^2 & 0 & 0 & \cdots & 0 & 0\\ 1 & 2a & a^2 & \cdots & 0 & 0\\ 0 & 1 & 2a & \cdots & 0 & 0\\ \vdots & \vdots & \vdots & & \vdots & \vdots\\ 0 & 0 & 0 & \cdots & 2a & a^2\\ 0 & 0 & 0 & \cdots & 1 & 2a\end{vmatrix}.$$

上式右端第 1 个行列式为 D_{n-1},将第 2 个行列式按第 1 列展开得 a^2D_{n-2},因此 $D_n=2aD_{n-1}-a^2D_{n-2}$,使用归纳假设,得 $D_n=2aD_{n-1}-a^2D_{n-2}=2a(na^{n-1})-a^2[(n-1)a^{n-2}]=(n+1)a^n$.由归纳假设,结论成立.

6. 证明:设行列式 D_n 的阶数为 n,则 n 为奇数,由于 $a_{ij}=-a_{ji},i,j=1,2,\cdots,n$.当 $i=j$ 时,由 $a_{ii}=-a_{ii}$,得 $a_{ii}=0,i=1,2,\cdots,n$.从而行列式 D_n 为

$$D_n=\begin{vmatrix}0 & a_{12} & \cdots & a_{1n}\\ -a_{12} & 0 & \cdots & a_{2n}\\ \vdots & \vdots & & \vdots\\ -a_{1n} & -a_{2n} & \cdots & 0\end{vmatrix},$$

从 D_n 的每一行中提出 -1,则有

$$D_n=(-1)^n\begin{vmatrix}0 & -a_{12} & \cdots & -a_{1n}\\ a_{12} & 0 & \cdots & -a_{2n}\\ \vdots & \vdots & & \vdots\\ a_{1n} & a_{2n} & \cdots & 0\end{vmatrix}=(-1)^nD_n^{\mathrm{T}}=-D_n^{\mathrm{T}}.$$

又因 $D_n=D_n^{\mathrm{T}}$,所以有 $D_n=0$.

7. 解：因为 $A_{14}+A_{24}+A_{34}+A_{44}=\begin{vmatrix} a & b & c & 1 \\ c & b & d & 1 \\ d & b & c & 1 \\ a & b & d & 1 \end{vmatrix}$，它的第 2 列与第 4 列成比例，所以 $A_{14}+A_{24}+A_{34}+A_{44}=0$.

8. 证明：设 $t_1,t_2,\cdots,t_{n+1}$ 是 $f(x)$ 的 $n+1$ 个不同的根，代入得 $f(t_i)=0, i=1,2,\cdots,n+1$，即

$$\begin{cases} a_0+t_1a_1+\cdots+t_1^na_n=0, \\ a_0+t_2a_1+\cdots+t_2^na_n=0, \\ \qquad\vdots \\ a_0+t_{n+1}a_1+\cdots+t_{n+1}^na_n=0, \end{cases}$$

由此得到关于未知数 $a_0,a_1,\cdots,a_n$ 的由 $n+1$ 个方程组成的方程组. 系数矩阵为

$$D=\begin{vmatrix} 1 & t_1 & \cdots & t_1^n \\ 1 & t_2 & \cdots & t_2^n \\ \vdots & \vdots & & \vdots \\ 1 & t_{n+1} & \cdots & t_{n+1}^n \end{vmatrix},$$

其转置为范德蒙行列式的转置，故 $D=\prod\limits_{1\leqslant j<i\leqslant n}(t_i-t_j)\neq 0$. 因此方程组只有零解，即 $a_0=a_1=\cdots=a_n=0$，即 $f(x)\equiv 0$.

第二章　矩阵及其运算

A 组

1. 先化简，再计算，$\boldsymbol{B}=\begin{bmatrix} 3 & 0 & 0 \\ 0 & 2 & 0 \\ 0 & 0 & 1 \end{bmatrix}$.　**2.** -3.　**3.** $-\frac{16}{27}$.　**4.** $\boldsymbol{X}=\begin{bmatrix} 3 & -1 \\ 2 & 0 \\ 1 & 1 \end{bmatrix}$.

5. $\boldsymbol{A}^n=\begin{bmatrix} 1 & 1+2+\cdots+2^{n-1} \\ 0 & 2^n \end{bmatrix}$.　**6.** $\boldsymbol{B}=\begin{bmatrix} a & 0 \\ c & a \end{bmatrix}$，其中 a,c 为任意实数.　**7.** -6.

8. $(\boldsymbol{A}^*)^{-1}=\frac{1}{10}\begin{bmatrix} 1 & 0 & 0 \\ 2 & 2 & 0 \\ 3 & 4 & 5 \end{bmatrix}$.　**9.** $\boldsymbol{A}^{-1}=-\frac{1}{a_0}(a_m\boldsymbol{A}^{m-1}+\cdots+a_1\boldsymbol{E})$.　**10.** 略.　**11.** $\lambda\neq -1$.

12. $\lambda=1$ 或 $\mu=0$.　**13.** $D=(-1)^{\frac{n(n-1)}{2}}(n-1)!$，$D_1=\cdots=D_{n-1}=0$，$D_n=2D$，方程组的解为 $x_1=x_2=\cdots=x_{n-1}=0, x_n=2$.

B 组

1. 解：用数学归纳法可证

$$\begin{bmatrix} \lambda & 1 & 0 \\ 0 & \lambda & 1 \\ 0 & 0 & \lambda \end{bmatrix}^n=\begin{bmatrix} \lambda^n & n\lambda^{n-1} & \frac{n(n-1)}{2}\lambda^{n-2} \\ 0 & \lambda^n & n\lambda^{n-1} \\ 0 & 0 & \lambda^n \end{bmatrix}.$$

当 $n=2$ 时，显然成立.

设 $$\begin{bmatrix}\lambda & 1 & 0\\0 & \lambda & 1\\0 & 0 & \lambda\end{bmatrix}^{n-1}=\begin{bmatrix}\lambda^{n-1} & (n-1)\lambda^{n-2} & \dfrac{(n-1)(n-2)}{2}\lambda^{n-3}\\0 & \lambda^{n-1} & (n-1)\lambda^{n-2}\\0 & 0 & \lambda^{n-1}\end{bmatrix},$$

故 $$\begin{aligned}\begin{bmatrix}\lambda & 1 & 0\\0 & \lambda & 1\\0 & 0 & \lambda\end{bmatrix}^{n}&=\begin{bmatrix}\lambda^{n-1} & (n-1)\lambda^{n-2} & \dfrac{(n-1)(n-2)}{2}\lambda^{n-3}\\0 & \lambda^{n-1} & (n-1)\lambda^{n-2}\\0 & 0 & \lambda^{n-1}\end{bmatrix}\begin{bmatrix}\lambda & 1 & 0\\0 & \lambda & 1\\0 & 0 & \lambda\end{bmatrix}\\&=\begin{bmatrix}\lambda^{n} & n\lambda^{n-1} & \dfrac{n(n-1)}{2}\lambda^{n-2}\\0 & \lambda^{n} & n\lambda^{n-1}\\0 & 0 & \lambda^{n}\end{bmatrix},\end{aligned}$$

由数学归纳法，原结论成立.

2. 解：$\boldsymbol{A}$ 是上三角阵，显然其幂仍为上三角阵，故令

$$\boldsymbol{A}^{100}=\begin{bmatrix}a^{100} & f(a,b,c)\\0 & c^{100}\end{bmatrix},$$

其中 $f(a,b,c)$ 是 a,b,c 的多项式，再由 $\boldsymbol{A}^{100}=\boldsymbol{E}$，得 $a^{100}=1,c^{100}=1$，所以 $a=\pm1,c=\pm1$.
当 $a=c=1$ 时，由数学归纳法易知

$$\boldsymbol{A}^{100}=\begin{bmatrix}1 & 100b\\0 & 1\end{bmatrix}=\boldsymbol{E}\Rightarrow 100b=0,\text{故 } b=0,$$

从而 $$\boldsymbol{A}=\begin{bmatrix}1 & 0\\0 & 1\end{bmatrix}=\boldsymbol{E}.$$

同理，当 $a=c=-1$ 时，可得 $\boldsymbol{A}=-\boldsymbol{E}$.
当 $a=-c=1$ 或 $a=-c=-1$ 时，亦由数学归纳法或直接推理可知，$\boldsymbol{A}^{100}=\boldsymbol{E}$. 例如

$$\boldsymbol{A}^{2}=\begin{bmatrix}1 & b\\0 & -1\end{bmatrix}\begin{bmatrix}1 & b\\0 & -1\end{bmatrix}=\begin{bmatrix}1 & 0\\0 & 1\end{bmatrix}=\boldsymbol{E}\Rightarrow\boldsymbol{A}^{100}=\boldsymbol{E},$$

这时 b 可为任意实数.
综上所述，$\boldsymbol{A}$ 有且仅有 4 种可能：

$$\begin{bmatrix}1 & 0\\0 & 1\end{bmatrix},\begin{bmatrix}-1 & 0\\0 & -1\end{bmatrix},\begin{bmatrix}1 & b\\0 & -1\end{bmatrix},\begin{bmatrix}-1 & b\\0 & 1\end{bmatrix}.$$

3. 解：先计算 $n=2$ 时的特殊情形，再计算 $n>2$ 时的一般形式. 当 $n=2$ 时，有

$$\boldsymbol{A}^{n}-2\boldsymbol{A}^{n-1}=\boldsymbol{A}^{2}-2\boldsymbol{A}=\boldsymbol{A}(\boldsymbol{A}-2\boldsymbol{E}_3)=\begin{bmatrix}1 & 0 & 1\\0 & 2 & 0\\1 & 0 & 1\end{bmatrix}\begin{bmatrix}-1 & 0 & 1\\0 & 0 & 0\\1 & 0 & -1\end{bmatrix}=\boldsymbol{O}.$$

当 $n>2$ 时，有

$$\boldsymbol{A}^{n}-2\boldsymbol{A}^{n-1}=\boldsymbol{A}^{n-2}(\boldsymbol{A}^{2}-2\boldsymbol{A})=\boldsymbol{A}^{n-2}\boldsymbol{O}=\boldsymbol{O}.$$

4. 解：因为 $A_{ij}=a_{ij}$，所以

$$A^*=\begin{bmatrix}A_{11}&A_{21}&A_{31}\\A_{12}&A_{22}&A_{32}\\A_{13}&A_{23}&A_{33}\end{bmatrix}=\begin{bmatrix}a_{11}&a_{21}&a_{31}\\a_{12}&a_{22}&a_{32}\\a_{13}&a_{23}&a_{33}\end{bmatrix}=A^{\mathrm{T}}.$$

因此 $|A^*|=|A^{\mathrm{T}}|=|A|$.

又由于 $|A^*|=|A|^{3-1}=|A|^2$，故有 $|A|^2=|A|$，即

$|A|(1-|A|)=0$，从而 $|A|=0$ 或 $|A|=1$.

将 $|A|$ 按第一行展开，并注意到 $A_{ij}=a_{ij}$，有

$$|A|=a_{11}A_{11}+a_{12}A_{12}+a_{13}A_{13}=a_{11}^2+a_{12}^2+a_{13}^2\neq 0,$$

故 $|A|=1$.

5. 解：由于 $\boldsymbol{\alpha}^{\mathrm{T}}\boldsymbol{\alpha}=(1,0,-1)\begin{bmatrix}1\\0\\-1\end{bmatrix}=2$，则

$$\begin{aligned}A^n&=(\boldsymbol{\alpha}\boldsymbol{\alpha}^{\mathrm{T}})(\boldsymbol{\alpha}\boldsymbol{\alpha}^{\mathrm{T}})\cdots(\boldsymbol{\alpha}\boldsymbol{\alpha}^{\mathrm{T}})=\boldsymbol{\alpha}(\boldsymbol{\alpha}^{\mathrm{T}}\boldsymbol{\alpha})\cdots(\boldsymbol{\alpha}^{\mathrm{T}}\boldsymbol{\alpha})\boldsymbol{\alpha}^{\mathrm{T}}\\&=\boldsymbol{\alpha}(\boldsymbol{\alpha}^{\mathrm{T}}\boldsymbol{\alpha})^{n-1}\boldsymbol{\alpha}^{\mathrm{T}}=(\boldsymbol{\alpha}^{\mathrm{T}}\boldsymbol{\alpha})^{n-1}\boldsymbol{\alpha}\boldsymbol{\alpha}^{\mathrm{T}}=2^{n-1}A=2^{n-1}\begin{bmatrix}1\\0\\-1\end{bmatrix}(1,0,-1)\\&=\begin{bmatrix}2^{n-1}&0&-2^{n-1}\\0&0&0\\-2^{n-1}&0&2^{n-1}\end{bmatrix}.\end{aligned}$$

因此

$$\begin{aligned}|aE-A^n|&=\begin{vmatrix}a-2^{n-1}&0&2^{n-1}\\0&a&0\\2^{n-1}&0&a-2^{n-1}\end{vmatrix}\\&=a(a-2^{n-1})^2-a\cdot 2^{2n-2}=a^2(a-2^n).\end{aligned}$$

6. 证明：由于 $A^{-1}=\dfrac{1}{|A|}A^*$，因此 $A^*=|A|A^{-1}$.

两边取行列式得 $|A^*|=||A|A^{-1}|=|A|^n|A^{-1}|=|A|^n\dfrac{1}{|A|}=|A|^{n-1}\neq 0$，所以 A^* 可逆.

将 $A^*=|A|A^{-1}$ 的两边取逆得

$$(A^*)^{-1}=(|A|A^{-1})^{-1}=|A|^{-1}\cdot(A^{-1})^{-1}=\frac{A}{|A|}.$$

7. 解：由于 $A^*A=|A|E$，故 $A^{-1}=\dfrac{1}{|A|}A^*$，$|A|=-2$. 代入 $A^*BA=2BA-8E$，得 $A^{-1}BA=\dfrac{1}{-2}(2BA-8E)=4E-BA$，从而有 $A^{-1}BA+BA=(A^{-1}+E)BA=4E$，由此解得

$$\begin{aligned}B&=4(A^{-1}+E)^{-1}A^{-1}=4[A(A^{-1}+E)]^{-1}=4(E+A)^{-1}\\&=4\begin{bmatrix}2&2&-1\\0&-1&4\\0&0&2\end{bmatrix}^{-1}=\begin{bmatrix}2&4&-6\\0&-4&8\\0&0&2\end{bmatrix}.\end{aligned}$$

参考答案

8. 证明：设 $A=\begin{bmatrix} a_{11} & a_{12} & \cdots & a_{1n} \\ a_{21} & a_{22} & \cdots & a_{2n} \\ \vdots & \vdots & & \vdots \\ a_{n1} & a_{n2} & \cdots & a_{nn} \end{bmatrix}$.

因为 A 是实对称矩阵，因此有 $A^T=A$，于是有

$$A^2=A\cdot A=A\cdot A^T=\begin{bmatrix} a_{11}^2+\cdots+a_{1n}^2 & * & \cdots & * \\ * & a_{21}^2+\cdots+a_{2n}^2 & \cdots & * \\ \vdots & \vdots & & \vdots \\ * & * & \cdots & a_{n1}^2+\cdots+a_{nn}^2 \end{bmatrix}.$$

又因为 $A^2=O$，所以

$$a_{i1}^2+a_{i2}^2+\cdots+a_{in}^2=0,\quad i=1,2,\cdots,n.$$

由于 $a_{ij}(i=1,2,\cdots,n;j=1,2,\cdots,n)$ 均为实数，故有 $a_{ij}=0(i,j=1,2,\cdots,n)$，即 $A=O$.

9. 证明：因为 $A^m=E$，所以 $|A^m|=|A|^m=1$，从而 $|A|\neq 0$，故 A 可逆. 由 $A^{-1}=\frac{1}{|A|}A^*$，得 $A^*=|A|A^{-1}$，又 $B=(A^*)^T=(|A|A^{-1})^T=|A|(A^T)^{-1}$，

故 $B^m=[|A|(A^T)^{-1}]^m=|A|^m[(A^T)^{-1}]^m=|A|^m[(A^m)^T]^{-1}=|A^m|[(A^m)^T]^{-1}$

$=1\cdot(E^T)^{-1}=E.$

10. 证明：由 A 的表示式得

$$\begin{aligned} A^T &=[E-P^T(PP^T)^{-1}P]^T=E^T-[P^T(PP^T)^{-1}P]^T \\ &=E-P^T[(PP^T)^{-1}]^TP=E-P^T[(PP^T)^T]^{-1}P \\ &=E-P^T(PP^T)^{-1}P=A. \\ A^2 &=[E-P^T(PP^T)^{-1}P][E-P^T(PP^T)^{-1}P] \\ &=E-2P^T(PP^T)^{-1}P+P^T(PP^T)^{-1}PP^T(PP^T)^{-1}P \\ &=E-2P^T(PP^T)^{-1}P+P^T(PP^T)^{-1}P \\ &=E-P^T(PP^T)^{-1}P=A. \end{aligned}$$

11. 解：方程组的系数行列式为

$$D=\begin{vmatrix} 1 & a_1 & a_1^2 & \cdots & a_1^{n-1} \\ 1 & a_2 & a_2^2 & \cdots & a_2^{n-1} \\ 1 & a_3 & a_3^2 & \cdots & a_3^{n-1} \\ \vdots & \vdots & \vdots & & \vdots \\ 1 & a_n & a_n^2 & \cdots & a_n^{n-1} \end{vmatrix},$$

其转置为范德蒙行列式，因此 $D=D^T=\prod_{1\leqslant j<i\leqslant n}(a_i-a_j)\neq 0$，方程组有唯一解. 由 $D_1=D\neq 0$，而在 $D_2,D_3,\cdots,D_n$ 中均有两列完全一样，所以 $D_2=D_3=\cdots=D_n=0$. 从而方程组的解为 $x_1=\frac{D_1}{D}=1,x_2=\cdots=x_n=0$.

第三章　矩阵的初等变换与线性方程组

A 组

1. 2.　**2.** $\lambda=3$.　**3.** 1.　**4.** $a=\dfrac{1}{1-n}$.　**5.** 2.

6. (1) $\begin{bmatrix}x_1\\x_2\\x_3\\x_4\\x_5\end{bmatrix}=c\begin{bmatrix}1\\-14\\3\\7\\2\end{bmatrix}$, $c\in\mathbf{R}$; (2) 方程组无解; (3) $\begin{bmatrix}x_1\\x_2\\x_3\\x_4\\x_5\end{bmatrix}=c_1\begin{bmatrix}-2\\4\\4\\1\\0\end{bmatrix}+c_2\begin{bmatrix}1\\-2\\-2\\0\\1\end{bmatrix}+\begin{bmatrix}-1\\0\\-1\\0\\0\end{bmatrix}$.

7. $|\mathbf{A}|=(a+3)(a-1)^3$.

当 $a\neq-3$, $a\neq1$ 时，方程组有唯一解：

$$x_1=\frac{1}{a-1}-\frac{(a+1)(a^2+1)}{(a-1)(a+3)},$$

$$x_2=\frac{a}{a-1}-\frac{(a+1)(a^2+1)}{(a-1)(a+3)},$$

$$x_3=\frac{a^2}{a-1}-\frac{(a+1)(a^2+1)}{(a-1)(a+3)},$$

$$x_4=\frac{a^3}{a-1}-\frac{(a+1)(a^2+1)}{(a-1)(a+3)};$$

当 $a=-3$ 时，方程组无解；

当 $a=1$ 时，方程组有无穷多解，且

$$\begin{bmatrix}x_1\\x_2\\x_3\\x_4\\x_5\end{bmatrix}=c_1\begin{bmatrix}-1\\1\\0\\0\end{bmatrix}+c_2\begin{bmatrix}-1\\0\\1\\0\end{bmatrix}+c_3\begin{bmatrix}-1\\0\\0\\1\end{bmatrix}+\begin{bmatrix}1\\0\\0\\0\end{bmatrix},c_1,c_2,c_3\in\mathbf{R}.$$

8. $a\neq1$ 时，方程组有唯一解；

$a=1$ 且 $b\neq-1$ 时，方程组无解；

$a=1$ 且 $b=-1$ 时，方程组有无穷多解，且解为

$$\begin{bmatrix}x_1\\x_2\\x_3\\x_4\end{bmatrix}=c_1\begin{bmatrix}1\\-2\\1\\0\end{bmatrix}+c_2\begin{bmatrix}1\\-2\\0\\1\end{bmatrix}+\begin{bmatrix}-1\\1\\0\\0\end{bmatrix}.$$

9. $\lambda=1$ 时有解，$\begin{bmatrix}x_1\\x_2\\x_3\end{bmatrix}=c\begin{bmatrix}-1\\2\\1\end{bmatrix}+\begin{bmatrix}1\\-1\\0\end{bmatrix}$.

10. -2　**11.** -3　**12.** $k=-3$，提示：$|\mathbf{A}|=(k-1)^3(k+3)$.

13. $\begin{bmatrix} -1 & -11 & -1 \\ 1 & 11 & 1 \\ 9 & 99 & 9 \end{bmatrix}$,提示：利用矩阵的初等变换.

14. $t=6$,提示：$\boldsymbol{AB}=\boldsymbol{O}\Rightarrow \boldsymbol{Ax}=\boldsymbol{0}$ 有非零解.

B 组

1. 解：由 $R(\boldsymbol{A})^*=1$,$\boldsymbol{AA}^*=|\boldsymbol{A}|\boldsymbol{E}$,$|\boldsymbol{A}^*|=0\Rightarrow|\boldsymbol{A}|=0$.

而$|\boldsymbol{A}|=(\alpha+2\beta)(\alpha-\beta)^2$,当 $\alpha=\beta$ 时,$R(\boldsymbol{A})\leqslant 1$,有 $R(\boldsymbol{A}^*)=0$,矛盾.故 $\alpha+2\beta=0$,且 $\alpha\neq\beta$.

2. 解：$|\boldsymbol{A}|=a(a-b)^2$.

当 $a\neq 0$,$a\neq b$ 时,方程组有唯一解.

当 $a=0$ 时,$\boldsymbol{B}=\begin{bmatrix} 1 & a & a^2 & 1 \\ 1 & a & ab & a \\ b & a^2 & a^2b & a^2b \end{bmatrix}=\begin{bmatrix} 1 & 0 & 0 & 1 \\ 1 & 0 & 0 & 0 \\ b & 0 & 0 & 0 \end{bmatrix}$,

b 取任何值,$R(\boldsymbol{A})=1\neq 2=R(\boldsymbol{B})$,方程组无解.

当 $a\neq 0$,$a=b$ 时,

$$\boldsymbol{B}=\begin{bmatrix} 1 & a & a^2 & 1 \\ 1 & a & a^2 & a \\ a & a^2 & a^3 & a^3 \end{bmatrix}\underset{r_3-ar_1}{\overset{r_1-r_2}{\sim}}\begin{bmatrix} 1 & a & a^2 & 1 \\ 0 & 0 & 0 & a-1 \\ 0 & 0 & 0 & a^3-a \end{bmatrix}\overset{r_3\div a}{\sim}\begin{bmatrix} 1 & a & a^2 & 1 \\ 0 & 0 & 0 & a-1 \\ 0 & 0 & 0 & a^2-1 \end{bmatrix},$$

此时,当 $a=b\neq 1$ 时,$R(\boldsymbol{A})=1\neq 2=R(\boldsymbol{B})$,方程组无解；

当 $a=b=1$ 时,$R(\boldsymbol{A})=R(\boldsymbol{B})=1<3$,方程组有无穷多解.

故 $a\neq 0$,$a\neq b$ 时,方程组有唯一解；$a=b=1$ 时,方程组有无穷多解；$a=0$ 或 $a=b\neq 1$ 时,方程组无解.

3. 证明：令 $\boldsymbol{C}=\begin{pmatrix} \boldsymbol{A} & \boldsymbol{b} \\ \boldsymbol{b}^{\mathrm{T}} & \boldsymbol{0} \end{pmatrix}$,且设 $R(\boldsymbol{C})=R(\boldsymbol{A})$,则 $R(\boldsymbol{A},\boldsymbol{b})\leqslant R(\boldsymbol{C})=R(\boldsymbol{A})$,但$R(\boldsymbol{A},\boldsymbol{b})\geqslant R(\boldsymbol{A})$,

故 $R(\boldsymbol{A},\boldsymbol{b})=R(\boldsymbol{A})$,方程组 $\boldsymbol{Ax}=\boldsymbol{b}$ 有解.

4. 证明：必要性.设 $\boldsymbol{Ax}=\boldsymbol{b}$ 有解,则由 $\boldsymbol{A}^{\mathrm{T}}\boldsymbol{x}=\boldsymbol{0}$的解必满足 $\boldsymbol{b}^{\mathrm{T}}\boldsymbol{x}=0$,从而 $\boldsymbol{A}^{\mathrm{T}}\boldsymbol{x}=\boldsymbol{0}$ 与方程组 $\boldsymbol{b}^{\mathrm{T}}\boldsymbol{x}=1$ 必无公共解,即方程组$\begin{bmatrix} \boldsymbol{A}^{\mathrm{T}} \\ \boldsymbol{b}^{\mathrm{T}} \end{bmatrix}\boldsymbol{x}=\begin{bmatrix} \boldsymbol{0} \\ 1 \end{bmatrix}$无解.

充分性.设方程组$\begin{bmatrix} \boldsymbol{A}^{\mathrm{T}} \\ \boldsymbol{b}^{\mathrm{T}} \end{bmatrix}\boldsymbol{x}=\begin{bmatrix} \boldsymbol{0} \\ 1 \end{bmatrix}$无解,则

$$R(\widetilde{\boldsymbol{C}})\neq R(\boldsymbol{C}),\widetilde{\boldsymbol{C}}=\begin{bmatrix} \boldsymbol{A}^{\mathrm{T}} & \boldsymbol{0} \\ \boldsymbol{b}^{\mathrm{T}} & 1 \end{bmatrix},\boldsymbol{C}=\begin{bmatrix} \boldsymbol{A}^{\mathrm{T}} \\ \boldsymbol{b}^{\mathrm{T}} \end{bmatrix},$$

但 $R(\boldsymbol{C})\leqslant R(\widetilde{\boldsymbol{C}})\leqslant R(\boldsymbol{C})+1$.故 $R(\widetilde{\boldsymbol{C}})=R(\boldsymbol{C})+1=R(\boldsymbol{C}^{\mathrm{T}})+1=R(\boldsymbol{A},\boldsymbol{b})+1$.

又因为 $R(\widetilde{\boldsymbol{C}})=R(\boldsymbol{A}^{\mathrm{T}})+1=R(\boldsymbol{A})+1$,所以 $R(\boldsymbol{A},\boldsymbol{b})=R(\boldsymbol{A})$,方程组 $\boldsymbol{Ax}=\boldsymbol{b}$ 有解.

5. 证明：$\because$ $\boldsymbol{A}+\boldsymbol{B}=\boldsymbol{AE}_n+\boldsymbol{BE}_n=(\boldsymbol{A},\boldsymbol{B})\begin{bmatrix} \boldsymbol{E}_n \\ \boldsymbol{E}_n \end{bmatrix}$,

$\therefore R(\boldsymbol{A}+\boldsymbol{B})\leqslant\min\left\{R(\boldsymbol{A},\boldsymbol{B}),R\begin{bmatrix}\boldsymbol{E}_n\\\boldsymbol{E}_n\end{bmatrix}\right\}=\min\{R(\boldsymbol{A},\boldsymbol{B}),n\}\leqslant R(\boldsymbol{A},\boldsymbol{B}).$

6. 证明：由 $R(\boldsymbol{A})=r$，知存在 m 阶可逆矩阵 $\boldsymbol{P}$ 和 n 阶可逆矩阵 $\boldsymbol{Q}$，使 $\boldsymbol{A}=\boldsymbol{P}\begin{bmatrix}\boldsymbol{E}_r & \boldsymbol{O}\\\boldsymbol{O} & \boldsymbol{O}\end{bmatrix}\boldsymbol{Q}=$

$\boldsymbol{P}\begin{bmatrix}\boldsymbol{E}_r\\\boldsymbol{O}\end{bmatrix}_{m\times r}(\boldsymbol{E}_r\quad\boldsymbol{O})_{r\times n}\boldsymbol{Q}=\boldsymbol{CD}$，其中 $\boldsymbol{C}=\boldsymbol{P}\begin{bmatrix}\boldsymbol{E}_r\\\boldsymbol{O}\end{bmatrix}_{m\times r}$，$\boldsymbol{D}=(\boldsymbol{E}_r\quad\boldsymbol{O})_{r\times n}\boldsymbol{Q}$.

显然，$\boldsymbol{C}$ 是 $m\times r$ 矩阵且 $\boldsymbol{P}$ 可逆，$R(\boldsymbol{C})=R\begin{pmatrix}\boldsymbol{E}_r\\\boldsymbol{O}\end{pmatrix}_{m\times r}=r$，$\boldsymbol{C}$ 是列满秩矩阵；$\boldsymbol{D}$ 是 $r\times n$ 矩阵且 $\boldsymbol{Q}$ 可逆，$R(\boldsymbol{D})=R(\boldsymbol{E}_r,\boldsymbol{Q})_{r\times n}=r$，$\boldsymbol{D}$ 是行满秩矩阵.

7. $\boldsymbol{A}\sim\begin{bmatrix}1+a & 1 & 1 & \cdots & 1\\-2a & a & 0 & \cdots & a\\\vdots & \vdots & \vdots & & \vdots\\-na & 0 & 0 & \cdots & a\end{bmatrix}=\boldsymbol{B}$，

当 $a=0$ 时，$R(\boldsymbol{A})=1<n$，方程组有非零解：

$\boldsymbol{x}=k_1(-1,1,0,\cdots,0)^{\mathrm T}+k_2(-1,0,1,\cdots,0)^{\mathrm T}+\cdots+k_{n-1}(-1,0,0,\cdots,1)^{\mathrm T},k_1,k_2,\cdots,k_{n-1}\in\mathbf{R}.$

当 $a\neq0$ 时，$\boldsymbol{B}\sim\begin{bmatrix}a+\frac{n(n+1)}{2} & 0 & 0 & \cdots & 0\\-2 & 1 & 0 & \cdots & 0\\\vdots & \vdots & \vdots & & \vdots\\-n & 0 & 0 & \cdots & 1\end{bmatrix}$；当 $a=-\frac{n(n+1)}{2}$ 时，$R(\boldsymbol{A})=n-1<n$，方程组有非零解：$\boldsymbol{x}=k(1,2,\cdots,n)^{\mathrm T},k\in\mathbf{R}.$

8. 系数矩阵的行列式 $|\boldsymbol{A}|=\lambda^2(\lambda-1)$.

方程组有非零解 $\Leftrightarrow|\boldsymbol{A}|=0\Leftrightarrow\lambda=0$ 或 $\lambda=1$.

$\lambda=0$ 时，$\boldsymbol{A}\to\begin{pmatrix}1 & 0 & 1\\0 & 1 & 1\\0 & 0 & 0\end{pmatrix}$，通解 $\begin{pmatrix}x_1\\x_2\\x_3\end{pmatrix}=k\begin{pmatrix}-1\\-1\\1\end{pmatrix}$；

$\lambda=1$ 时，$\boldsymbol{A}\to\begin{pmatrix}1 & 0 & 1\\0 & 1 & 0\\0 & 0 & 0\end{pmatrix}$，通解 $\begin{pmatrix}x_1\\x_2\\x_3\end{pmatrix}=k\begin{pmatrix}-1\\0\\1\end{pmatrix}$.

9. （Ⅰ）的系数矩阵为 $\boldsymbol{A}=(a_{ij})_{n\times n}$，（Ⅱ）的系数矩阵为 $(\boldsymbol{A}^*)^{\mathrm T}$，$\because|\boldsymbol{A}^*|=|\boldsymbol{A}|^{n-1}$，$\therefore$（Ⅰ）有唯一解 $\Leftrightarrow|\boldsymbol{A}|\neq0\Leftrightarrow|\boldsymbol{A}^*|\neq0\Leftrightarrow|(\boldsymbol{A}^*)^{\mathrm T}|\neq0\Leftrightarrow$（Ⅱ）有唯一解.

10. 由 $\boldsymbol{A}(\boldsymbol{C}+\boldsymbol{BA})=\boldsymbol{O}$ 知 $\boldsymbol{C}+\boldsymbol{BA}$ 的每一列都是线性方程组 $\boldsymbol{Ax}=\boldsymbol{0}$ 的解，故 $R(\boldsymbol{C}+\boldsymbol{BA})\leqslant n-R(\boldsymbol{A})=n-r$. 设 $\boldsymbol{\xi}_1,\boldsymbol{\xi}_2,\cdots,\boldsymbol{\xi}_{n-r}$ 是该方程组的一个基础解系，令 $\boldsymbol{D}=(\boldsymbol{\xi}_1,\boldsymbol{\xi}_2,\cdots,\boldsymbol{\xi}_{n-r})$. 由 $(\boldsymbol{C}+\boldsymbol{BA})\boldsymbol{\xi}_i=\boldsymbol{C}\boldsymbol{\xi}_i+\boldsymbol{B}(\boldsymbol{A}\boldsymbol{\xi}_i)=\boldsymbol{C}\boldsymbol{\xi}_i(i=1,2,\cdots,n-r)$ 知，$(\boldsymbol{C}+\boldsymbol{BA})\boldsymbol{D}=\boldsymbol{CD}$. 因此 $R(\boldsymbol{C}+\boldsymbol{BA})\geqslant R[(\boldsymbol{C}+\boldsymbol{BA})\boldsymbol{D}]=R(\boldsymbol{CD})=R(\boldsymbol{D})=n-r$.

综上，$R(\boldsymbol{C}+\boldsymbol{BA})=n-r$，且 $\boldsymbol{C}+\boldsymbol{BA}$ 的列向量的极大无关组是方程组的基础解系，于是该方程

组的任一解 $\boldsymbol{x}$ 可由 $\boldsymbol{C}+\boldsymbol{BA}$ 的列向量组的极大无关组线性表示，从而存在 n 维列向量 $\boldsymbol{Z}$，使 $\boldsymbol{x}=(\boldsymbol{C}+\boldsymbol{BA})\boldsymbol{Z}$. 反之，对任意 n 维列向量 $(\boldsymbol{C}+\boldsymbol{BA})\boldsymbol{Z}$，显然是该方程组的解，故得证.

第四章　向量组的线性相关性

A 组

1. $t=0$，提示：$|(\boldsymbol{\alpha}_1,\boldsymbol{\alpha}_2,\boldsymbol{\alpha}_3)|=0$.

2. (1) $R(\boldsymbol{A})=2$；(2) 当 $a=-8,b=-2$ 时，$R(\boldsymbol{B})=2$；当 $a\neq-8,b=-2$ 时，或 $a=-8,b\neq-2$ 时，$R(\boldsymbol{B})=3$；当 $a\neq-8,b\neq-2$ 时，$R(\boldsymbol{B})=4$.

3. 最大无关组为 $\boldsymbol{\eta}_1,\boldsymbol{\eta}_2$；$\boldsymbol{\eta}_3=3\boldsymbol{\eta}_1+\boldsymbol{\eta}_2$，$\boldsymbol{\eta}_4=2\boldsymbol{\eta}_1+\boldsymbol{\eta}_2$.

4. $mn\neq1$.　**5.** $(1,-1,-1,1)^{\mathrm{T}}+k_1(1,0,1,0)^{\mathrm{T}}+k_2(1,1,0,0)^{\mathrm{T}}$.

6. $\begin{cases}5x_1+x_2+4x_4=5,\\-11x_1+x_3-9x_4=-9.\end{cases}$　**7～9.** 略.

10. (1) $a=1,b=3$；(2) $\boldsymbol{\xi}_1=(1,-2,1,0,0)^{\mathrm{T}}$，$\boldsymbol{\xi}_2=(1,-2,0,1,0)^{\mathrm{T}}$，$\boldsymbol{\xi}_3=(1,-2,0,0,1)^{\mathrm{T}}$；(3) $\boldsymbol{x}=\boldsymbol{\eta}^*+k_1\boldsymbol{\xi}_1+k_2\boldsymbol{\xi}_2+k_3\boldsymbol{\xi}_3$，其中 $\boldsymbol{\eta}^*=(-2,3,0,0,0)^{\mathrm{T}}$.

11. (1) $a=-1$ 且 $b\neq0$；(2) $a\neq-1$.

12. (1) $\boldsymbol{\xi}_1=(0,0,1,0)^{\mathrm{T}}$，$\boldsymbol{\xi}_2=(-1,1,0,1)^{\mathrm{T}}$；(2) 有，$k(-1,1,1,1)^{\mathrm{T}}$.

13. (1) a,b,c 互异；(2) $b=c\neq a$ 时，$\boldsymbol{x}=k(0,1,-1)^{\mathrm{T}}$；$a=c\neq b$ 时，$\boldsymbol{x}=k(1,0,-1)^{\mathrm{T}}$；$a=b\neq c$ 时，$\boldsymbol{x}=k(1,-1,0)^{\mathrm{T}}$.

14. $a=15,b=5$.

15. 当 $a\neq b$ 且 $a\neq(1-n)b$ 时，仅有零解；当 $a=b$ 时，全部解为 $\boldsymbol{x}=k_1(-1,1,0,\cdots,0)^{\mathrm{T}}+k_2(-1,0,1,\cdots,0)^{\mathrm{T}}+\cdots+k_{n-1}(-1,0,0,\cdots,1)^{\mathrm{T}}$；当 $a=(1-n)b$ 时，全部解为 $\boldsymbol{x}=k(1,1,\cdots,1)^{\mathrm{T}}$.

B 组

1. 证明：$(\boldsymbol{\beta}-\boldsymbol{\alpha}_1,\cdots,\boldsymbol{\beta}-\boldsymbol{\alpha}_m)=(\boldsymbol{\alpha}_1,\cdots,\boldsymbol{\alpha}_m)\begin{bmatrix}0&1&\cdots&1\\1&0&\cdots&1\\1&1&\cdots&0\end{bmatrix}$，

$|\boldsymbol{C}|=\begin{vmatrix}0&1&\cdots&1\\1&0&\cdots&1\\1&1&\cdots&0\end{vmatrix}=(-1)^{m-1}(m-1)\neq0$，$\boldsymbol{C}$ 可逆，$\therefore$ $\boldsymbol{\beta}-\boldsymbol{\alpha}_1,\cdots,\boldsymbol{\beta}-\boldsymbol{\alpha}_m$ 线性无关$\Leftrightarrow R(\boldsymbol{\beta}-\boldsymbol{\alpha}_1,\cdots,\boldsymbol{\beta}-\boldsymbol{\alpha}_m)=m\Leftrightarrow R(\boldsymbol{\alpha}_1,\cdots,\boldsymbol{\alpha}_m)=m\Leftrightarrow\boldsymbol{\alpha}_1,\boldsymbol{\alpha}_2,\cdots,\boldsymbol{\alpha}_m$ 线性无关.

2. 解：$(\boldsymbol{\beta}_1,\boldsymbol{\beta}_2,\cdots,\boldsymbol{\beta}_s)=(\boldsymbol{\alpha}_1,\boldsymbol{\alpha}_2,\cdots,\boldsymbol{\alpha}_s)\boldsymbol{A}$，$\boldsymbol{A}=\begin{vmatrix}1&0&\cdots&1\\1&1&\cdots&0\\0&1&\cdots&0\\\vdots&\vdots&&\vdots\\0&0&\cdots&1\end{vmatrix}$，$|\boldsymbol{A}|=1+(-1)^{s+1}$，

$\therefore$ 当 s 为奇数时，$|\boldsymbol{A}|\neq0$，$\boldsymbol{\beta}_1,\cdots,\boldsymbol{\beta}_s$ 线性无关；当 s 为偶数时，$|\boldsymbol{A}|=0$，$\boldsymbol{\beta}_1,\cdots,\boldsymbol{\beta}_s$ 线性相关.

3. 解：$|\boldsymbol{A}|=\begin{vmatrix}\lambda-3 & 1 & -2\\ \lambda & \lambda+1 & 1\\ 3(\lambda-1) & \lambda+2 & \lambda-1\end{vmatrix}=\lambda^2(\lambda-1)$，

当 $\lambda=0$ 时，$\boldsymbol{A}\sim\begin{bmatrix}1&0&1\\0&1&1\\0&0&0\end{bmatrix}$，$\boldsymbol{x}=k\begin{bmatrix}-1\\-1\\1\end{bmatrix}$；当 $\lambda=1$ 时，$\boldsymbol{A}\sim\begin{bmatrix}1&0&1\\0&1&0\\0&0&0\end{bmatrix}$，$\boldsymbol{x}=k\begin{bmatrix}-1\\0\\1\end{bmatrix}$.

4. 证明：(1) $(\boldsymbol{\beta}_1,\boldsymbol{\beta}_2,\boldsymbol{\beta}_3,\boldsymbol{\beta}_4)=(\boldsymbol{\alpha}_1,\boldsymbol{\alpha}_2,\boldsymbol{\alpha}_3,\boldsymbol{\alpha}_4)\begin{bmatrix}0&1&1&1\\1&0&1&1\\1&1&0&1\\1&1&1&0\end{bmatrix}=(\boldsymbol{\alpha}_1,\boldsymbol{\alpha}_2,\boldsymbol{\alpha}_3,\boldsymbol{\alpha}_4)\boldsymbol{B}$,

$|\boldsymbol{B}|=-3\neq0$，∴ $\boldsymbol{\beta}_1,\boldsymbol{\beta}_2,\boldsymbol{\beta}_3,\boldsymbol{\beta}_4$ 线性无关，为 $\boldsymbol{Ax}=\boldsymbol{0}$ 的基础解系；

(2) $(\boldsymbol{\beta}_1,\boldsymbol{\beta}_2,\boldsymbol{\beta}_3,\boldsymbol{\beta}_4)=(\boldsymbol{\alpha}_1,\boldsymbol{\alpha}_2,\boldsymbol{\alpha}_3,\boldsymbol{\alpha}_4)\begin{bmatrix}1&0&0&1\\1&1&0&0\\0&1&1&0\\0&0&1&1\end{bmatrix}=(\boldsymbol{\alpha}_1,\boldsymbol{\alpha}_2,\boldsymbol{\alpha}_3,\boldsymbol{\alpha}_4)\boldsymbol{B}$,

$R(\boldsymbol{B})=3$，∴ $\boldsymbol{\beta}_1,\boldsymbol{\beta}_2,\boldsymbol{\beta}_3,\boldsymbol{\beta}_4$ 线性相关，不是 $\boldsymbol{Ax}=\boldsymbol{0}$ 的基础解系.

5. 解：将已知解代入方程组得 $\lambda=\mu$，增广矩阵

$$\overline{\boldsymbol{A}}\sim\begin{bmatrix}1&0&-2\lambda&1-\lambda&-\lambda\\0&1&3&1&1\\0&0&2(2\lambda-1)&2\lambda-1&2\lambda-1\end{bmatrix}.$$

(1) 当 $\lambda\neq\frac{1}{2}$ 时，$\overline{\boldsymbol{A}}\sim\begin{bmatrix}1&0&0&1&0\\0&1&0&-\frac{1}{2}&-\frac{1}{2}\\0&0&1&\frac{1}{2}&\frac{1}{2}\end{bmatrix}$，$R(\boldsymbol{A})=R(\overline{\boldsymbol{A}})=3<4$，方程组有无穷多解，全部解为 $\boldsymbol{x}=\left[0,-\frac{1}{2},\frac{1}{2},0\right]^{\mathrm{T}}+k(-2,1,-1,2)^{\mathrm{T}}$；

当 $\lambda=\frac{1}{2}$ 时，$\overline{\boldsymbol{A}}\sim\begin{bmatrix}1&0&-1&\frac{1}{2}&-\frac{1}{2}\\0&1&3&1&1\\0&0&0&0&0\end{bmatrix}$，$R(\boldsymbol{A})=R(\overline{\boldsymbol{A}})=2<4$，方程组有无穷多解，全部解为 $\boldsymbol{x}=\left(-\frac{1}{2},1,0,0\right)^{\mathrm{T}}+k_1(1,-3,1,0)^{\mathrm{T}}+k_2(-1,-2,0,2)^{\mathrm{T}}$.

(2) 当 $\lambda\neq\frac{1}{2}$ 时，由 $x_2=x_3$，解得 $k=\frac{1}{2}$，方程组的解为

$$\boldsymbol{x}=\left(1,-\frac{1}{2},\frac{1}{2},0\right)^{\mathrm{T}}+\frac{1}{2}(-2,1,-1,2)^{\mathrm{T}}=(-1,0,0,1)^{\mathrm{T}};$$

当 $\lambda=\frac{1}{2}$ 时，由 $x_2=x_3$ 得 $k_1=\frac{1}{4}-\frac{1}{2}k_2$，方程组的解为

$$x=\left(-\frac{1}{2},1,0,0\right)^{\mathrm{T}}+\left(\frac{1}{4}-\frac{1}{2}k_2\right)(1,-3,1,0)^{\mathrm{T}}+k_2(-1,-2,0,2)^{\mathrm{T}}$$
$$=\left(-\frac{1}{4},\frac{1}{4},\frac{1}{4},0\right)^{\mathrm{T}}+k_2\left(-\frac{3}{2},-\frac{1}{2},-\frac{1}{2},2\right)^{\mathrm{T}}.$$

6. 证明：因为 $\boldsymbol{\alpha}_1+\boldsymbol{\beta}_1,\boldsymbol{\alpha}_2+\boldsymbol{\beta}_2,\cdots,\boldsymbol{\alpha}_s+\boldsymbol{\beta}_s$ 可被向量组 $\boldsymbol{\alpha}_1,\cdots,\boldsymbol{\alpha}_s,\boldsymbol{\beta}_1,\cdots,\boldsymbol{\beta}_s$ 线性表示，又 $\boldsymbol{\alpha}_1,\cdots,\boldsymbol{\alpha}_s,\boldsymbol{\beta}_1,\cdots,\boldsymbol{\beta}_s$ 可分别被 $\boldsymbol{\alpha}_1,\cdots,\boldsymbol{\alpha}_s$ 的最大无关组和 $\boldsymbol{\beta}_1,\cdots,\boldsymbol{\beta}_s$ 的最大无关组线性表示，故 $R(\boldsymbol{\alpha}_1+\boldsymbol{\beta}_1,\boldsymbol{\alpha}_2+\boldsymbol{\beta}_2,\cdots,\boldsymbol{\alpha}_s+\boldsymbol{\beta}_s)\leqslant r+t$.

7. 解：求出方程组(Ⅰ)的解为 $\begin{bmatrix}x_1\\x_2\\x_3\\x_4\end{bmatrix}=\begin{bmatrix}0\\-1\\-1\\0\end{bmatrix}+k\begin{bmatrix}2\\-1\\-1\\1\end{bmatrix}$，代入方程组的第一个方程化简得

$$-(a+5)k+(-a-2)=b,$$

由于 k 任意，于是 $a=-5,b=3$.

同理，$c=-1,d=0,\ e=3,f=2$.

8. 解：对增广阵进行初等行变换

$$(\boldsymbol{A},\boldsymbol{b})\sim\begin{bmatrix}2&5-\lambda&-4&2\\0&1-\lambda&1-\lambda&1-\lambda\\0&0&(1-\lambda)(10-\lambda)&(1-\lambda)(4-\lambda)\end{bmatrix}.$$

当 $\lambda\neq1$ 且 $\lambda\neq10$ 时，$R(\boldsymbol{A})=R(\boldsymbol{A},\boldsymbol{b})=3$，方程组有唯一解；

当 $\lambda=10$ 时，$R(\boldsymbol{A})=2,R(\boldsymbol{A},\boldsymbol{b})=3$，方程组无解；

当 $\lambda=1$ 时，$R(\boldsymbol{A})=R(\boldsymbol{A},\boldsymbol{b})=1$，方程组有无穷多解，求得

$$\boldsymbol{x}=k_1\begin{bmatrix}-2\\1\\0\end{bmatrix}+k_2\begin{bmatrix}2\\0\\0\end{bmatrix}+\begin{bmatrix}1\\0\\0\end{bmatrix}.$$

9. 解：令 $\boldsymbol{A}=(\boldsymbol{\alpha}_1,\boldsymbol{\alpha}_2,\boldsymbol{\alpha}_3),\boldsymbol{B}=(\boldsymbol{\beta}_1,\boldsymbol{\beta}_2)$，对 $(\boldsymbol{A},\boldsymbol{B})$ 进行初等行变换

$$(\boldsymbol{A},\boldsymbol{B})=\begin{bmatrix}1&2&3&5&-9\\-1&1&1&0&-8\\0&3&2&7&-13\end{bmatrix}\sim\begin{bmatrix}1&0&0&2&3\\0&1&0&3&-3\\0&0&1&-1&-2\end{bmatrix}.$$

由 $R(\boldsymbol{A})=3$ 知 $\boldsymbol{\alpha}_1,\boldsymbol{\alpha}_2,\boldsymbol{\alpha}_3$ 是 $\mathbf{R}^3$ 的一个基.

又 $\boldsymbol{\beta}_1=(\boldsymbol{\alpha}_1,\boldsymbol{\alpha}_2,\boldsymbol{\alpha}_3)\begin{bmatrix}2\\3\\-1\end{bmatrix},\boldsymbol{\beta}_2=(\boldsymbol{\alpha}_1,\boldsymbol{\alpha}_2,\boldsymbol{\alpha}_3)\begin{bmatrix}3\\-3\\-2\end{bmatrix}$，所以 $\boldsymbol{\beta}_1,\boldsymbol{\beta}_2$ 在基 $\boldsymbol{\alpha}_1,\boldsymbol{\alpha}_2,\boldsymbol{\alpha}_3$ 下的坐标为 $(2,3,-1)^{\mathrm{T}},(3,-3,-2)^{\mathrm{T}}$.

10. 解：设所求方程组的系数矩阵为 $\boldsymbol{A},\boldsymbol{B}=(\boldsymbol{\xi}_1,\boldsymbol{\xi}_2)$，则 $\boldsymbol{AB}=\boldsymbol{0}$，∴ $\boldsymbol{B}^{\mathrm{T}}\boldsymbol{A}^{\mathrm{T}}=\boldsymbol{0}$，$\boldsymbol{A}^{\mathrm{T}}$ 的列向量为 $\boldsymbol{B}^{\mathrm{T}}\boldsymbol{x}=0$ 的解向量. 由

$$\boldsymbol{B}^{\mathrm{T}}=\begin{bmatrix}0&1&2&3\\3&2&1&0\end{bmatrix}\sim\begin{bmatrix}1&0&-1&-2\\0&1&2&3\end{bmatrix},$$

得方程组$\begin{cases} x_1 = x_3 + 2x_4, \\ x_2 = -2x_3 - 3x_4, \end{cases}$ 基础解系 $\boldsymbol{\eta}_1 = \begin{bmatrix} 1 \\ -2 \\ 1 \\ 0 \end{bmatrix}, \boldsymbol{\eta}_2 = \begin{bmatrix} 2 \\ -3 \\ 0 \\ 1 \end{bmatrix}$.

$$\boldsymbol{A}^{\mathrm{T}} = \begin{bmatrix} 1 & 2 \\ -2 & 3 \\ 1 & 0 \\ 0 & 1 \end{bmatrix}, \boldsymbol{A} = \begin{pmatrix} 1 & -2 & 1 & 0 \\ 2 & 3 & 0 & 1 \end{pmatrix},$$

所求方程组为$\begin{cases} x_1 - 2x_2 + x_3 = 0, \\ 2x_1 + 3x_2 + x_4 = 0. \end{cases}$

11. 证明：设 $\boldsymbol{\xi}_1 = \boldsymbol{\eta}_2 - \boldsymbol{\eta}_1, \boldsymbol{\xi}_2 = \boldsymbol{\eta}_3 - \boldsymbol{\eta}_1, \cdots, \boldsymbol{\xi}_{n-r} = \boldsymbol{\eta}_{n-r+1} - \boldsymbol{\eta}_1$，它们为 $\boldsymbol{Ax}=\boldsymbol{0}$ 的解.

设有一组数 $\lambda_1, \lambda_2, \cdots, \lambda_{n-r}$，使

$$\lambda_1 \boldsymbol{\xi}_1 + \lambda_2 \boldsymbol{\xi}_2 + \cdots + \lambda_{n-r} \boldsymbol{\xi}_{n-r} = \boldsymbol{0},$$

即$-(\lambda_1 + \lambda_2 + \cdots + \lambda_{n-r})\boldsymbol{\eta}_1 + \lambda_1 \boldsymbol{\eta}_2 + \lambda_2 \boldsymbol{\eta}_3 + \cdots + \lambda_{n-r} \boldsymbol{\eta}_{n-r+1} = \boldsymbol{0}$.

由 $\boldsymbol{\eta}_1, \boldsymbol{\eta}_2, \cdots, \boldsymbol{\eta}_{n-r+1}$线性无关，得 $\lambda_1 = \lambda_2 = \cdots = \lambda_{n-r} = 0$，

从而 $\boldsymbol{\xi}_1, \boldsymbol{\xi}_2, \cdots, \boldsymbol{\xi}_{n-r}$线性无关. 设 $\boldsymbol{x}$ 为 $\boldsymbol{Ax}=\boldsymbol{b}$ 的任一解，有

$$\begin{aligned} \boldsymbol{x} &= \boldsymbol{\eta}_1 + k_2 \boldsymbol{\xi}_1 + \cdots + k_{n-r+1} \boldsymbol{\xi}_{n-r} \\ &= (1 - k_2 - \cdots - k_{n-r+1})\boldsymbol{\eta}_1 + k_2 \boldsymbol{\eta}_2 + \cdots + k_{n-r+1} \boldsymbol{\eta}_{n-r+1} \\ &= k_1 \boldsymbol{\eta}_1 + k_2 \boldsymbol{\eta}_2 + \cdots + k_{n-r+1} \boldsymbol{\eta}_{n-r+1}, \end{aligned}$$

其中 $k_1 + k_2 + \cdots + k_{n-r+1} = 1$.

12. $\begin{bmatrix} y_1 \\ y_2 \\ \vdots \\ y_n \end{bmatrix} = \boldsymbol{C}^{-1} \begin{bmatrix} x_1 \\ x_2 \\ \vdots \\ x_n \end{bmatrix} = \begin{bmatrix} 1 & 0 & \cdots & 0 & 0 \\ -1 & 1 & \cdots & 0 & 0 \\ \vdots & \vdots & & \vdots & \vdots \\ 0 & 0 & \cdots & -1 & 1 \end{bmatrix} \begin{bmatrix} x_1 \\ x_2 \\ \vdots \\ x_n \end{bmatrix},$

$$\boldsymbol{C} = \begin{bmatrix} 1 & 0 & \cdots & 0 & 0 \\ 1 & 1 & \cdots & 0 & 0 \\ \vdots & \vdots & & \vdots & \vdots \\ 1 & 1 & \cdots & 1 & 0 \\ 1 & 1 & \cdots & 1 & 1 \end{bmatrix},$$

基变换公式为$(\boldsymbol{\beta}_1, \boldsymbol{\beta}_2, \cdots, \boldsymbol{\beta}_n) = (\boldsymbol{\alpha}_1, \boldsymbol{\alpha}_2, \cdots, \boldsymbol{\alpha}_n)\boldsymbol{C}$.

第五章　相似矩阵及二次型

A 组

1. $\boldsymbol{A}$ 的特征值为 $\lambda_1 = \lambda_2 = 1, \lambda_3 = 0$；相应的特征向量为 $\boldsymbol{\alpha}_1 = \begin{bmatrix} 2 \\ 1 \\ 0 \end{bmatrix}, \boldsymbol{\alpha}_2 = \begin{bmatrix} 3 \\ 0 \\ 2 \end{bmatrix}$ 及 $\boldsymbol{\alpha}_3 = \begin{bmatrix} 1 \\ 1 \\ -1 \end{bmatrix}$.

2. 3，21，51.

3. $f_A(\lambda)=|\lambda E_4-A|=(\lambda-\lambda_1)(\lambda-\lambda_2)(\lambda-\lambda_3)(\lambda-\lambda_4)=\lambda^2(\lambda-1)\left(\lambda-\sum_{i=1}^{4}a_{ii}+1\right)$.

4. $A^k=\begin{bmatrix}1 & 2^{k+1}-2 & 0\\ 0 & 2^k & 0\\ (-1)^k-1 & \frac{1}{3}(-1)^{k+1}+2-\frac{5}{3}\times 2^k & (-1)^k\end{bmatrix}$,

$$A^{100}=\begin{bmatrix}1 & 2^{101}-2 & 0\\ 0 & 2^{100} & 0\\ 0 & \frac{5}{3}(1-2^{100}) & 1\end{bmatrix}.$$

5. 提示：用反证法.

6. $A=\begin{bmatrix}1 & -2 & -4\\ -2 & 4 & -2\\ -4 & -2 & 1\end{bmatrix}$.

7. $f=2w_1^2-2w_2^2+6w_3^2$，所用的线性变换为

$$\begin{cases}x_1=w_1+w_2+3w_3,\\ x_2=w_1-w_2-w_3,\\ x_3=w_3.\end{cases}$$

（注：标准形及非奇异线性变换都不唯一）

8. f 的标准形为 $f=9y_1^2$.

9. $-2<t<1$.

10. 略.

11. 略.

12. $k=0$；$P=\begin{bmatrix}-1 & 1 & 1\\ 2 & 0 & 0\\ 0 & 2 & 1\end{bmatrix}$，$P^{-1}AP=\begin{bmatrix}-1 & 0 & 0\\ 0 & -1 & 0\\ 0 & 0 & 1\end{bmatrix}$.

13. (1) $k=-2$；(2) $Q=\begin{bmatrix}\frac{1}{\sqrt{2}} & \frac{1}{\sqrt{6}} & \frac{1}{\sqrt{3}}\\ 0 & -\frac{2}{\sqrt{6}} & \frac{1}{\sqrt{3}}\\ -\frac{1}{\sqrt{2}} & \frac{1}{\sqrt{6}} & \frac{1}{\sqrt{3}}\end{bmatrix}$，$Q^{-1}AQ=\begin{bmatrix}3 & 0 & 0\\ 0 & -3 & 0\\ 0 & 0 & 0\end{bmatrix}$.

B 组

1. 解：因为 A 的特征值互异，所以存在非奇异阵 X，使

$$A=X^{-1}\begin{bmatrix}1 & 0 & 0\\ 0 & -1 & 0\\ 0 & 0 & 2\end{bmatrix}X.$$

又因为 $\boldsymbol{B}=\boldsymbol{A}^3-5\boldsymbol{A}^2=\boldsymbol{X}^{-1}\left(\begin{bmatrix}1&0&0\\0&-1&0\\0&0&2\end{bmatrix}^3-5\begin{bmatrix}1&0&0\\0&-1&0\\0&0&2\end{bmatrix}^2\right)\boldsymbol{X}$

$$=\boldsymbol{X}^{-1}\begin{bmatrix}-4&0&0\\0&-6&0\\0&0&-12\end{bmatrix}\boldsymbol{X},$$

所以由相似阵具有相同的特征值可知:$\boldsymbol{B}$ 的特征值为 $-4,-6,-12$.

$|\boldsymbol{A}-5\boldsymbol{E}_3|=(-1)^3|5\boldsymbol{E}_3-\boldsymbol{A}|=-f_{\boldsymbol{A}}(5)=-(5-1)(5+1)(5-2)=-72$.

2. 证明:由 $\text{rank}(\boldsymbol{A})+\text{rank}(\boldsymbol{B})<n$ 知 $\text{rank}(\boldsymbol{A})<n$,从而 $|\boldsymbol{A}|=0$. 故 0 是 $\boldsymbol{A}$ 的一个特征值,同理,0 也是 $\boldsymbol{B}$ 的特征值,所以 $\boldsymbol{A}$ 与 $\boldsymbol{B}$ 有公共的特征值 0.

$\boldsymbol{A}$ 与 $\boldsymbol{B}$ 的对应于 $\lambda=0$ 的特征向量分别是齐次线性方程组 $\boldsymbol{Ax}=\boldsymbol{0}$ 与 $\boldsymbol{Bx}=\boldsymbol{0}$ 的非零解. 由于

$$\text{rank}\left(\begin{bmatrix}\boldsymbol{A}\\\boldsymbol{B}\end{bmatrix}\right)=\text{rank}([\boldsymbol{A}^{\text{T}},\boldsymbol{B}^{\text{T}}])\leqslant\text{rank}(\boldsymbol{A}^{\text{T}})+\text{rank}(\boldsymbol{B}^{\text{T}})=\text{rank}(\boldsymbol{A})+\text{rank}(\boldsymbol{B})<n,$$

所以方程组 $\begin{cases}\boldsymbol{Ax}=\boldsymbol{0},\\\boldsymbol{Bx}=\boldsymbol{0}\end{cases}$ 必有非零解,即 $\boldsymbol{A}$ 与 $\boldsymbol{B}$ 有公共的特征向量.

3. 证明:设 $\boldsymbol{A}$ 的特征多项式为

$$f_{\boldsymbol{A}}(\lambda)=|\lambda\boldsymbol{E}_n-\boldsymbol{A}|=\lambda^n+b_1\lambda^{n-1}+\cdots+b_{n-1}\lambda+b_n,$$

由 Hamilton-Caylay 定理知

$$\boldsymbol{A}^n+b_1\boldsymbol{A}^{n-1}+\cdots+b_{n-1}\boldsymbol{A}+b_n\boldsymbol{E}_n=\boldsymbol{0}.$$

但 $\boldsymbol{A}$ 可逆,所以 $b_n=(-1)^n|\boldsymbol{A}|\neq0$,从而

$$-\frac{1}{b_n}(\boldsymbol{A}^{n-1}+b_1\boldsymbol{A}^{n-2}+\cdots+b_{n-1}\boldsymbol{E}_n)\boldsymbol{A}=\boldsymbol{E}_n,$$

由此可得

$$\boldsymbol{A}^{-1}=-\frac{1}{b_n}(\boldsymbol{A}^{n-1}+b_1\boldsymbol{A}^{n-2}+\cdots+b_{n-1}\boldsymbol{E}_n),$$

即 $\boldsymbol{A}^{-1}$ 为 $\boldsymbol{A}$ 的多项式.

4. 解:

$$f_{\boldsymbol{A}}(\lambda)=|\lambda\boldsymbol{E}_3-\boldsymbol{A}|=\begin{vmatrix}\lambda-2&-1&-1\\-1&\lambda-2&-1\\-1&-1&\lambda-2\end{vmatrix}=(\lambda-4)(\lambda-1)^2,$$

由此知 $\boldsymbol{A}$ 的特征值为 1,1,4.

由 $\boldsymbol{A}^{-1}\boldsymbol{\alpha}=\lambda^{-1}\boldsymbol{\alpha}$ 知 $\boldsymbol{A}^{-1}$ 的特征值为 $1,1,\frac{1}{4}$. 因为向量 $\boldsymbol{\alpha}$ 是 $(\lambda^{-1}\boldsymbol{E}_3-\boldsymbol{A}^{-1})\boldsymbol{x}=\boldsymbol{0}$ 的解向量,可得

$$(\lambda^{-1}\boldsymbol{A}-\boldsymbol{E}_3)\boldsymbol{\alpha}=\boldsymbol{0}.$$

当 $\lambda=1$ 时,有 $(\boldsymbol{A}-\boldsymbol{E}_3)\boldsymbol{\alpha}=\boldsymbol{0}$,即

$$\begin{bmatrix}1&1&1\\1&1&1\\1&1&1\end{bmatrix}\begin{bmatrix}1\\k\\1\end{bmatrix}=\boldsymbol{0}.$$

解得 $k=-2$.

当 $\lambda=4$ 时,有 $\left(\frac{1}{4}\boldsymbol{A}-\boldsymbol{E}_3\right)\boldsymbol{\alpha}=\mathbf{0}$,即

$$\begin{bmatrix}-2 & 1 & 1\\ 1 & -2 & 1\\ 1 & 1 & -2\end{bmatrix}\begin{bmatrix}1\\ k\\ 1\end{bmatrix}=\mathbf{0}.$$

解得 $k=1$.因此 k 的取值为 -2 或 1.

5. 证明:$\boldsymbol{A}$ 的特征方程为 $|\lambda\boldsymbol{E}_2-\boldsymbol{A}|=0$,即 $\lambda^2-\mathrm{trace}(\boldsymbol{A})\lambda+1=0$.

由此可见:

(1) 当 $|\mathrm{trace}(\boldsymbol{A})|>2$ 时,$\boldsymbol{A}$ 有两个不等的特征值:

$$\lambda_1=\frac{\mathrm{trace}(\boldsymbol{A})+\sqrt{(\mathrm{trace}(\boldsymbol{A}))^2-4}}{2},\lambda_2=\frac{\mathrm{trace}(\boldsymbol{A})-\sqrt{(\mathrm{trace}(\boldsymbol{A}))^2-4}}{2}.$$

于是存在可逆实矩阵 $\boldsymbol{T}$,使 $\boldsymbol{T}^{-1}\boldsymbol{A}\boldsymbol{T}=\begin{bmatrix}\lambda_1 & 0\\ 0 & \lambda_2\end{bmatrix}$,令 $\lambda_1=\lambda$,则显然 $\lambda\neq0,\pm1$,且 $\lambda_2=\frac{1}{\lambda}$(因为 $\lambda_1\cdot\lambda_2=1$).故

$$\boldsymbol{T}^{-1}\boldsymbol{A}\boldsymbol{T}=\begin{bmatrix}\lambda & 0\\ 0 & \frac{1}{\lambda}\end{bmatrix}.$$

(2) 当 $|\mathrm{trace}(\boldsymbol{A})|=2$ 时,$\boldsymbol{A}$ 有特征值 $\lambda=\delta$(二重),其中 $\delta=\pm1$.直接计算有 $(\boldsymbol{A}-\delta\boldsymbol{E}_2)^2=\mathbf{0}$.但 $\boldsymbol{A}=\pm\boldsymbol{E}_2$,故 $\boldsymbol{A}-\delta\boldsymbol{E}_2\neq\mathbf{0}$.于是必有非零向量 $\boldsymbol{\alpha}$ 使

$$(\boldsymbol{A}-\delta\boldsymbol{E}_2)\boldsymbol{\alpha}\neq\mathbf{0}.$$

易见 $\boldsymbol{\beta}_1=(\boldsymbol{A}-\delta\boldsymbol{E}_2)\boldsymbol{\alpha},\boldsymbol{\beta}_2=\boldsymbol{\alpha}$ 线性无关.从而 $\boldsymbol{T}=(\boldsymbol{\beta}_1,\boldsymbol{\beta}_2)$ 可逆.而 $\boldsymbol{A}\boldsymbol{\beta}_1=\delta\boldsymbol{\beta}_1$,又 $\boldsymbol{A}\boldsymbol{\beta}_2=\boldsymbol{\beta}_1+\delta\boldsymbol{\beta}_2$,故

$$\begin{aligned}\boldsymbol{A}\boldsymbol{T}&=\boldsymbol{A}[\boldsymbol{\beta}_1,\boldsymbol{\beta}_2]=[\boldsymbol{A}\boldsymbol{\beta}_1,\boldsymbol{A}\boldsymbol{\beta}_2]=[\delta\boldsymbol{\beta}_1,\boldsymbol{\beta}_1+\delta\boldsymbol{\beta}_2]\\&=[\boldsymbol{\beta}_1,\boldsymbol{\beta}_2]\begin{bmatrix}\delta & 1\\ 0 & \delta\end{bmatrix}=\boldsymbol{T}\begin{bmatrix}\delta & 1\\ 0 & \delta\end{bmatrix},\end{aligned}$$

因此 $\boldsymbol{T}^{-1}\boldsymbol{A}\boldsymbol{T}=\begin{bmatrix}\delta & 1\\ 0 & \delta\end{bmatrix}$,其中 $\delta=\pm1$.

6. 证明:必要性.设 $\lambda_1,\lambda_2,\cdots,\lambda_n$ 是 $\boldsymbol{A}$ 的 n 个互异特征值,则存在可逆阵 $\boldsymbol{P}$,使

$$\boldsymbol{P}^{-1}\boldsymbol{A}\boldsymbol{P}=\begin{bmatrix}\lambda_1 & & & \\ & \lambda_2 & & \\ & & \ddots & \\ & & & \lambda_n\end{bmatrix}=\boldsymbol{\Lambda}.$$

于是 $\boldsymbol{P}^{-1}(\lambda_i\boldsymbol{E}_n-\boldsymbol{A})\boldsymbol{P}=\lambda_i\boldsymbol{E}_n-\boldsymbol{\Lambda}$,从而 $\mathrm{rank}(\lambda_i\boldsymbol{E}_n-\boldsymbol{A})=\mathrm{rank}(\lambda_i\boldsymbol{E}_n-\boldsymbol{\Lambda})=n-1,i=1,2,\cdots,n$.因此对 $\boldsymbol{A}$ 的任一特征向量 $\boldsymbol{\xi}_i$(对应于特征值 λ_i),$\boldsymbol{\xi}_i$ 是线性方程组 $(\lambda_i\boldsymbol{E}_n-\boldsymbol{A})\boldsymbol{x}=\mathbf{0}$ 的一个基础解系.又当 $\boldsymbol{AB}=\boldsymbol{BA}$ 时,由 $\boldsymbol{A}\boldsymbol{\xi}_i=\lambda_i\boldsymbol{\xi}_i$ 知 $\boldsymbol{A}(\boldsymbol{B}\boldsymbol{\xi}_i)=(\boldsymbol{AB})(\boldsymbol{\xi}_i)=\boldsymbol{B}(\boldsymbol{A}\boldsymbol{\xi}_i)=\lambda_i(\boldsymbol{B}\boldsymbol{\xi}_i)$,即 $\boldsymbol{B}\boldsymbol{\xi}_i$ 是方程组 $(\lambda_i\boldsymbol{E}_n-\boldsymbol{A})\boldsymbol{x}=\mathbf{0}$ 的解.由此知 $\boldsymbol{B}\boldsymbol{\xi}_i$ 可被 $\boldsymbol{\xi}_i$ 线性表示,即存在 μ_i,使 $\boldsymbol{B}\boldsymbol{\xi}_i=\mu_i\boldsymbol{\xi}_i$,即 $\boldsymbol{\xi}_i$ 也是 $\boldsymbol{B}$ 的

特征向量.

充分性. 因为 $\boldsymbol{A}$ 有 n 个互异特征值 $\lambda_1,\cdots,\lambda_n$，故 $\boldsymbol{A}$ 有 n 个线性无关的特征向量 $\boldsymbol{\xi}_1,\boldsymbol{\xi}_2,\cdots,\boldsymbol{\xi}_n$，使

$$\boldsymbol{A}\boldsymbol{\xi}_i=\lambda_i\boldsymbol{\xi}_i,i=1,2,\cdots,n.$$

由于 $\boldsymbol{\xi}_1,\boldsymbol{\xi}_2,\cdots,\boldsymbol{\xi}_n$ 也是 $\boldsymbol{B}$ 的特征向量，从而存在数 $\mu_1,\cdots,\mu_n$，使

$$\boldsymbol{B}\boldsymbol{\xi}_i=\mu_i\boldsymbol{\xi}_i,i=1,2,\cdots,n.$$

令 $\boldsymbol{P}=(\boldsymbol{\xi}_1,\boldsymbol{\xi}_2,\cdots,\boldsymbol{\xi}_n)$，则 $\boldsymbol{P}$ 可逆，且有

$$\boldsymbol{P}^{-1}\boldsymbol{AP}=\begin{bmatrix}\lambda_1 & & & \\ & \lambda_2 & & \\ & & \ddots & \\ & & & \lambda_n\end{bmatrix},\boldsymbol{P}^{-1}\boldsymbol{BP}=\begin{bmatrix}\mu_1 & & & \\ & \mu_2 & & \\ & & \ddots & \\ & & & \mu_n\end{bmatrix}.$$

故 $$(\boldsymbol{P}^{-1}\boldsymbol{AP})(\boldsymbol{P}^{-1}\boldsymbol{BP})=(\boldsymbol{P}^{-1}\boldsymbol{BP})(\boldsymbol{P}^{-1}\boldsymbol{AP})=\begin{bmatrix}\lambda_1\mu_1 & & & \\ & \lambda_2\mu_2 & & \\ & & \ddots & \\ & & & \lambda_n\mu_n\end{bmatrix},$$

所以 $\boldsymbol{AB}=\boldsymbol{BA}$.

7. 解：因为 $\boldsymbol{\alpha}=(a_1,a_2,\cdots,a_n)^{\mathrm{T}}\neq\boldsymbol{0}$，不妨设 $a_1\neq0$. 而

$$\boldsymbol{A\alpha}=\boldsymbol{\alpha}(\boldsymbol{\alpha}^{\mathrm{T}}\boldsymbol{\alpha})=\left(\sum_{i=1}^{n}a_i^2\right)\boldsymbol{\alpha},$$

所以 $\lambda_1=\sum\limits_{i=1}^{n}a_i^2\neq0$ 是 $\boldsymbol{A}$ 的一个特征值，且 $\boldsymbol{\alpha}$ 是 $\boldsymbol{A}$ 的属于 λ_1 的一个特征向量.

注意到

$$\operatorname{rank}(\boldsymbol{A})=\operatorname{rank}(\boldsymbol{\alpha}\boldsymbol{\alpha}^{\mathrm{T}})=\operatorname{rank}(\boldsymbol{\alpha})=1.$$

又因为 $\boldsymbol{A}^{\mathrm{T}}=\boldsymbol{A}$，所以 $\boldsymbol{A}$ 能正交相似于实对角阵 $\begin{bmatrix}\lambda_1 & & & \\ & \lambda_2 & & \\ & & \ddots & \\ & & & \lambda_n\end{bmatrix}$，其中 $\lambda_i(i=1,2,\cdots,n)$ 为 $\boldsymbol{A}$ 的特征值. 因相似的矩阵具有相同的秩，所以 $\boldsymbol{A}$ 正交相似于

$$\begin{bmatrix}\sum\limits_{i=1}^{n}a_i^2 & & & \\ & 0 & & \\ & & \ddots & \\ & & & 0\end{bmatrix}.$$

由于属于实对称阵的不同特征值的特征向量彼此正交，所以由

$$\boldsymbol{\alpha}^{\mathrm{T}}\boldsymbol{x}=\boldsymbol{0},$$

可得一组基础解系为

$$\boldsymbol{\alpha}_2=\begin{bmatrix}-a_2\\a_1\\0\\\vdots\\0\end{bmatrix},\boldsymbol{\alpha}_3=\begin{bmatrix}-a_3\\0\\a_1\\\vdots\\0\end{bmatrix},\cdots,\boldsymbol{\alpha}_n=\begin{bmatrix}-a_n\\0\\0\\\vdots\\a_1\end{bmatrix}.$$

则 $\boldsymbol{\alpha}_2,\boldsymbol{\alpha}_3,\cdots,\boldsymbol{\alpha}_n$ 即为属于特征值 0 的线性无关的特征向量.

取

$$\boldsymbol{X}=(\boldsymbol{\alpha},\boldsymbol{\alpha}_2,\boldsymbol{\alpha}_3,\cdots,\boldsymbol{\alpha}_n)=\begin{bmatrix}a_1&-a_2&\cdots&-a_n\\a_2&a_1&&\\\vdots&&\ddots&\\a_n&&&a_1\end{bmatrix},$$

则 $\boldsymbol{X}$ 非奇异,且有

$$\boldsymbol{X}^{-1}\boldsymbol{A}\boldsymbol{X}=\begin{bmatrix}\sum_{i=1}^{n}a_i^2&&&\\&0&&\\&&\ddots&\\&&&0\end{bmatrix}.$$

8. 证明:因为对 $\forall\,\boldsymbol{x}\neq\boldsymbol{0}$,有 $\boldsymbol{x}^{\mathrm{T}}\boldsymbol{x}>0$($\boldsymbol{x}$ 为 n 维列向量).

所以当 $k\geqslant0$ 时,对 $\forall\,\boldsymbol{x}\neq\boldsymbol{0},\boldsymbol{x}\in\mathbf{R}^n$,有

$$\begin{aligned}\boldsymbol{x}^{\mathrm{T}}\boldsymbol{B}\boldsymbol{x}&=\boldsymbol{x}^{\mathrm{T}}\boldsymbol{x}+k\boldsymbol{x}^{\mathrm{T}}\boldsymbol{u}\boldsymbol{u}^{\mathrm{T}}\boldsymbol{x}\\&=\boldsymbol{x}^{\mathrm{T}}\boldsymbol{x}+k(\boldsymbol{u}^{\mathrm{T}}\boldsymbol{x})^{\mathrm{T}}(\boldsymbol{u}^{\mathrm{T}}\boldsymbol{x})\geqslant\boldsymbol{x}^{\mathrm{T}}\boldsymbol{x}>0.\end{aligned}$$

当 $k<0$ 时,由柯西-施瓦茨不等式

$$(\boldsymbol{x}^{\mathrm{T}}\boldsymbol{u})^2\leqslant(\boldsymbol{x}^{\mathrm{T}}\boldsymbol{x})(\boldsymbol{u}^{\mathrm{T}}\boldsymbol{u}),$$

于是,有

$$\begin{aligned}\boldsymbol{x}^{\mathrm{T}}\boldsymbol{B}\boldsymbol{x}&\geqslant\boldsymbol{x}^{\mathrm{T}}\boldsymbol{x}+k(\boldsymbol{x}^{\mathrm{T}}\boldsymbol{x})(\boldsymbol{u}^{\mathrm{T}}\boldsymbol{u})\\&=\boldsymbol{x}^{\mathrm{T}}\boldsymbol{x}(1+k\boldsymbol{u}^{\mathrm{T}}\boldsymbol{u})>0.\end{aligned}$$

故对任意常数 k,均有 $\boldsymbol{B}$ 为正定阵.

9. 证明:因为 $\boldsymbol{B}$ 是正定阵,所以存在实非奇异矩阵 $\boldsymbol{C}$ 使 $\boldsymbol{C}^{\mathrm{T}}\boldsymbol{B}\boldsymbol{C}=\boldsymbol{E}_n$. 因为 $\boldsymbol{A}=\boldsymbol{A}^{\mathrm{T}}$,所以 $\boldsymbol{C}^{\mathrm{T}}\boldsymbol{A}\boldsymbol{C}$ 也是实对称阵,故存在正交矩阵 $\boldsymbol{Q}$ 使得

$$\boldsymbol{Q}^{\mathrm{T}}(\boldsymbol{C}^{\mathrm{T}}\boldsymbol{A}\boldsymbol{C})\boldsymbol{Q}=\begin{bmatrix}\lambda_1&&\\&\ddots&\\&&\lambda_n\end{bmatrix},$$

其中 $\{\lambda_i\}_{i=1}^{n}$ 为 $\boldsymbol{C}^{\mathrm{T}}\boldsymbol{A}\boldsymbol{C}$ 的全部实特征值. 令 $\boldsymbol{T}=\boldsymbol{C}\boldsymbol{Q}$,则 $\boldsymbol{T}$ 非奇异且有

$$\boldsymbol{T}^{\mathrm{T}}\boldsymbol{A}\boldsymbol{T}=(\boldsymbol{C}\boldsymbol{Q})^{\mathrm{T}}\boldsymbol{A}(\boldsymbol{C}\boldsymbol{Q})=\boldsymbol{Q}^{\mathrm{T}}(\boldsymbol{C}^{\mathrm{T}}\boldsymbol{A}\boldsymbol{C})\boldsymbol{Q}=\begin{bmatrix}\lambda_1&&\\&\ddots&\\&&\lambda_n\end{bmatrix},$$

$$\boldsymbol{T}^{\mathrm{T}}\boldsymbol{B}\boldsymbol{T}=(\boldsymbol{C}\boldsymbol{Q})^{\mathrm{T}}\boldsymbol{B}\boldsymbol{C}\boldsymbol{Q}=\boldsymbol{Q}^{\mathrm{T}}\boldsymbol{C}^{\mathrm{T}}\boldsymbol{B}\boldsymbol{C}\boldsymbol{Q}=\boldsymbol{Q}^{\mathrm{T}}\boldsymbol{Q}=\boldsymbol{E}_n.$$

因为 $|T^2||A-\lambda B|=|T^{T}(A-\lambda B)T|=|T^{T}AT-\lambda T^{T}BT|=$

$$\left|\begin{bmatrix}\lambda_1 & & & \\ & \lambda_2 & & \\ & & \ddots & \\ & & & \lambda_n\end{bmatrix}-\lambda E_n\right|=\left|\begin{bmatrix}\lambda_1-\lambda & & & \\ & \lambda_2-\lambda & & \\ & & \ddots & \\ & & & \lambda_n-\lambda\end{bmatrix}\right|=\prod_{i=1}^{n}(\lambda_i-\lambda),$$

又因为 T 可逆，且 $|T|^2>0$，所以 $\{\lambda_i\}_{i=1}^{n}$ 是 $|A-\lambda B|=0$ 的根.

因为 B 为正定阵，所以 B^{-1} 存在，且 $|B^{-1}|>0$. 于是

$$|B^{-1}||A-\lambda B|=|B^{-1}A-\lambda E_n|,$$

故 $\{\lambda_i\}_{i=1}^{n}$ 也是 $|B^{-1}A-\lambda E_n|=0$ 的根.

10. 证明：必要性. 若 AB 是正定阵，则 $(AB)^{T}=AB$，即 $B^{T}A^{T}=AB$.

又 A,B 均为 n 阶正定阵，所以 $B^{T}=B,A^{T}=A$，因此 $BA=AB$.

充分性. 因为 A,B 均为正定阵，且 $AB=BA$，所以

$$(AB)^{T}=B^{T}A^{T}=BA=AB,$$

即 AB 是实对称矩阵，且存在实非奇异矩阵 P,Q 使得

$$A=PP^{T},B=QQ^{T}.$$

因为 $P^{T}Q$ 是实非奇异阵，$AB=PP^{T}QQ^{T}$，所以

$$P^{-1}ABP=P^{-1}PP^{T}QQ^{T}P=P^{T}Q(P^{T}Q)^{T}$$

是正定阵，其特征值全大于零，因为相似矩阵具有相同的特征值，所以 AB 的特征值也全大于零，即 AB 是正定阵.

11. 解：因为 A 是正定阵，所以 $A^{-1}=A^{-T}$ 存在，因此 $f(x)$ 等价于

$$f(x)=(x^{T},1)\begin{bmatrix}A & y\\ y^{T} & c\end{bmatrix}\begin{bmatrix}x\\ 1\end{bmatrix}.$$

因为
$$\begin{bmatrix}E_n & 0\\ -y^{T}A^{-1} & 1\end{bmatrix}\begin{bmatrix}A & y\\ y^{T} & c\end{bmatrix}\begin{bmatrix}E_n & -A^{-1}y\\ 0 & 1\end{bmatrix}=\begin{bmatrix}A & 0\\ 0 & c-y^{T}A^{-1}y\end{bmatrix},$$

所以
$$\begin{bmatrix}A & y\\ y^{T} & c\end{bmatrix}=\begin{bmatrix}E_n & 0\\ -y^{T}A^{-1} & 1\end{bmatrix}^{-1}\begin{bmatrix}A & 0\\ 0 & c-y^{T}A^{-1}y\end{bmatrix}\begin{bmatrix}E_n & -A^{-1}y\\ 0 & 1\end{bmatrix}^{-1}$$

$$=\begin{bmatrix}E_n & 0\\ y^{T}A^{-1} & 1\end{bmatrix}\begin{bmatrix}A & 0\\ 0 & c-y^{T}A^{-1}y\end{bmatrix}\begin{bmatrix}E_n & A^{-1}y\\ 0 & 1\end{bmatrix}.$$

$$f(x)=(x^{T},1)\begin{bmatrix}E_n & 0\\ y^{T}A^{-1} & 1\end{bmatrix}\begin{bmatrix}A & 0\\ 0 & c-y^{T}A^{-1}y\end{bmatrix}\begin{bmatrix}E_n & A^{-1}y\\ 0 & 1\end{bmatrix}\begin{bmatrix}x\\ 1\end{bmatrix}$$

$$=(x+A^{-1}y)^{T}A(x+A^{-1}y)+c-y^{T}A^{-1}y.$$

因为 A 是正定阵，所以 $(x+A^{-1}y)^{T}A(x+A^{-1}y)\geqslant 0$. 因此当 $x=-A^{-1}y$ 时，$f(x)$ 取极小值，且极小值为 $c-y^{T}A^{-1}y$.

第六章　线性空间与线性变换

A 组

1. 略.

2. $\boldsymbol{x}$ 在此基下的坐标为$\frac{1}{2}\begin{bmatrix}-x_3+x_1+x_2\\-x_2+x_1+x_3\\-x_1+x_2+x_3\end{bmatrix}$.

3. (1) 略.

(2) $\boldsymbol{\alpha}$ 在基 $\boldsymbol{\beta}_1,\boldsymbol{\beta}_2,\boldsymbol{\beta}_3$ 下的坐标为 $\begin{bmatrix}a-b+c\\-3a+b\\a\end{bmatrix}$;

(3) 过渡矩阵为 $\begin{bmatrix}1&1&2\\0&1&3\\0&0&1\end{bmatrix}$;

(4) $\boldsymbol{\beta}$ 在基 $\boldsymbol{\alpha}_1,\boldsymbol{\alpha}_2,\boldsymbol{\alpha}_3$ 下的坐标为 $\begin{bmatrix}3\\1\\1\end{bmatrix}$;

4. σ 是 $C[a,b]$ 上的线性变换.

5. σ 在基 $\boldsymbol{\varepsilon}_1,\boldsymbol{\varepsilon}_2,\boldsymbol{\varepsilon}_3$ 与基 $\boldsymbol{\eta}_1,\boldsymbol{\eta}_2,\boldsymbol{\eta}_3$ 下的矩阵均为 $\boldsymbol{A}=\begin{bmatrix}-2&-\frac{3}{2}&\frac{3}{2}\\1&\frac{3}{2}&\frac{3}{2}\\1&\frac{1}{2}&-\frac{5}{2}\end{bmatrix}$.

6. (1) 略; (2) $\boldsymbol{A}=\begin{bmatrix}1&1&0\\1&-1&0\\0&0&1\end{bmatrix}$; (3) $\boldsymbol{B}=\begin{bmatrix}0&2&2\\1&0&-1\\0&0&1\end{bmatrix}$; (4) $\boldsymbol{C}=\begin{bmatrix}1&1&1\\0&1&1\\0&0&1\end{bmatrix}$.

7. $\dim(V)=2$, $\boldsymbol{\alpha}_1=\begin{bmatrix}1\\1\\0\end{bmatrix}$, $\boldsymbol{\alpha}_2=\begin{bmatrix}0\\0\\1\end{bmatrix}$ 与 $\boldsymbol{\beta}_1=\begin{bmatrix}1\\1\\1\end{bmatrix}$, $\boldsymbol{\beta}_2=\begin{bmatrix}0\\0\\1\end{bmatrix}$ 为 V 的两组基.

8. 略.

9. (1) 略; (2) $\dim(S(\boldsymbol{A}))=3$, $\boldsymbol{E}_{21},\boldsymbol{E}_{22},\boldsymbol{E}_{23}$ 是 $S(\boldsymbol{A})$ 的一组基,其中 $\boldsymbol{E}_{2k}$ 表示第 2 行第 k 列位置的元素是 1,而其余位置的元素都为零的 3 阶方阵,$k=1,2,3$.

10. (1) $\dim(U)=3$, $\begin{bmatrix}1\\0\\0\\0\end{bmatrix}$, $\begin{bmatrix}0\\1\\0\\-1\end{bmatrix}$, $\begin{bmatrix}0\\0\\1\\-1\end{bmatrix}$ 是 U 的一组基;

(2) $\dim(V)=2$, $\begin{bmatrix}1\\-1\\0\\0\end{bmatrix}$, $\begin{bmatrix}0\\0\\2\\1\end{bmatrix}$ 是 V 的一组基;

(3) $\dim(U\cap V)=1$，$\begin{bmatrix}3\\-3\\2\\1\end{bmatrix}$是 $U\cap V$ 的一组基.

11. $(\boldsymbol{\beta}_1,\boldsymbol{\beta}_2,\cdots,\boldsymbol{\beta}_n)=(\boldsymbol{\alpha}_1,\boldsymbol{\alpha}_2,\cdots,\boldsymbol{\alpha}_n)\boldsymbol{C}$，其中

$$\boldsymbol{C}=\begin{bmatrix}1&0&\cdots&0\\1&1&\cdots&0\\\vdots&\vdots&&\vdots\\1&1&\cdots&1\end{bmatrix}.$$

B 组

1. 证明：显然 $Q(w)\neq\varnothing$，且对 $\forall\, a_1+b_1w\in Q(w)$，$a_2+b_2w\in Q(w)$，有

$$(a_1+b_1w)+(a_2+b_2w)=(a_1+a_2)+(b_1+b_2)w\in Q(w);$$

对 $\forall\,\lambda\in\mathbf{Q}$，

$$\lambda(a_1+b_1w)=(\lambda a_1)+(\lambda b_1)w\in Q(w).$$

因此 $Q(w)$ 关于上述两种运算构成 $\mathbf{Q}$ 上的线性空间.

由于 $1\in Q(w)$，$w\in Q(w)$. 若对 $\forall\, a,b\in\mathbf{Q}$ 有 $a+bw=0$，则有

$$\left(a-\frac{b}{2}\right)+\left(\frac{\sqrt{3}}{2}b\right)\mathrm{i}=0.$$

由复数相等的定义得$\begin{cases}a-\dfrac{b}{2}=0,\\\dfrac{\sqrt{3}}{2}b=0,\end{cases}$故 $a=b=0$.

因此 $1,w$ 线性无关. 又 $Q(w)$ 中的每个元素显然是 $1,w$ 的线性组合，故 $1,w$ 是 $Q(w)$ 的一组基，$\dim(Q(w))=2$.

2. 证明：设 $R(\mathbf{A})=r$，则存在 n 阶可逆阵 $\boldsymbol{P}$ 及 s 阶可逆阵 $\boldsymbol{Q}$，使 $\mathbf{A}=\boldsymbol{P}\begin{bmatrix}\boldsymbol{E}_r&\mathbf{0}\\\mathbf{0}&\mathbf{0}\end{bmatrix}\boldsymbol{Q}$，于是

$$(\boldsymbol{\beta}_1,\boldsymbol{\beta}_2,\cdots,\boldsymbol{\beta}_s)\boldsymbol{Q}^{-1}=(\boldsymbol{\alpha}_1,\cdots,\boldsymbol{\alpha}_n)\boldsymbol{P}\begin{bmatrix}\boldsymbol{E}_r&\mathbf{0}\\\mathbf{0}&\mathbf{0}\end{bmatrix}.$$

令$(\boldsymbol{\alpha}_1,\cdots,\boldsymbol{\alpha}_n)\boldsymbol{P}=(\boldsymbol{\gamma}_1,\boldsymbol{\gamma}_2,\cdots,\boldsymbol{\gamma}_n)$，$(\boldsymbol{\beta}_1,\cdots,\boldsymbol{\beta}_s)\boldsymbol{Q}^{-1}=(\boldsymbol{\eta}_1,\boldsymbol{\eta}_2,\cdots,\boldsymbol{\eta}_s)$，则由 $\boldsymbol{P}$ 可逆及 $\boldsymbol{\alpha}_1,\cdots,\boldsymbol{\alpha}_n$ 线性无关知 $\boldsymbol{\gamma}_1,\cdots,\boldsymbol{\gamma}_n$ 线性无关. 同样知 $\operatorname{rank}\{\boldsymbol{\beta}_1,\cdots,\boldsymbol{\beta}_s\}=\operatorname{rank}\{\boldsymbol{\eta}_1,\cdots,\boldsymbol{\eta}_s\}$，故

$$\operatorname{rank}\{\boldsymbol{\beta}_1,\cdots,\boldsymbol{\beta}_s\}=\operatorname{rank}\{\boldsymbol{\gamma}_1,\cdots,\boldsymbol{\gamma}_r,\mathbf{0},\cdots,\mathbf{0}\}=r=\operatorname{rank}(\mathbf{A}).$$

3. 证明：$\forall\,\boldsymbol{\xi}\in V$ 且 $\boldsymbol{\xi}\neq\mathbf{0}$，设它关于前后两组基的坐标分别为$\begin{bmatrix}x_1\\\vdots\\x_n\end{bmatrix}$与$\begin{bmatrix}y_1\\\vdots\\y_n\end{bmatrix}$.

因为$(\boldsymbol{\beta}_1,\cdots,\boldsymbol{\beta}_n)=(\boldsymbol{\alpha}_1,\cdots,\boldsymbol{\alpha}_n)\boldsymbol{P}$，所以

$$\begin{bmatrix}x_1\\\vdots\\x_n\end{bmatrix}=\boldsymbol{P}\begin{bmatrix}y_1\\\vdots\\y_n\end{bmatrix}.$$

于是若 $\begin{bmatrix}x_1\\ \vdots\\ x_n\end{bmatrix}=\begin{bmatrix}y_1\\ \vdots\\ y_n\end{bmatrix}\neq\mathbf{0}$,则

$$(\boldsymbol{E}_n-\boldsymbol{P})\begin{bmatrix}x_1\\ \vdots\\ x_n\end{bmatrix}=\mathbf{0},$$

由 $x_1,\cdots,x_n$ 不全为零,立即得 $|\boldsymbol{E}_n-\boldsymbol{P}|=0$.

反之,若 $|\boldsymbol{E}_n-\boldsymbol{P}|=0$,则方程组 $(\boldsymbol{E}_n-\boldsymbol{P})\boldsymbol{x}=\mathbf{0}$ 有一非零解 $\tilde{\boldsymbol{x}}=\begin{bmatrix}a_1\\ a_2\\ \vdots\\ a_n\end{bmatrix}$,于是不难验证 $\boldsymbol{\xi}=\sum_{i=1}^{n}a_i\boldsymbol{\alpha}_i\neq\mathbf{0}$,且它关于前后两组基的坐标相同.

4. 解:(1) 对矩阵 $\boldsymbol{A}$ 作初等列变换,

$$\boldsymbol{A}=\begin{bmatrix}1&0&1&0\\1&-1&2&1\\2&-1&3&1\\-1&2&-3&-2\end{bmatrix}\to\begin{bmatrix}1&0&0&0\\1&-1&1&1\\2&-1&1&1\\-1&2&-2&-2\end{bmatrix}\to\begin{bmatrix}1&0&0&0\\1&-1&0&0\\2&-1&0&0\\-1&2&0&0\end{bmatrix},$$

所以 $\text{rank}(\boldsymbol{A})=2$,$\sigma(\boldsymbol{\varepsilon}_1)$,$\sigma(\boldsymbol{\varepsilon}_2)$ 线性无关,且 $\sigma(\boldsymbol{\varepsilon}_1)$,$\sigma(\boldsymbol{\varepsilon}_2)$ 为 $\text{Im}(\sigma)$ 的一组基,即

$$\text{Im}(\sigma)=L(\sigma(\boldsymbol{\varepsilon}_1),\sigma(\boldsymbol{\varepsilon}_2),\sigma(\boldsymbol{\varepsilon}_3),\sigma(\boldsymbol{\varepsilon}_4))=L(\sigma(\boldsymbol{\varepsilon}_1),\sigma(\boldsymbol{\varepsilon}_2)).$$

(2) 对 $\forall\,\boldsymbol{\alpha}=\sum_{i=1}^{4}x_i\boldsymbol{\varepsilon}_i\in\text{Ker}(\sigma)$,则

$\sigma(\boldsymbol{\alpha})=\mathbf{0}\Leftrightarrow\sum_{i=1}^{4}x_i\sigma(\boldsymbol{\varepsilon}_i)=\mathbf{0}\Leftrightarrow$

$$(\sigma(\boldsymbol{\varepsilon}_1),\sigma(\boldsymbol{\varepsilon}_2),\sigma(\boldsymbol{\varepsilon}_3),\sigma(\boldsymbol{\varepsilon}_4))\begin{bmatrix}x_1\\x_2\\x_3\\x_4\end{bmatrix}=\mathbf{0}\Leftrightarrow(\boldsymbol{\varepsilon}_1,\boldsymbol{\varepsilon}_2,\boldsymbol{\varepsilon}_3,\boldsymbol{\varepsilon}_4)\boldsymbol{A}\begin{bmatrix}x_1\\x_2\\x_3\\x_4\end{bmatrix}=\mathbf{0}.$$

由坐标的唯一性得

$$\boldsymbol{A}\boldsymbol{x}=\begin{bmatrix}1&0&1&0\\1&-1&2&1\\2&-1&3&1\\-1&2&-3&-2\end{bmatrix}\begin{bmatrix}x_1\\x_2\\x_3\\x_4\end{bmatrix}=\mathbf{0},$$

解这个齐次线性方程组,得基础解系

$$\boldsymbol{\xi}_1=\begin{bmatrix}-1\\1\\1\\0\end{bmatrix},\boldsymbol{\xi}_2=\begin{bmatrix}0\\1\\0\\1\end{bmatrix}.$$

因此

$$\mathrm{Ker}(\sigma)=L(-\boldsymbol{\varepsilon}_1+\boldsymbol{\varepsilon}_2+\boldsymbol{\varepsilon}_3,\boldsymbol{\varepsilon}_2+\boldsymbol{\varepsilon}_4),$$

且 $-\boldsymbol{\varepsilon}_1+\boldsymbol{\varepsilon}_2+\boldsymbol{\varepsilon}_3,\boldsymbol{\varepsilon}_2+\boldsymbol{\varepsilon}_4$ 为 $\mathrm{Ker}(\sigma)$的一组基.

5. 解：因为$D(\boldsymbol{\varepsilon}_1)=a\mathrm{e}^{ax}\cos bx-b\mathrm{e}^{ax}\sin bx=a\boldsymbol{\varepsilon}_1-b\boldsymbol{\varepsilon}_2$,

$$D(\boldsymbol{\varepsilon}_2)=a\mathrm{e}^{ax}\sin bx+b\mathrm{e}^{ax}\cos bx=b\boldsymbol{\varepsilon}_1+a\boldsymbol{\varepsilon}_2,$$

$$D(\boldsymbol{\varepsilon}_3)=\mathrm{e}^{ax}\cos bx+ax\mathrm{e}^{ax}\cos bx-bx\mathrm{e}^{ax}\sin bx=\boldsymbol{\varepsilon}_1+a\boldsymbol{\varepsilon}_3-b\boldsymbol{\varepsilon}_4,$$

$$D(\boldsymbol{\varepsilon}_4)=\boldsymbol{\varepsilon}_2+b\boldsymbol{\varepsilon}_3+a\boldsymbol{\varepsilon}_4,$$

$$D(\boldsymbol{\varepsilon}_5)=\boldsymbol{\varepsilon}_3+a\boldsymbol{\varepsilon}_5-b\boldsymbol{\varepsilon}_6,$$

$$D(\boldsymbol{\varepsilon}_6)=\boldsymbol{\varepsilon}_4+b\boldsymbol{\varepsilon}_5+a\boldsymbol{\varepsilon}_6,$$

所以

$$D(\boldsymbol{\varepsilon}_1,\boldsymbol{\varepsilon}_2,\cdots,\boldsymbol{\varepsilon}_6)=(\boldsymbol{\varepsilon}_1,\boldsymbol{\varepsilon}_2,\cdots,\boldsymbol{\varepsilon}_6)\begin{bmatrix} a & b & 1 & 0 & 0 & 0\\ -b & a & 0 & 1 & 0 & 0\\ 0 & 0 & a & b & 1 & 0\\ 0 & 0 & -b & a & 0 & 1\\ 0 & 0 & 0 & 0 & a & b\\ 0 & 0 & 0 & 0 & -b & a \end{bmatrix}\overset{\Delta}{=\!=}(\boldsymbol{\varepsilon}_1,\boldsymbol{\varepsilon}_2,\cdots,\boldsymbol{\varepsilon}_6)\boldsymbol{A}.$$

$\boldsymbol{A}$ 即为所求的矩阵.

6. 证明：(1) 设 $\boldsymbol{\xi}\in\mathrm{Ker}(\sigma)$,则 $\sigma(\boldsymbol{\xi})=\boldsymbol{0}$,于是 $\boldsymbol{\xi}=\boldsymbol{\xi}-\sigma(\boldsymbol{\xi})\in\{\boldsymbol{\xi}-\sigma(\boldsymbol{\xi})\mid\boldsymbol{\xi}\in V\}$.
另一方面,$\forall\,\boldsymbol{\xi}\in V$,由于 $\sigma^2=\sigma$,所以 $\sigma(\boldsymbol{\xi}-\sigma(\boldsymbol{\xi}))=\sigma(\boldsymbol{\xi})-\sigma^2(\boldsymbol{\xi})=\boldsymbol{0}$,即

$$\boldsymbol{\xi}-\sigma(\boldsymbol{\xi})\in\mathrm{Ker}(\sigma).$$

故

$$\mathrm{Ker}(\sigma)=\{\boldsymbol{\xi}-\sigma(\boldsymbol{\xi})\mid\boldsymbol{\xi}\in V\}.$$

(2) $\forall\,\boldsymbol{\xi}\in V$,由(1)知

$$\boldsymbol{\xi}=(\boldsymbol{\xi}-\sigma(\boldsymbol{\xi}))+\sigma(\boldsymbol{\xi})\in\mathrm{Ker}(\sigma)+\mathrm{Im}(\sigma).$$

所以 $V=\mathrm{Ker}(\sigma)+\mathrm{Im}(\sigma)$. 又若 $\boldsymbol{\xi}\in\mathrm{Ker}(\sigma)\cap\mathrm{Im}(\sigma)$,则 $\sigma(\boldsymbol{\xi})=\boldsymbol{0}$,且有 $\boldsymbol{\alpha}\in V$,使 $\boldsymbol{\xi}=\sigma(\boldsymbol{\alpha})$. 于是 $\sigma(\boldsymbol{\alpha})=\sigma^2(\boldsymbol{\alpha})=\sigma(\boldsymbol{\xi})=\boldsymbol{0}$,故 $\boldsymbol{\xi}=\boldsymbol{0}$. 因此

$$V=\mathrm{Ker}(\sigma)\oplus\mathrm{Im}(\sigma).$$

7. 解：令 $\boldsymbol{A}=(a_{ij})_{n\times n},\boldsymbol{B}=(b_{ij})_{n\times n}$,则

$$(\boldsymbol{\alpha}_1,\boldsymbol{\alpha}_2,\cdots,\boldsymbol{\alpha}_n)=(\boldsymbol{\gamma}_1,\boldsymbol{\gamma}_2,\cdots,\boldsymbol{\gamma}_n)\boldsymbol{A},$$

$$(\boldsymbol{\beta}_1,\boldsymbol{\beta}_2,\cdots,\boldsymbol{\beta}_n)=(\boldsymbol{\gamma}_1,\boldsymbol{\gamma}_2,\cdots,\boldsymbol{\gamma}_n)\boldsymbol{B}.$$

因为 $\boldsymbol{\alpha}_1,\boldsymbol{\alpha}_2,\cdots,\boldsymbol{\alpha}_n$ 线性无关,所以它亦是 V 的一组基. 从而 $\boldsymbol{A}$ 可逆,且

$$(\boldsymbol{\gamma}_1,\boldsymbol{\gamma}_2,\cdots,\boldsymbol{\gamma}_n)=(\boldsymbol{\alpha}_1,\boldsymbol{\alpha}_2,\cdots,\boldsymbol{\alpha}_n)\boldsymbol{A}^{-1},$$

于是

$$\begin{aligned}(\sigma(\boldsymbol{\gamma}_1),\cdots,\sigma(\boldsymbol{\gamma}_n))&=(\sigma(\boldsymbol{\alpha}_1),\cdots,\sigma(\boldsymbol{\alpha}_n))\boldsymbol{A}^{-1}=(\boldsymbol{\beta}_1,\cdots,\boldsymbol{\beta}_n)\boldsymbol{A}^{-1}\\&=(\boldsymbol{\gamma}_1,\cdots,\boldsymbol{\gamma}_n)\boldsymbol{B}\boldsymbol{A}^{-1},\end{aligned}$$

即 σ 关于基 $\boldsymbol{\gamma}_1,\boldsymbol{\gamma}_2,\cdots,\boldsymbol{\gamma}_n$ 的矩阵为 $\boldsymbol{B}\boldsymbol{A}^{-1}$.

8. 解：由题设知 $\mathbf{R}^2$ 的基 $\boldsymbol{\varepsilon}_1,\boldsymbol{\varepsilon}_2$ 到基 $\boldsymbol{\alpha}_1,\boldsymbol{\alpha}_2$ 的过渡矩阵为

$$\boldsymbol{X}=\begin{bmatrix}-(k-1) & -k\\ k & k+1\end{bmatrix}.$$

又 σ 在基 $\boldsymbol{\varepsilon}_1,\boldsymbol{\varepsilon}_2$ 下的矩阵为 $\boldsymbol{A}=\begin{bmatrix}2&1\\-1&0\end{bmatrix}$. 所以 σ 在基 $\boldsymbol{\alpha}_1,\boldsymbol{\alpha}_2$ 下的矩阵为 $\boldsymbol{X}^{-1}\boldsymbol{AX}$. 从而 σ^{-k} 在该基下的矩阵为

$$\boldsymbol{B}=(\boldsymbol{X}^{-1}\boldsymbol{AX})^{-k}=\boldsymbol{X}^{-1}(\boldsymbol{A}^{-1})^k\boldsymbol{X}.$$

因为

$$\begin{aligned}(\boldsymbol{A}^{-1})^k&=\begin{bmatrix}0&-1\\1&2\end{bmatrix}^k=\begin{bmatrix}-1&-2\\2&3\end{bmatrix}\begin{bmatrix}0&-1\\1&2\end{bmatrix}^{k-2}\\&=\begin{bmatrix}-2&-3\\3&4\end{bmatrix}\begin{bmatrix}0&-1\\1&2\end{bmatrix}^{k-3}\\&=\cdots=\begin{bmatrix}-(k-1)&-k\\k&k+1\end{bmatrix},\end{aligned}$$

所以 $\boldsymbol{B}=\begin{bmatrix}-(k-1)&-k\\k&k+1\end{bmatrix}^{-1}\begin{bmatrix}-(k-1)&-k\\k&k+1\end{bmatrix}\begin{bmatrix}-(k-1)&-k\\k&k+1\end{bmatrix}$

$=\begin{bmatrix}-(k-1)&-k\\k&k+1\end{bmatrix}$.

9. 证明：设 $\boldsymbol{\beta}=\begin{bmatrix}b_1\\b_2\\\vdots\\b_n\end{bmatrix}$ 是 W 中的非零向量，故 $\boldsymbol{\beta}$ 必线性无关.

$\forall\,\boldsymbol{\alpha}=\begin{bmatrix}a_1\\a_2\\\vdots\\a_n\end{bmatrix}\in W$. 设 $\frac{a_1}{b_1}=k$. 因 W 是子空间，则 $\boldsymbol{\alpha}-k\boldsymbol{\beta}=\begin{bmatrix}0\\a_2-kb_2\\\vdots\\a_n-kb_n\end{bmatrix}\in W$,

由题设知必有 $a_2-kb_2=0,\cdots,a_n-kb_n=0$，即得

$$\frac{a_1}{b_1}=\frac{a_2}{b_2}=\cdots=\frac{a_n}{b_n}=k,$$

故 $\boldsymbol{\alpha}=k\boldsymbol{\beta}$. 由 $\boldsymbol{\alpha}$ 的任意性知 $\dim(W)=1$.

模拟试题一

一、**1.** -18.　**2.** 0.　**3.** $\boldsymbol{E}(i,j(-\lambda))$.　**4.** -8.　**5.** $-2,1,4$.

二、**1.** D.　**2.** D.　**3.** A.　**4.** C.　**5.** D.

三、$D=-(a^2+b^2+c^2+d^2)^2$.

四、$\boldsymbol{X}=\begin{bmatrix}1&1\\1&\frac{5}{2}\end{bmatrix}$.

五、最大无关组 $\boldsymbol{\alpha}_1,\boldsymbol{\alpha}_2,\boldsymbol{\alpha}_4$；$\boldsymbol{\alpha}_3=\boldsymbol{\alpha}_1-\boldsymbol{\alpha}_2$.

六、$a=0,b=2$ 时有解. $\boldsymbol{\xi}_1=(1,-2,1,0,0)^{\mathrm{T}},\boldsymbol{\xi}_2=(1,-2,0,1,0)^{\mathrm{T}},\boldsymbol{\xi}_3=(5,-6,0,0,1)^{\mathrm{T}}$,

通解 $\boldsymbol{x}=(-2,3,0,0,0)^{\mathrm{T}}+k_1(1,-2,1,0,0)^{\mathrm{T}}+k_2(1,-2,0,1,0)^{\mathrm{T}}+k_3(5,-6,0,0,1)^{\mathrm{T}}(k_1,$

$k_2, k_3 \in \mathbf{R}$).

七、$4y_1^2+y_2^2-2y_3^2$；$\boldsymbol{x}=\begin{bmatrix} -\frac{2}{3} & \frac{2}{3} & \frac{1}{3} \\ -\frac{1}{3} & -\frac{2}{3} & \frac{2}{3} \\ \frac{2}{3} & \frac{1}{3} & \frac{2}{3} \end{bmatrix}\boldsymbol{y}$.

八、提示：设 $\mathbf{A}$ 的元素 a_{ij} 的代数余子式为 A_{ij}，则 $a\mathbf{A}$ 的对应元素的代数余子式为 $a^{n-1}A_{ij}$.

模拟试题二

一、1. $x\neq 6$. 2. a_1, a_2, a_3 互不相同. 3. -3. 4. $\frac{1}{2}, \frac{3}{2}, -3$. 5. $\boldsymbol{x}=\begin{bmatrix} \frac{1}{2} & 0 & 0 & 0 \\ 0 & \frac{1}{2} & 0 & 0 \\ 0 & 0 & 0 & -1 \\ 0 & 0 & \frac{1}{\sqrt{2}} & 0 \end{bmatrix}\boldsymbol{y}$.

二、1. B. 2. C. 3. A. 4. B. 5. D.

三、$D=(a_1d_1-b_1c_1)(a_2d_2-b_2c_2)$.

四、极大无关组 $\boldsymbol{\alpha}_1, \boldsymbol{\alpha}_2$；$\boldsymbol{\alpha}_3=-3\boldsymbol{\alpha}_1+2\boldsymbol{\alpha}_2$，$\boldsymbol{\alpha}_4=-\boldsymbol{\alpha}_1+2\boldsymbol{\alpha}_2$.

五、$a=1$ 时有解. 通解 $\boldsymbol{x}=(1,-1,1,0,0)^{\mathrm{T}}+k_1(-1,1,-1,1,0)^{\mathrm{T}}+k_2(-2,1,0,0,1)^{\mathrm{T}}$ ($k_1, k_2 \in \mathbf{R}$).

六、(1) $a\neq 2bc$；(2) $a=1, b=c=0$；(3) $a=\frac{1}{2}, b=-\frac{\sqrt{3}}{2}, c=\frac{\sqrt{3}}{2}$ 或 $a=\frac{1}{2}$，$b=\frac{\sqrt{3}}{2}, c=\frac{\sqrt{3}}{2}$ 或 $a=\frac{1}{2}, b=\frac{\sqrt{3}}{2}, c=-\frac{\sqrt{3}}{2}$.

七、$\frac{1}{\sqrt{10}}(1,2,2,-1)$，$\frac{1}{\sqrt{26}}(2,3,3,2)$，$\frac{1}{\sqrt{10}}(2,-1,-1,-2)$.

八、因 $\mathbf{A}^*$ 的第 i 行第 j 列元素为 A_{ji}，故 $(\mathbf{A}^*)^{\mathrm{T}}$ 的第 i 行第 j 列元素为 A_{ij}，又 $\mathbf{A}^{\mathrm{T}}$ 的第 i 行第 j 列元素为 a_{ji}，故 $(\mathbf{A}^{\mathrm{T}})^*$ 的第 i 行第 j 列元素为 A_{ij}.

模拟试题三

一、1. $\begin{bmatrix} \frac{d}{|\mathbf{A}|} & -\frac{b}{|\mathbf{A}|} \\ -\frac{c}{|\mathbf{A}|} & \frac{a}{|\mathbf{A}|} \end{bmatrix}$. 2. 72. 3. 4. 4. 3. 5. $\frac{4}{5}, 2, 2$.

二、1. B. 2. D. 3. B. 4. C. 5. A.

三、$a^n+(-1)^{n+1}b^n$.

四、$\pm\sqrt{249}(10,-12,-2,1)$.

五、$(1,1,\cdots,1)^{\mathrm{T}}$.

六、$a=1,b\neq\frac{1}{2}$或$a=1,b=0$时无解；$a\neq1,b\neq0$时有唯一解：$x_1=\frac{1-2b}{b(1-a)},x_2=\frac{1}{b},x_3=\frac{4a-2ab-1}{b(1-a)}$；$a=1,b=\frac{1}{2}$时有无穷多解：$\boldsymbol{x}=(2,2,0)^{\mathrm{T}}+k(-1,0,1)^{\mathrm{T}}(k\in\mathbf{R})$.

七、特征值$\lambda_1=1,\lambda_2=4,\lambda_3=-2$；特征向量$\boldsymbol{p}_1=k_1(2,1,2)^{\mathrm{T}},\boldsymbol{p}_2=k_2(-2,2,-1)^{\mathrm{T}},\boldsymbol{p}_3=k_3(1,2,2)^{\mathrm{T}},k_1,k_2,k_3$不为零；$\boldsymbol{T}=\frac{1}{3}\begin{bmatrix}2&-2&1\\1&2&2\\2&-1&2\end{bmatrix},\boldsymbol{T}^{\mathrm{T}}\boldsymbol{AT}=\begin{bmatrix}1&0&0\\0&4&0\\0&0&-2\end{bmatrix}$.

八、提示：证明$(\boldsymbol{A}+\boldsymbol{B})[\boldsymbol{A}^{-1}-\boldsymbol{A}^{-1}(\boldsymbol{A}^{-1}+\boldsymbol{B}^{-1})^{-1}\boldsymbol{A}^{-1}]=\boldsymbol{E}$.

模拟试题四

一、**1.** $4,-1$.　**2.** $0,a+b$.　**3.** $lm\neq1$.　**4.** $-14,-27,-4$.　**5.** $|t|<1$.

二、**1.** A.　**2.** D.　**3.** C.　**4.** D.　**5.** D.

三、提示：用数学归纳法.

四、$\boldsymbol{\alpha}_1=(-1,-1,1,2,0)^{\mathrm{T}},\boldsymbol{\alpha}_2=(7,5,-5,0,8)^{\mathrm{T}}$.

五、$\lambda_1=\lambda_2=1,\lambda_3=-2$；$\boldsymbol{\beta}_1=\begin{bmatrix}0\\0\\1\end{bmatrix},\boldsymbol{\beta}_2=\begin{bmatrix}2\\-1\\0\end{bmatrix},\boldsymbol{\beta}_3=\begin{bmatrix}5\\-1\\-3\end{bmatrix}$.

六、$\begin{bmatrix}\sin\alpha&\cos\alpha\\\cos\alpha&-\sin\alpha\end{bmatrix}$.

七、$\begin{bmatrix}0&-20\\0&0\end{bmatrix}$.

八、存在可逆阵$\boldsymbol{P}$使$\boldsymbol{B}=\boldsymbol{P}^{-1}\boldsymbol{AP}$，$|\boldsymbol{B}|=|\boldsymbol{P}^{-1}||\boldsymbol{A}||\boldsymbol{P}|=|\boldsymbol{A}|\neq0$，故$\boldsymbol{B}$可逆；$\boldsymbol{B}^{-1}=(\boldsymbol{P}^{-1}\boldsymbol{AP})^{-1}=\boldsymbol{P}^{-1}\boldsymbol{A}^{-1}\boldsymbol{P}$，所以$\boldsymbol{B}^{-1}\sim\boldsymbol{A}^{-1}$.

模拟试题五

一、**1.** 6.　**2.** $\boldsymbol{E}+\boldsymbol{A}+\boldsymbol{A}^2+\cdots+\boldsymbol{A}^{k-1}$.　**3.** 无关.　**4.** 1,2.　**5.** 0.

二、**1.** B.　**2.** B.　**3.** C.　**4.** A.　**5.** A.

三、$a^{n-2}(a^2-1)$.

四、$\begin{bmatrix}14&8&-11\\8&21&-10\\-11&-10&29\end{bmatrix}$.

五、$x_1=4-3c,x_2=c,x_3=1,x_4=1$（$c$为任意常数）.

六、0.

七、$f=5y_1^2-5y_2^2+3y_3^2-3y_4^2,\boldsymbol{x}=\frac{1}{2}\begin{bmatrix}1&1&1&1\\1&1&-1&-1\\1&-1&1&-1\\1&-1&-1&1\end{bmatrix}\boldsymbol{y}$.

八、存在正交阵 $\boldsymbol{T}$ 使得

$$\boldsymbol{T}^{\mathrm{T}}\boldsymbol{A}\boldsymbol{T}=\begin{bmatrix} k_1 & 0 & \cdots & 0 \\ 0 & k_2 & \cdots & 0 \\ \vdots & \vdots & & \vdots \\ 0 & 0 & \cdots & k_n \end{bmatrix}=\boldsymbol{D},$$

$\boldsymbol{A}=\boldsymbol{TDT}^{\mathrm{T}},\boldsymbol{O}=\boldsymbol{A}^m=\boldsymbol{TDT}^{\mathrm{T}}\boldsymbol{TDT}^{\mathrm{T}}\cdots\boldsymbol{TDT}^{\mathrm{T}}=\boldsymbol{TD}^m\boldsymbol{T}^{\mathrm{T}}$,

$\boldsymbol{D}^m=\boldsymbol{O}$,故 $k_1=k_2=\cdots=k_n=0$,即 $\boldsymbol{D}=\boldsymbol{O}$,则 $\boldsymbol{A}=\boldsymbol{TDT}^{\mathrm{T}}=\boldsymbol{O}$.

模拟试题六

一、**1.** $0,-(a+b+c+d)$. **2.** A. **3.** 无关,相关. **4.** -3. **5.** $0,1$.

二、**1.** B. **2.** B. **3.** D. **4.** A. **5.** B.

三、$(-1)^{n-1}(n-1)2^{n-2}$.

四、$-\dfrac{16}{27}$.

五、提示:对增广矩阵作初等行变换.

六、设(Ⅰ):$\boldsymbol{\alpha}_1,\boldsymbol{\alpha}_2,\cdots,\boldsymbol{\alpha}_s$,(Ⅱ):$\boldsymbol{\beta}_1,\boldsymbol{\beta}_2,\cdots,\boldsymbol{\beta}_t$ 的秩都是 r,考虑向量组(Ⅲ):$\boldsymbol{\alpha}_1,\boldsymbol{\alpha}_2,\cdots,\boldsymbol{\alpha}_s,\boldsymbol{\beta}_1,\boldsymbol{\beta}_2,\cdots,\boldsymbol{\beta}_t$,因(Ⅰ)可由(Ⅱ)线性表示,故(Ⅲ)与(Ⅱ)等价,故(Ⅲ)的秩也为 r,(Ⅰ)的极大无关组 $\boldsymbol{\alpha}_{i_1},\boldsymbol{\alpha}_{i_2},\cdots,\boldsymbol{\alpha}_{i_r}$ 也是(Ⅲ)的极大无关组.于是 $\boldsymbol{\beta}_1,\boldsymbol{\beta}_2,\cdots,\boldsymbol{\beta}_t$ 可由 $\boldsymbol{\alpha}_{i_1},\boldsymbol{\alpha}_{i_2},\cdots,\boldsymbol{\alpha}_{i_r}$ 线性表示,从而也可由 $\boldsymbol{\alpha}_1,\boldsymbol{\alpha}_2,\cdots,\boldsymbol{\alpha}_s$ 线性表示,即(Ⅰ),(Ⅱ)等价.

七、$a=2,\boldsymbol{P}=\begin{bmatrix} 0 & 1 & 0 \\ \frac{1}{\sqrt{2}} & 0 & \frac{1}{\sqrt{2}} \\ -\frac{1}{\sqrt{2}} & 0 & \frac{1}{\sqrt{2}} \end{bmatrix}$.

八、如果 $\boldsymbol{A}$ 可逆,那么由 $\boldsymbol{AA}^*=|\boldsymbol{A}|\boldsymbol{E}$ 得 $(\boldsymbol{A}^*)^{-1}=\dfrac{1}{|\boldsymbol{A}|}\boldsymbol{A}$,因为 $(\boldsymbol{A}^*)^{-1}=\dfrac{1}{|\boldsymbol{A}^*|}(\boldsymbol{A}^*)^*$,所以有 $\dfrac{1}{|\boldsymbol{A}|}\boldsymbol{A}=\dfrac{1}{|\boldsymbol{A}^*|}(\boldsymbol{A}^*)^*=\dfrac{1}{|\boldsymbol{A}|^{n-1}}(\boldsymbol{A}^*)^*$,可见,$(\boldsymbol{A}^*)^*=|\boldsymbol{A}|^{n-2}\boldsymbol{A}$;

如果 $\boldsymbol{A}$ 不可逆,那么 $R(\boldsymbol{A}^*)\leqslant 1$,因为 $n>2$,所以 $(\boldsymbol{A}^*)^*=\boldsymbol{O}$,这时 $(\boldsymbol{A}^*)^*=|\boldsymbol{A}|^{n-2}\boldsymbol{A}$ 仍成立.

模拟试题七

一、**1.** $\dfrac{5}{8}$. **2.** $|\boldsymbol{A}|=0$ 或 $|\boldsymbol{E}+\boldsymbol{B}|=0$. **3.** $\left(-\dfrac{3}{2},-1,-\dfrac{3}{2}\right)$. **4.** 1. **5.** 小于 1.

二、**1.** D. **2.** C. **3.** C. **4.** C. **5.** D.

三、$x_1(x_2-a_{12})(x_3-a_{23})\cdots(x_n-a_{n-1,n})$.

四、$\begin{bmatrix} -27 & 14 & -14 \\ 20 & -3 & 14 \\ 11 & -3 & 13 \end{bmatrix}$.

五、$x_1=k,x_2=\dfrac{2}{5}-\dfrac{7}{5}k,x_3=k,x_4=-\dfrac{1}{5}+\dfrac{6}{5}k$ (k 为任意常数).

六、$T=\begin{bmatrix}\frac{1}{\sqrt{2}} & 0 & \frac{1}{\sqrt{2}}\\ 0 & 1 & 0\\ -\frac{1}{\sqrt{2}} & 0 & \frac{1}{\sqrt{2}}\end{bmatrix}$，$T^{\mathrm{T}}AT=\begin{bmatrix}0 & 0 & 0\\ 0 & 1 & 0\\ 0 & 0 & 2\end{bmatrix}$.

七、$4x^2+y^2-2z^2=1$，单叶双曲面.

八、记 $\boldsymbol{A}$ 的特征值为 k_i，则 $k_i^2=1(i=1,2,\cdots,n)$，

存在正交矩阵 $\boldsymbol{T}$，使 $\boldsymbol{T}^{\mathrm{T}}\boldsymbol{AT}=\begin{bmatrix}k_1 & 0 & \cdots & 0\\ 0 & k_2 & \cdots & 0\\ \vdots & \vdots & & \vdots\\ 0 & 0 & \cdots & k_n\end{bmatrix}=\boldsymbol{B}$，

$\boldsymbol{A}=\boldsymbol{TBT}^{\mathrm{T}}$，$\boldsymbol{B}^2=\boldsymbol{E}$，

$\boldsymbol{AA}^{\mathrm{T}}=\boldsymbol{A}^2=\boldsymbol{TBT}^{\mathrm{T}}\boldsymbol{TBT}^{\mathrm{T}}=\boldsymbol{TB}^2\boldsymbol{T}^{\mathrm{T}}=\boldsymbol{E}$，

故 $\boldsymbol{A}$ 为正交矩阵.

模拟试题八

一、**1.** 1,2,3. **2.** $\frac{1}{16}$. **3.** 32. **4.** $\boldsymbol{x}=k_1\boldsymbol{\gamma}_1+k_2\boldsymbol{\gamma}_2+\cdots+k_n\boldsymbol{\gamma}_n+(1,1,\cdots,1)^{\mathrm{T}}$. **5.** 1,2.

二、**1.** B. **2.** C. **3.** B. **4.** B. **5.** B.

三、$-4[x^2+y^2+z^2+u^2-2(xy+xz+xu+yz+yu+zu)]$.

四、$\begin{cases}x_1=-10x_3+13x_4-7x_4-7x_5+18,\\ x_2=8x_3-9x_4+5x_5-13\end{cases}$ （x_3,x_4,x_5 为任意常数）.

五、$\boldsymbol{A}^{100}=\begin{bmatrix}1 & 2^{101}-2 & 0\\ 0 & 2^{100} & 0\\ 0 & \frac{5}{3}(1-2^{100}) & 1\end{bmatrix}$.

六、$f=5y_1^2-5y_2^2+3y_3^2-3y_4^2$， $\boldsymbol{x}=\frac{1}{2}\begin{bmatrix}1 & 1 & 1 & 1\\ 1 & 1 & -1 & -1\\ 1 & -1 & 1 & -1\\ 1 & -1 & -1 & 1\end{bmatrix}\boldsymbol{y}$.

七、秩为 2；极大无关组为：$\boldsymbol{\alpha}_1,\boldsymbol{\alpha}_2$.

八、设 λ 为 n 阶矩阵 $\boldsymbol{AB}$ 的一个非零特征值，$\boldsymbol{p}$ 为对应的特征向量，则 $\boldsymbol{ABp}=\lambda\boldsymbol{p}$，这时 $\boldsymbol{Bp}\neq\boldsymbol{0}$（否则有 $\lambda\boldsymbol{p}=\boldsymbol{0},\lambda=0$），以 $\boldsymbol{B}$ 左乘上式两边，得 $\boldsymbol{BA}(\boldsymbol{Bp})=\lambda\boldsymbol{Bp}$，可见，$\lambda$ 也是 $\boldsymbol{BA}$ 的特征值. 同法可证 $\boldsymbol{BA}$ 的非零特征值也是 $\boldsymbol{AB}$ 的特征值.

模拟试题九

一、**1.** $-40m$. **2.** 0. **3.** $(1+\lambda)(1+\mu)\frac{\lambda\mu a+b}{\lambda\mu}$. **4.** $k_1\begin{bmatrix}1\\0\\2\end{bmatrix}+k_2\begin{bmatrix}2\\1\\-1\end{bmatrix}+k_3\begin{bmatrix}3\\2\\1\end{bmatrix}$，其中 k_1，

k_2, k_3 为任意常数. **5.** 0, −1.

二、**1.** C. **2.** B. **3.** A. **4.** A. **5.** D.

三、$(-1)^{n-1}\dfrac{(n+1)!}{2}$.

四、$2\begin{bmatrix} 1 & 0 & 0 & 1 & 1 & 3 \\ 0 & 1 & 0 & 2 & 3 & 7 \\ 0 & 0 & 1 & 3 & 4 & 9 \\ 1 & -3 & 2 & 1 & 0 & 0 \\ -3 & 0 & 1 & 0 & 1 & 0 \\ 1 & 1 & -1 & 0 & 0 & 1 \end{bmatrix}$.

五、$x_1=1, x_2=2, x_3=-2$.

六、$|\boldsymbol{A}-a\boldsymbol{E}|=\begin{vmatrix} a_{11}-a & a_{12} & \cdots & a_{1n} \\ a_{21} & a_{22}-a & \cdots & a_{2n} \\ \vdots & \vdots & & \vdots \\ a_{n1} & a_{n2} & \cdots & a_{nn}-a \end{vmatrix}=0$,

故 a 是 $\boldsymbol{A}$ 的特征值.

$\boldsymbol{A}(1,1,\cdots,1)^{\mathrm{T}}=a(1,1,\cdots,1)^{\mathrm{T}}$, 故 $\boldsymbol{\beta}=(1,1,\cdots,1)^{\mathrm{T}}$ 为所求的一个特征向量.

七、$(\boldsymbol{\beta}_1, \boldsymbol{\beta}_2)=(\boldsymbol{\alpha}_1, \boldsymbol{\alpha}_2, \boldsymbol{\alpha}_3)\boldsymbol{X}, \boldsymbol{X}=\begin{bmatrix} 2 & 3 \\ 3 & -3 \\ -1 & -2 \end{bmatrix}$.

八、设 $\boldsymbol{\alpha}$ 是 $\boldsymbol{Ax}=\boldsymbol{0}$ 的解, 即 $\boldsymbol{A\alpha}=\boldsymbol{0}$, 则 $(\boldsymbol{A}^{\mathrm{T}}\boldsymbol{A})\boldsymbol{\alpha}=\boldsymbol{A}^{\mathrm{T}}(\boldsymbol{A\alpha})=\boldsymbol{0}$,

故 $\boldsymbol{\alpha}$ 也是 $(\boldsymbol{A}^{\mathrm{T}}\boldsymbol{A})\boldsymbol{x}=\boldsymbol{0}$ 的解.

设 $\boldsymbol{\beta}$ 是 $(\boldsymbol{A}^{\mathrm{T}}\boldsymbol{A})\boldsymbol{x}=\boldsymbol{0}$ 的解, 即 $(\boldsymbol{A}^{\mathrm{T}}\boldsymbol{A})\boldsymbol{\beta}=\boldsymbol{0}$, 则

$\boldsymbol{\beta}^{\mathrm{T}}(\boldsymbol{A}^{\mathrm{T}}\boldsymbol{A})\boldsymbol{\beta}=\boldsymbol{0}$ 或 $(\boldsymbol{A\beta})^{\mathrm{T}}(\boldsymbol{A\beta})=\boldsymbol{0}$.

记 $(\boldsymbol{A\beta})^{\mathrm{T}}=\boldsymbol{y}^{\mathrm{T}}=(y_1, y_2, \cdots, y_n)$, 则 $(\boldsymbol{A\beta})^{\mathrm{T}}(\boldsymbol{A\beta})=y_1^2+y_2^2+\cdots+y_n^2=0$,

故 $y_1=y_2=\cdots=y_n=0$, 有 $\boldsymbol{y}=\boldsymbol{A\beta}=\boldsymbol{0}$, 即 $\boldsymbol{\beta}$ 也是 $\boldsymbol{Ax}=\boldsymbol{0}$ 的解.

综上, $\boldsymbol{Ax}=\boldsymbol{0}$ 与 $(\boldsymbol{A}^{\mathrm{T}}\boldsymbol{A})\boldsymbol{x}=\boldsymbol{0}$ 同解.

模拟试题十

一、**1.** $-\begin{vmatrix} 1 & 0 & 1 \\ 2 & 2 & 0 \\ 1 & 5 & 1 \end{vmatrix}$. **2.** 1. **3.** 2. **4.** 2. **5.** $\begin{bmatrix} 2 & 3 \\ -1 & -2 \end{bmatrix}$.

二、**1.** D. **2.** B. **3.** B. **4.** C. **5.** A.

三、(1) 设 $\boldsymbol{\xi}_1, \boldsymbol{\xi}_2, \boldsymbol{\xi}_3$ 是该方程组的 3 个线性无关的解, 则 $\boldsymbol{\xi}_1-\boldsymbol{\xi}_2, \boldsymbol{\xi}_1-\boldsymbol{\xi}_3$ 是对应的齐次线性方程组 $\boldsymbol{Ax}=\boldsymbol{0}$ 的两个线性无关的解, 因而 $4-r(\boldsymbol{A})\geqslant 2$, 即 $r(\boldsymbol{A})\leqslant 2$.

又 $\boldsymbol{A}$ 有一个 2 阶子式 $\begin{vmatrix} 1 & 1 \\ 4 & 3 \end{vmatrix}\neq 0$, 于是 $r(\boldsymbol{A})\geqslant 2$, 因此 $r(\boldsymbol{A})=2$.

(2) $a=2, b=-3$, 通解为

$$x=\begin{bmatrix}2\\-3\\0\\0\end{bmatrix}+k_1\begin{bmatrix}-2\\1\\1\\0\end{bmatrix}+k_2\begin{bmatrix}4\\-5\\0\\1\end{bmatrix}$$，其中 k_1,k_2 为任意常数.

四、(1) $a=0$;(2) $\boldsymbol{Q}=\begin{bmatrix}\frac{1}{\sqrt{2}} & 0 & -\frac{1}{\sqrt{2}}\\ \frac{1}{\sqrt{2}} & 0 & \frac{1}{\sqrt{2}}\\ 0 & 1 & 0\end{bmatrix}$，$f=2y_1^2+2y_2^2$;

(3) $x=k(-1,1,0)^{\mathrm{T}}$，其中 k 为任意常数.

五、(1) $\lambda_1=\lambda_2=0,\lambda_3=3$;属于特征值 0 的全体特征向量为 $k_1\boldsymbol{\alpha}_1+k_2\boldsymbol{\alpha}_2$($k_1,k_2$ 不全为零)，属于特征值 3 的全体特征向量为 $k_3\boldsymbol{\alpha}_3$($k_3\neq0$).

(2) $\boldsymbol{Q}=\begin{bmatrix}-\frac{1}{\sqrt{6}} & -\frac{1}{\sqrt{2}} & \frac{1}{\sqrt{3}}\\ \frac{2}{\sqrt{6}} & 0 & \frac{1}{\sqrt{3}}\\ -\frac{1}{\sqrt{6}} & \frac{1}{\sqrt{2}} & \frac{1}{\sqrt{3}}\end{bmatrix}$，$\boldsymbol{\Lambda}=\begin{bmatrix}0 & & \\ & 0 & \\ & & 3\end{bmatrix}$.

六、当 $a\neq-1$ 时，向量组(Ⅰ)与向量组(Ⅱ)等价;当 $a\neq1$ 时两向量组不等价.

七、$a=2,b=1$ 或 $b=-2$;当 $b=1$ 时，$\lambda=1$，当 $b=-2$ 时，$\lambda=4$.

八、$a=-\frac{n(n+1)}{2}$，通解:$x=k(1,2,\cdots,n)^{\mathrm{T}}$，其中 k 为任意常数.